# 德性伦理生活化反思

Dexing Lunli Shenghuohua Fansi

童建军　著

·广州·

版权所有　翻印必究

图书在版编目（CIP）数据

德性伦理生活化反思/童建军著. —广州：中山大学出版社，2020.9
ISBN 978 - 7 - 306 - 06827 - 9

Ⅰ. ①德… Ⅱ. ①童… Ⅲ. ①伦理学—思想史—研究—西方国家 Ⅳ. ①B82 - 095

中国版本图书馆 CIP 数据核字（2019）第 293652 号

出 版 人：王天琪
策划编辑：陈　霞
责任编辑：陈　霞
封面设计：林绵华
责任校对：邱紫妍
责任技编：何雅涛
出版发行：中山大学出版社
电　　话：编辑部 020 - 84110771，84110283，84111997，84110779
　　　　　发行部 020 - 84111998，84111981，84111160
地　　址：广州市新港西路 135 号
邮　　编：510275　　传　　真：020 - 84036565
网　　址：http://www.zsup.com.cn　E-mail：zdcbs@mail.sysu.edu.cn
印 刷 者：佛山市浩文彩色印刷有限公司
规　　格：787mm×1092mm　1/16　14.75 印张　257 千字
版次印次：2020 年 9 月第 1 版　2020 年 9 月第 1 次印刷
定　　价：58.00 元

如发现本书因印装质量影响阅读，请与出版社发行部联系调换

# 目　录

导　言 ·················································································· 1

**第一章　德性伦理的当代复兴** ·················································· 5

　　第一节　为生活奠基的德性伦理学 ········································· 6
　　第二节　德性伦理对现代规范伦理的批评 ······························ 17
　　第三节　德性与规范的实践圆融 ··········································· 27

**第二章　规范德性伦理** ··························································· 38

　　第一节　"合格的行动者"理论 ············································ 38
　　第二节　"以行动者为基础"的理论 ······································ 52
　　第三节　"以目标为中心"的理论 ········································· 63

**第三章　环境德性伦理** ··························································· 75

　　第一节　环境德性伦理的兴起 ·············································· 75
　　第二节　环境德性的新发展 ·················································· 90
　　第三节　环境德性伦理的反思 ············································· 105

**第四章　生命德性伦理** ·························································· 117

　　第一节　堕胎的德性伦理论证 ············································· 117
　　第二节　动物保护的德性伦理解释 ······································· 132
　　第三节　"以羊易牛"的德性伦理分析 ································· 147

**第五章　法律德性伦理** ·························································· 166

　　第一节　德性法理学的当代复兴 ·········································· 166

第二节 德性法理学的挑战与发展 ……………………… 178
第三节 德性法理学与道德治理 ………………………… 191

**结　语** ………………………………………………………… 207

**参考文献** ……………………………………………………… 217

**后　记** ………………………………………………………… 229

# 导　言

尽管1912年普理查德（Prichard）在其论文《道德哲学的根据是否是一个错误》中就批评现代规范伦理学中的一个普遍假设：相信具有某类特定的道德动机或行为。而伦理学的使命就是根据这样的假定来建立一个道德理论。但是，比较普遍的学术共识是，现代西方德性伦理学的复兴起始于1958年安斯康姆发表的论文《现代道德哲学》。安斯康姆（G. E. M. Anscombe）在论文中提出："任何既阅读过亚里士多德的《伦理学》，也阅读过现代道德哲学的人，必定会被他们之间的巨大反差所触动。现代道德哲学中重要的概念，在亚里士多德的伦理学中似乎是缺乏的，或者至少是被隐藏起来的，或者是在遥远的幕后。"安斯康姆认为，"道德"虽然是直接从亚里士多德（Aristotle）那里继承下来的术语，但是，就其现代意义而言，它已经不适合对亚里士多德式的伦理学进行解释了。现代道德哲学已经离开了以亚里士多德为代表的伦理传统，因此，尽管现代道德哲学家们之间存在差异，但是，"从西季威克至今，著名的英语著作家们之间关于道德哲学的差异是不重要的"。迄今为止，德性伦理学不是一种单独的伦理学方法类型，而是一种"方法家族"。它的理论结构可以是一元论的或者多元论的、幸福主义的或者非幸福主义的、基础主义的或者非基础主义的；其理论源泉可以是古希腊的柏拉图（Plato）和亚里士多德或者古代中国儒家的孔子、孟子和荀子的学说，也可以是斯多亚（Stoa）、阿奎那（Aquina）、哈奇森（Hutchison）、休谟（Hume）甚至尼采（Nietzsche）的学说。

德性伦理学复兴之前，20世纪规范伦理学中主导性的伦理理论是功利主义和道义论。虽然这两种伦理理论在证明行动的正当性与道德善的本质上明显不同，但是它们之间的共同之处在于都是强调正当的行动。功利主义道德理论对道德价值提供了一种说明，即一种事物最适宜的状态——在这种状态中，实现了最大多数人的最大的幸福。在抽象的层面上，功利主义的理由是相当简单的。道德善根据一种最适宜的结果来理解，正当的行动根据产生的那个结果来检验。给定完整的信息，功利主义非常明确应该做什么。正是这种巨大的明晰性及基本概念的简单性，使之引起了许多理论的追随。不同于功利主义，道义论不是聚焦于结果，而是聚焦于对一套规则的坚持，这些规则是道德主体必须履行的义务。当代哲学的主导型伦理理论——道义论强烈地受到了康德（Kant）伦理思想的影响。这些义务凭借实践理性的一种特殊构想而属于道德主体。道德义务平等地约束所有理性的道德主体，并且从人类共享的理性本质中获得其权威。反过来，这产生了一种尊重的要求。由于每一个人都拥有这么一种理性的本质，因此，每一个理性的道德主体都应尊重其他理性的主体。道义论的一个关键的、公认的优势在于，它在理性自身发现了道德责任的约束性力量。

同以规则为基础的伦理学相比，以德性为基础的伦理具有许多突出优势。最重要的是，尽管以规则为基础的伦理值得称赞（试图确认普遍的、指引性的规则以判断行动的伦理可允许性），但这些尝试几乎总会产生一些问题。例如，尽管功利主义的最终目标是促进最大多数人的最大幸福，听上去令人感兴趣，但是，这么一种伦理有时要求一位行为者犯罪，好比处决一位无辜者以满足一个社群之需。相比较而言，德性伦理学的情境主义更受欢迎。例如，假如一位行为者发现自己处在一个位置（说谎是一个明显不符合德性的事情），那么，一种德性伦理会允许这么一种行动，然而，康德的伦理不允许。康德的绝对命令要求我们永远不说谎。不同于许多以规则为基础的伦理体系，德性伦理允许我们根据关于道德问题的常识去行动（与道德常识不违背）。

但是，德性伦理学一般被认为仅聚焦好的品质，因此，其通常被批评的一个劣势是其核心道德观念模糊。因为它们不能根据规则或者法则被充分地把握——既不是如功利主义般提供最大化原则，也不是如康德（Kant）的绝对命令；不探寻哪种行为是正当的，而探寻"我"怎样变成一个好人以及应当追求哪种品质。这种批评固然难以得到现代德性伦理的完全认同。罗沙琳德·赫斯特豪斯（Rosalind Hursthouse）写道："德性伦理学被以不同的方式刻画。它被描述为（1）以'行为者为中心'而不是以'行为为中心'的伦理学；（2）关心生存而不是行动；（3）处理的问题是'我应当成为什么样的人'，而不是'我应当如何行动'；（4）采用特定的德性概念（善、优秀、德性）而不是义务的概念（正当、责任、义务）；（5）反对将伦理学视为规则或者原则的法典而足以提供具体的行动指引。"尽管这是人们描述德性伦理学时经常遭遇的区分，但事实上，赫斯特豪斯并不认为这种区分很好地描述了德性伦理学。

任何伦理学类型都必然与生活关联，或者说，生活化是一切伦理学类型的根本方向。因此，本书不是一般地讨论德性伦理在生活中的应用，例如在生活中做一个诚实的人或者勇敢的人，而是反思德性伦理学在其复兴过程中回应批评者提出的两个根本性问题的合理性。这两个问题是：①德性伦理能否为道德行动的正当性提供恰当的说明；②德性伦理能否为应用伦理问题提供丰富的思想资源。这两个问题属于实际生活中的问题，更是现代德性伦理学复兴中遭遇重大批评的问题。

本书第一章主要介绍经典德性伦理的核心概念以及德性伦理对以功利主义和康德式道义论为主导的规范伦理的批评，并在此基础上提出要辩证看待德性与规范之间在实践中的圆融关系。德性不同于规则。有德者不盲从于规则，而是因应特殊的情势做出决定。但是，这并不表明德性与规则处于敌对的态势。人的道德成长总是要从习得规则开始，慢慢地将规则内化成第二天性，成为稳定的习惯或者性情。因此，孩童的道德成长始于"不要撒谎""保护动物""爱护环境"等规则训诫。但是，如果成年人因恪守这些道德规则而无法根据情势的改变做出具体的决定，那么，这位成年人就是刻板的甚至迂腐的道德人物。

本书第二章主要论述当代西方德性伦理对道德行动的正当性提供的说明。赫斯特豪斯、斯洛特（Michael Slote）与斯旺顿（Swanton）等当代西方德性伦理学者的一个重要学术追求就是，为行动的正当性提供德性伦理的说明。不以义务或者后果去解释行动的正当性，这在赫斯特豪斯与斯洛特之间是共通的。他们彼此之间最主要的区别在于：赫斯特豪斯认为，无论行动者的内在动机、性格倾向或内在生活如何，只要他/她的行为是有德者在相同的情势中依其性格会做的行为，那么，行动就具有了道德正当性；斯洛特强调的是，关键不在于模仿有德者，因为即使是有德者依其品格而为的行动，也可能不具有道德正当性，因此，重要的是，行动者在行动中是否显示出了其内在动机、性格倾向或内在生活。而在斯旺顿那里，关键的是行动总体上符合了德性的目标。

本书第三、四、五章主要介绍在当代重要的应用伦理议题中德性伦理做出的尝试及其批评。1985年伯纳德·威廉姆斯（Bernard Williams）写道："'德性'这个词对于多数人而言获得的是滑稽的或者其他不得人心的联系，除了哲学家，现在很少人使用它。"但是，这种论断已经受到挑战。无论是哲学家还是普通民众，德性概念的使用已经非常普遍了。在应用伦理学研究中发现德性伦理的身影，已不再是一件令人惊奇的事情。德性伦理学已经被作为伦理学研究的第三条道路，从理论的争论延展到应用伦理学的领域，使得"应用德性伦理"（applied virtue ethics）

成为当代应用伦理学研究中一个重要的方向，涉及的重大主题包括职业伦理、道德教育、环境伦理、生命伦理、性伦理和政治伦理等。《德性伦理和职业角色》（Oakley and Cocking，2001）、《德性伦理和道德教育》（Carr and Steutel，1999）、《德性法理学》（Farrelly and Solum，2007）、《环境德性伦理学》（Sandler and Cafaro，2005）等，都是以德性伦理探讨应用伦理难题的重要成果。盖伊·阿克斯泰尔（Guy Axtell）以及菲利普·奥尔森（Philip Olson）提出，应用德性伦理的贡献主要包括提醒人们保持对道德行为者本身的特征的特殊关注。这种关注使得应用伦理学通过历时的或纵向的方法，范围扩展到了包含与道德行为者本身相关的直接问题上。

# 第一章　德性伦理的当代复兴

德性伦理是古希腊伦理学的根本形态，德性因此成为其核心概念，这尤其明显表现在苏格拉底（Socrates）、柏拉图和亚里士多德的伦理思想中。一个好人具有什么样的特质？如何成为一个好人？怎样获得好生活（幸福）？这些是以他们三者为代表的古希腊伦理学探讨的核心命题。苏格拉底以人的"德性"为主要研究对象，提出了"德性即知识"的客观道德论命题；呼吁人们"对灵魂操心"，通过采取有理性的行动，遵循理性的原则而生活；从"目的论世界观"出发，倡导人们追求"善生"的理想，实现基于善的幸福。柏拉图将苏格拉底有关人的德性的探索，归纳成"智慧""勇敢""节制"和"正义"四元德；将其对"德性"的普遍定义或共有形相的追求，化作对"理念"的认识；将其"善生"的理想诉求，转化为对由"哲人王"治理而不同阶层各司其德的"理想国"的憧憬，以期找寻到实现苏格拉底理想的现实性道路。亚里士多德在前人的基础上，对以德性为核心概念的伦理学体系进行了系统构思和总结。相应于人的灵魂结构，他对德性做出了理智德性与道德德性的双重划分，将幸福规定为灵魂合德性的实现活动。借用理查德·泰勒（Richard Thaler）的话而言，古希腊德性伦理是一种关于"渴望"的伦理学。它主要关心的不是行为对错标准，而是如何使自己获得"有德"的生存状态，实现幸福生活。古希腊的德性伦理传统一直延续到中世纪神学时代。托马斯·阿奎那提出了综合的神学德性体系，将柏拉图的四元德、亚里士多德的理智德性与道德德性、教父哲学的主要德性融合，论证了以"信""望""爱"三大德性为主的神学德性，由此引申出人们应该追求的生活状态和内在品质。

自近代以来，以康德式伦理学和功利主义为代表的规范论成为伦理学中居主导地位的道德哲学理论。它们以指导和评价人类行为的基本规范及其证明为理论旨趣，重视道德规则的制定，重视人应该做什么，强调人们外显的行为与规则是否相符合，而非关注行动者的内在品质。康德式伦理学求助于人的理性，不使用任何外在于自身的标准和任何来自经验的内容，从先天原则来制定道德法则和道德形而上学体系。其理论核心由两个命题组成：如果道德规则是合理的，那么，它们必然对所有理性的存在者都是一样的，恰如算术规则那样；如果道德规则对所有理性存在者都有约束力，那么，重要的不是履行这些规则的偶然能力，而是履行这些规则的意志。① 康德虽然得出了只有善良意志才是无限的善的结论，但是，"即使康德强调基于善良意志的行为才有道德价值，但在定义道德上对的行为时，仍然强调行为所依据的准则是否能够普遍化、是否把人当成只是手段"②。功利主义由趋乐避苦的人性假设出发，主张行为的正当与否在于该行为给相关各方带来的幸福或快乐的数量的多少。因此，功利主义对行为道德正确性的判别标准在于，行为是增多还是减少相关者的幸福或快乐；换句话说，就是以该行为是否增进相关者的幸福或快乐为准；最大多数人的最大幸福是行为道德正确与错误的衡量标准。按照规范论的这种理论旨趣，义务或者责任乃是道德的核心概念，道德判断和道德推理就是道德原则的应用。当代学者对以康德式伦理学和功利主义为代表的规范伦理提出了激烈的批评。

## 第一节 为生活奠基的德性伦理学

英国女哲学家安斯康姆在其 1957 年发表的研究论文《现代道德哲学》中提出，"任何既阅读过亚里士多德的《伦理学》，也阅读过现代道德哲学的人，必定会被他们之间的巨大反差所触动。现代道德哲学中重要的概念，在亚里士多德的伦理学中似乎是缺乏的，或者至少是被隐藏起来的，或者是在遥远的幕后"③。安斯康姆认为，"道德"虽然是直接从亚里士多德那里继承下来的术语，但是，就其现代意义而言，它已经不适合对亚里士多德式的伦理学进行解释。现代道德哲学已经离开了以亚里士多德为代表的伦理传统，因此，尽管现代道德哲学家们之间存在差异，但是，"从西季威克至今，著名的英语著作家们之间关于道德哲学的差异是不重要的"④。亚里士多德的伦理学被视为西方德性伦理的重要源头，它与现代道德哲学的不同之处在于，它不是执着于为行动立规矩，而是聚焦在为生活谋未来。伦理学就是要为善的生活或者幸福生活奠基。

---

① 参见［美］A. 麦金太尔著：《追寻美德》，宋继杰译，译林出版社 2003 年版，第 56 页。
② 林火旺著：《伦理学入门》，上海古籍出版社 2005 年版，第 147 页。
③ G. E. M. Anscombe. "Modern Moral Philosophy", *Philosophy*, 1958, Vol. 33, pp. 1–19.
④ G. E. M. Anscombe. "Modern Moral Philosophy", *Philosophy*, 1958, Vol. 33, pp. 1–19.

## 一、德性伦理与幸福

　　幸福不仅是亚里士多德伦理学的核心主题，也是古希腊伦理学中重要的命题。在亚里士多德之前，梭伦（Solon）提出过幸福"终极论"的主张；赫拉克利特（Heraclitus）主张使幸福高于肉体的快乐；毕达哥拉斯（Pythagoras）主张幸福是一种节制而理性的生活；苏格拉底认为德性就是幸福；柏拉图继承了其衣钵，但是由于其"善"理念的主张，使得幸福在他那里偏向了禁欲主义；而犬儒学派则彻底将禁欲主义的幸福学说推向了极端。因此，亚里士多德指出，关于什么是幸福，人们之间会有争论，不同的人会有不同的看法，而同一个人在不同的时间也有不同的看法，"有些人认为幸福是德性，另一些人认为是明智，另一些人认为是某种智慧。还有一些人认为是所有这些或其中的一种再加上快乐，或是必然地伴随着快乐。另外一些人则把外在的运气也加进来。这些意见之中，有的是许多人的和过去的人们的意见，有的是少数贤达的意见。每一种意见都不大可能全错。它们大概至少部分地或甚至在主要方面是对的"①。亚里士多德这段话，既反映了当时古希腊探索幸福问题时的纷争，又揭示出其幸福论的主张是对前人观点的继续和发展。

　　在亚里士多德看来，"每种技艺与研究，同样地，人的每种实践与选择，都以某种善为目的"②。由于人的技艺、活动和科学有多种，因而目的就有多种。其中，有些目的是因其自身就值得追求，而有些目的是因其他目的之故而值得追求。前一种目的所指向的善因此成为最高善，它是某种完善的东西。如果只有一种目的是完善的，那么，这种目的同时就是最高善；如果有几个完善的目的，那么最完善的目的就是最高善。幸福是人类实践所能达到的最高善，是因其自身之故而被当作目的、因其自身之故而值得欲求的最完善的东西。就其名称来说，"无论是一般大众，还是那些出众的人，都会说这是幸福，并且会把它理解为生活得好或做得好"③。在幸福的构成上，多数人把它等同于快乐，上层社会的人把它等同于政治生活中的荣誉，还有些人认为幸福在于获取财富。亚里士多德接受了毕达哥拉斯关于三种主要生活的划分：享乐的生活、政治

---

① [古希腊] 亚里士多德著：《尼各马可伦理学》，廖申白译，商务印书馆2004年版，第22页。
② [古希腊] 亚里士多德著：《尼各马可伦理学》，廖申白译，商务印书馆2004年版，第3页。
③ [古希腊] 亚里士多德著：《尼各马可伦理学》，廖申白译，商务印书馆2004年版，第9页。

的生活和沉思的生活。他认为，多数人愿意选择第一种生活，因此他们对幸福的理解就是快乐。这种对幸福的理解是动物式的。政治的生活把荣誉理解为幸福。但是，荣誉太肤浅了，而且是易变的，它取决于授予者而不是接受者。作为最高善的幸福应该是一个属于自己的、不容易被拿走的东西。而荣誉是因德性而获得的。那么，这至少意味着在政治的生活中，德性是比荣誉更大的善。然而，把德性理解为幸福也是不完善的，因为在生活中，"有德性的人甚至还可能最操劳，而没有人会把这样一个有德性的人说成是幸福的"①。幸福也不能理解为财富，因为财富只是获得其他事物的有用的手段。荣誉、快乐和各种德性，我们既可以为其自身之故而追求它们，也为幸福之故而追求它们。完满的善应该是自足的，而幸福就是自足的，它自身就使生活值得欲求且无所缺乏。

既然幸福是人类实践的最高善，那么，这种善是什么呢？亚里士多德是通过类比的方式得出他的结论的。他认为，如果我们认为一个吹笛手、一个雕刻家或者一个匠师，总而言之，对任何一个有某种活动或实践的人来说，他们的善就在于对那种活动的完善，那么，一个吹笛手的善就在于演奏，雕刻家的善就在于雕塑。如果说个体的活动或实践应当有他们的善而人类作为整体却没有，这是非常荒谬的。人类的善一定不同于特殊活动所达到的善，它是人类活动的完成。亚里士多德认为，人类的活动一定区别于其他物种的活动，它源于人类作为特殊的生命形式的存在。营养和生长的活动是包括植物在内的所有生命形式共有的，因而这不可能是人类的活动；同样，感觉的生命活动虽然植物没有，但也为马、牛等一般动物所有，因而也不可能是人类的活动。那么，剩下的只是有逻各斯的部分的实践的生命活动，这是人特有的生命活动。"有逻各斯"包括两种含义：服从逻各斯以及拥有并运用逻各斯。因而，可以说，人的活动就是遵循或包含逻各斯的活动。亚里士多德还谈到，善的事物被分为三类：外在的善、灵魂的善和身体的善。而灵魂的善是最恰当意义上的、最真实的善。灵魂的活动归属于灵魂，灵魂的活动的善归属于灵魂的善。而任何活动的善在于良好地完成这种活动。于是，在这里，亚里士多德就给出了一个等式：人的善＝灵魂的善＝灵魂活动的善＝良好地完成灵魂的活动＝良好地遵循或包含逻各斯。而一种活动只有在以合乎它特有的德性方式完成时才是良好的，于是，良好地遵循或

---

① ［古希腊］亚里士多德著：《尼各马可伦理学》，廖申白译，商务印书馆2004年版，第12页。

包含逻各斯＝合德性地遵循或包含逻各斯。因此，"人的善就是灵魂的合德性的实现活动，如果有不止一种的德性，就是合乎那种最好、最完善的德性的实现活动"①。因而，幸福就是灵魂合德性的实现活动。

亚里士多德认为，将幸福理解为合乎德性的实现活动，与将幸福理解为德性是不相同的。一个人可以拥有德性，但是可能不会产生任何幸福的结果。实现活动是行动中的，它必定要去做，并且要做得好。为此，它就必须依赖某些外在的善，例如朋友、财富、权力等这些手段。同时，幸福还需要运气作为其补充条件。好运可以促进人的实践活动，而厄运阻碍人的实践活动。虽然无论是好运还是厄运，对于实践与活动的目的与选择而言，并不是根本的东西，但是，运气确实构成幸福或者完善的实践的条件。"微小的好运或不幸当然不足以改变生活。但是重大的有利事件会使生命更加幸福。而重大而频繁的厄运则可能由于所带来的痛苦和对于活动造成的障碍而毁灭幸福。"② 在《政治学》中，亚里士多德谈到，最优良的生活一定具有三项善因：外物诸善、身体诸善和灵魂诸善。只有幸福的人才完全具备这些善。"有些人听到蝇声掠过身边也就突然惊惧，有些人偶感饥渴便纵饮，有些人为了两个铜元而不惜毁伤他平素最相好的朋友，有些人心智愚昧像小儿或迷惑像疯子；一个人要是没有丝毫勇气、丝毫节制、丝毫正义、丝毫明智（智慧），世人绝不称他为有福的人。"③ 但是，尽管幸福需要这些外在的东西，并不意味着量越大越幸福，因为，自足与实践不存在于最为丰富的外在善和过度之中。亚里士多德认为，只要有中等的财产就足够了，就可以做合乎德性的事。那么，以上诸善在人生中孰轻孰重呢？有人以为，对灵魂诸善只需要适如其量就足够了，而至于财富、资产、权力、名誉以及与此类似的种种事物则越多越好。亚里士多德从事实及思想层面对这些做出了反驳。从事实层面而言，灵魂诸善无需依赖外物，就可以形成并保持德性，而外物必须依赖灵魂诸善才得以显露。那些德性不足而务求娱乐于外物的人们，不久就会明白过多的外物无补于人生，而那些衣食只能维持生活，却虔修品德和思想的人，幸福更加充实。从思想上，亚里士多德认为，外物诸善就好像一切实用工具，量是一定有所限制的，过量反而对物主有害，

---

① ［古希腊］亚里士多德著：《尼各马可伦理学》，廖申白译，商务印书馆2004年版，第20页。

② ［古希腊］亚里士多德著：《尼各马可伦理学》，廖申白译，商务印书馆2004年版，第28－29页。

③ ［古希腊］亚里士多德著：《政治学》，吴寿澎译，商务印书馆1996年版，第340页。

至少也一定无益。而灵魂诸善越多越好。"所有这些外物之为善，实际都在成就灵魂的善德，因此一切明哲的人正应该为了灵魂而借助于外物，不要为了外物而竟然使自己的灵魂处于屈从的地位。"①

沉思是最高的幸福。因为，第一，"沉思是最高等的一种实现活动"②；第二，沉思比其他任何东西都更为连续、持久；第三，幸福中必然包含快乐，而沉思所蕴含的快乐既纯净又持久，最令人愉悦；第四，沉思含有最多的自足，在充分得到所依赖的必需品后，"智慧的人靠他自己就能沉思，并且他越能够这样，他就越有智慧"③。而公正、节制、勇敢等还需要他人的帮助或者接受；第五，沉思自身就是目的，除了所沉思的问题外不产生任何东西，而其他实践活动，人们总是要得到某种东西；第六，幸福包含闲暇，而沉思含有最多的闲暇。

智慧的人是最幸福的。因为，第一，他/她是按照人的神性的部分生活，其他德性的实现活动都是人的实现活动，都是在与他人的相互关系中做出的，都是人的事务；第二，他/她需要更少的外在的东西，越高尚越完美的德性实践需要外在的东西越多，但是对于一个沉思的人而言，这些东西反倒会妨碍他/她的沉思；第三，"神的实现活动，那最为优越的福祉，就是沉思，因此，人的与神的沉思最为近似的那种活动，也就是最幸福的"④；第四，低等动物由于完全没有沉思的活动而不能享有幸福。

"所以，幸福与沉思同在。越能够沉思的存在就越是幸福，不是因偶性，而是因沉思本身的性质。因为，沉思本身就是荣耀的，所以，幸福就在于某种沉思。"⑤

但是，沉思的幸福只有少数人才可以得到。人类的灵魂中除了逻各斯的部分，还有无逻各斯的部分。这就注定了人类绝对不会是纯粹理性的存在，而是充满了激情和欲望，分享着动物式的感觉的生命活动，总是力图寻找快乐和避免痛苦。同时，人类是社会性动物，在其本性上是

---

① ［古希腊］亚里士多德著：《政治学》，吴寿澎译，商务印书馆1996年版，第341页。
② ［古希腊］亚里士多德著：《尼各马可伦理学》，廖申白译，商务印书馆2004年版，第305页。
③ ［古希腊］亚里士多德著：《尼各马可伦理学》，廖申白译，商务印书馆2004年版，第306页。
④ ［古希腊］亚里士多德著：《尼各马可伦理学》，廖申白译，商务印书馆2004年版，第310页。
⑤ ［古希腊］亚里士多德著：《尼各马可伦理学》，廖申白译，商务印书馆2004年版，第310页。

一个政治的动物，生来就有合群的性情。因此，亚里士多德号召，人类既要追求最高的沉思的幸福，又要过一种城邦的生活而追求德性的幸福。在亚里士多德看来，人类由男女发展出家庭，进次村坊，又由村坊扩至城邦，城邦的长成出于人类生活的发展，而实际的存在却是为了优良的生活。由此，亚里士多德从整体先于部分的角度断定，个人不能脱离城邦。"我们确认自然生成的城邦先于个人，就因为［个人只是城邦的组成部分］，每一个隔离的个人都不足以自给其生活，必须共同集合于城邦这个整体［才能满足其需要］。凡隔离而自外于城邦的人——或是为世俗所鄙弃而无法获得人类社会组合的便利或因高傲自满而鄙弃世俗的组合的人——他如果不是一只野兽，那就是一位神祇。"①从这一点来说，个体的幸福离不开城邦的幸福，二者具有内在的一致性。于是，在《政治学》中，亚里士多德转向了对城邦尤其是其政体的探讨，目的也在于获得个体的幸福。"只有具备了最优良的政体的城邦，才能有最优良的治理；而治理最为优良的城邦，才有获致幸福的最大希望。"②"凡能成善而邀福的城邦必然是在道德上最为优良的城邦。"③

**二、德性伦理与德性**

既然幸福是灵魂合乎德性的实现活动，那么，什么是德性呢？亚里士多德认为，灵魂有一个无逻各斯的部分和一个有逻各斯的部分。无逻各斯的部分包括造成营养和生长的那个部分，它存在于所有生命物中，是普遍享有的、植物性的，不属于人的德性。灵魂的无逻各斯的部分还包括另外一种：虽然是无逻各斯的，但是在某种意义上分有逻各斯。这就是灵魂"欲望"的部分，是有感觉的生命共享的，能对快乐和痛苦做出反应，并且总是使行为的目标趋于前者而免于后者。在动物身上，灵魂的欲望部分纯粹是无逻各斯的。但是，在人类身上，这种灵魂的欲望分有逻各斯，听从并遵循逻各斯。因而，灵魂的逻各斯的部分就包括两个部分：在严格意义上具有逻各斯；在听从逻各斯的意义上分有逻各斯。人类灵魂中逻各斯部分活动的完善在于沉思，而人类灵魂中欲望部分天然地反对逻各斯部分，但是，在自制者身上，灵魂的欲望部分听从逻各斯，就像听从父亲那样，并与之保持和谐。同灵魂的划分相适应，德性包括两部分：理智德性和道德德性。智慧、理解和明智属于理智德性，

---

① ［古希腊］亚里士多德著：《政治学》，吴寿澎译，商务印书馆1996年版，第9页。
② ［古希腊］亚里士多德著：《政治学》，吴寿澎译，商务印书馆1996年版，第382页。
③ ［古希腊］亚里士多德著：《政治学》，吴寿澎译，商务印书馆1996年版，第342页。

慷慨与节制属于道德德性。

"德性"对应的英文单词是"virtue",是古希腊"arete"的英译。"德性"和"virtue"指的都是人的品质特征,根据这种品质特征,人会做出道德上善的行动。在古希腊例如亚里士多德的德性伦理学中,"arete"泛指优秀或者卓越。任何存在物只要充分发挥了它固有的能力,那么,就具备了优秀或者卓越(在古希腊,德性的本意就是卓越),也就是"arete"。但是,问题在于,这种泛指的优秀或者卓越或者"arete"如何与我们现在所理解的"德性"关联呢?在古希腊的社会生活中,人具有不同的身份属性,例如士兵或者父亲。为了成为一个优秀或者卓越或者"arete"的士兵或者父亲,他就必须具有关于士兵或者父亲的知识,例如勇敢或者慈爱的知识,甚至包括作战的技巧或者教育子女的艺术。在这种意义上,"德性即知识"。但是,很显然,现代意义上的"virtue"或者"德性"涉及的主要是勇敢或者慈爱,而很少讨论技巧或者制作等方面的问题。根据这种理解,古希腊的"arete"是一个比现代意义上的"virtue"或者"德性"更宽泛的概念,"virtue"或者"德性"是"arete"的必要而非充分条件。

现代德性伦理学者未必每个人都会接受亚里士多德的幸福观,也未必都会认同亚里士多德德性类型划分背后的形而上学基础,但是,都普遍地接受以德性作为理论建构的根基,因此,都从不同的层面对德性做出了特有的解释。对于中国学者而言,因为在对西方德性伦理研究中,曾经过多偏重于麦金太尔,所以,麦金太尔对于德性的理解常为我们所熟悉。麦金太尔(Alasdair MacIntyre)认为:"美德是一种获得性的人类品质,对它的拥有与践行使我们能够获得那些内在于实践的利益,而缺乏这些品质就会严重地妨碍我们获得任何诸如此类的利益。"① 但是,随着对西方德性伦理的推进,人们发现,在西方德性伦理阵营中,麦金太尔无疑很重要,但也许未必有我们之前认定的那般重要。比如,在德性的理解中,比麦金太尔的德性观更丰富的思想或者观点就不断涌现。尽管德性被视为一种品质状态,但是,这是一种什么样的状态呢?斯洛特认为,一个人的德性被设想为"一个人的一种内在性格或者倾向"。斯洛特的解释只是简单地认为,一种德性是一种令人钦佩的品质状态或者一种根本令人钦佩的品质特征。但是,问题在于哪种特征是根本令人钦佩的呢?康德式道义论或者功利主义都可以做出独具特色的解释。比如,

---

① [美] A. 麦金太尔著:《追寻美德》,宋继杰译,译林出版社2003年版,第242页。

按照康德的道义论，尊重绝对命令的品质特征是根本令人钦佩的品质特征；而按照功利主义，尊重最大化幸福原则的品质特征是根本令人钦佩的品质特征。赫斯特豪斯作为新亚里士多德主义者的重要代表，曾试图详细地阐明德性的构成。她正确地指出，德性不能仅仅被认为是以特有的方式行动的倾向，还必须是行动者出于特有的理由，并伴有特有的情感和态度等。例如，一个有诚实品质特征的人倾向于出于正当的理由而诚实及审慎正直。他/她倾向于强烈谴责不诚实，并且也许会因诚实成功而高兴；他/她理解诚实什么时候处于争议之中及它需要什么。因此，赫卡（Thomas Hurka）将德性解释为"关于善恶具有内在善的态度"的提法，必定会遭到赫斯特豪斯的反对。显然，无论是在赫斯特豪斯还是在茱莉亚·安纳斯（Julia Annas）那里，德性不只是造就态度，更是形成有德者的实践推理。一个诚实的人具有一种合乎品质的态度去面对真相及谎言，倾向于出于德性/品质的理由行动及察明诚实所需。他/她的这些品质不能被简单地归类为对善恶的态度。

赫斯特豪斯认为，一种德性是一种品质特征。这种品质特征是一个人幸福、繁荣［即古希腊的 eudamonia，曾被普遍翻译为"幸福"。但根据现代道德哲学研究，"繁荣"（flourishing）或者"福祉"（well-being）更能表达出 eudamonia 的含义］或活得好所必需的。由此，评价一种德性主张的真理性的标准就是，受质疑的品质特征是否为人类幸福所需，因此，德性就是一个人渴求幸福所需的任何品质特征。在赫斯特豪斯那里，以下三个主题相关：①德性使其拥有者受益（它们使其能够繁荣，过上一种幸福的生活）；②德性使其拥有者成为一个好人（人需要德性以活得好，实现人的繁荣，过一种品质善的即幸福的生活）；③以上两个德性的特征相关联。问题在于，如何理解关键概念"eudamonia"？赫斯特豪斯认为可译成"幸福"或者"繁荣"，但她承认这两种译法皆有其缺陷。她建议，"eudamonia"应指接近于真实的幸福或值得拥有的幸福。赫斯特豪斯认为，拥有德性、成为有德者是达致繁荣最可靠的路径。

尽管重视德性是现代德性伦理学的一个显著标志，但是，未必每一个重视德性的伦理学者都必然地属于德性伦理阵营。在推崇德性的著作中，至少可以细分为两类：一类是将德性视为核心的或者基本的伦理概念，另一类是通过修正我们熟知的后果论或义务论，以植入德性的道德意义。德性伦理不同于德性论，它的范围比德性论窄。后果论与义务论自有其德性理论，但它们不是德性伦理。德性伦理的显著标志是，将德性作为核心的或基本的概念。毫无疑问，后果论可以给予德性一种派生或者附带的道德意义。如果我们从一个简单的直接的后果论公式开始，我们可以将如下主题加入这个公式中：德性是品质的状态，如果人们普遍拥有德性，那么，同人们普遍地拥有其他品质状态相比，它将会导致更多的善。在这么一种解释中，德性具有一种工具性和附属性价值。典型的代表是赫卡的内在善的循环理论。赫卡认为，德性的态度具有内在的价值，但是它们低于及派生于基本善的价值，或者至少德性地去爱一个善物的价值，总是少于那善物本身的价值。鉴于此，赫卡并不视其观点为一种德性伦理学观点，即使他寻求理解德性及其道德重要性。正如他所言，理解德性并不需要"任何新理论，例如德性伦理学"。因此，尽管赫卡的理论开拓了内在价值理论的新领域，尽管他很好地解释了一种后果论或者道义论如何能够将德性视为具有内在善，但它不属于德性伦理学家族。

### 三、德性伦理与实践智慧

人的灵魂包括理性和非理性部分。理性部分又包括理论理性部分和实践理性部分。理论理性的对象是永恒而普遍的真理，而实践理性的对象是人类行为可改变的事物。既然德性就是功能发挥到卓越或者优秀的状态，那么，理论理性的德性就是理论智慧，而实践理性的德性就是实践智慧。在人类所有的德性中，"智慧是各种科学中最为完备者"①，"是科学和努斯的结合，并且与最高等的事物相关"②，"智慧是德性总体的一部分，具有它或运用它就使得一个人幸福"③。理论理性的德性理论智慧与实践理性的德性实践智慧，合称理智德性。

在《尼各马可伦理学》第6卷，亚里士多德解释了第二种含义的实践智慧同艺术与生产的区别。尽管同理论智慧相比，实践智慧、艺术与生产之间具有一致性，针对的都是待实现的领域，但是，实践智慧自身就是一个目的，即好的行动。然而，艺术和生产在其自身之外另有一个目的，即一件艺术作品或一件生产。这意味着，实践智慧同其自身正确的行动有关，而工艺和生产只是其他行动的一个手段。这表明，实践智慧属于伦理学的领域，或者内在于行动的善；而工艺和生产是审美的领

---

① ［古希腊］亚里士多德著：《尼各马可伦理学》，廖申白译，商务印书馆2004年版，第175页。

② ［古希腊］亚里士多德著：《尼各马可伦理学》，廖申白译，商务印书馆2004年版，第176页。

③ ［古希腊］亚里士多德著：《尼各马可伦理学》，廖申白译，商务印书馆2004年版，第187页。

域，即由行动创造出的善。实践智慧不是简单应用普遍规则，而是充分考虑伦理主体自身及其所处环境的特殊条件。亚里士多德警告，伦理学是不明确的，具有变化性与多样性，不是法典化的明确答案，不能被视为一套清晰及无可辩驳的规则。当人们实际做出决定的时候，并不是诉诸普遍的规则来解决自己的问题。普遍性的确是需要的，但更重要的是结合特殊的情况、结合自己的实际处境来处理问题。因此，经由实践智慧这种德性，我们可以习惯性地思虑怎么样道德地行动。

在《尼各马可伦理学》中，亚里士多德在两种密切相关但也互相区别的层面上，对实践智慧进行了使用。首先的一点是指向审慎思考人类内在善的能力，由此，亚里士多德将实践智慧定义为"审议对一个人而言善且有利的能力"，并且这不只是"在一个无偏的立场"，而是关于"总体上什么东西有助于善生活"（《尼各马可伦理学》，1140a26-28）。实践智慧不同于其他思考的技术的类型。在技术思考中，你有一个目标去达成，并且如果你拥有这必备的技能，那么，你会构思及决定以最优的手段去达成那个目标。实践智慧致力于最高的目标，那必定是我们整个生活的目标：幸福。所有从属性的目标致力于这个更高、更广泛、更具包容性的目标。当这个具有实践智慧的人审议时，他/她正在思考一个可能的行动如何影响行动；明智的人能够正常地及独立地找到正确的手段去实现幸福。假如你不能够好好地思考如何行动，那么，你将不会行动得好，并由此导致无法实现幸福。

关于实践智慧的第二个定义，相反，指向的是，达至善生活的手段而非善的目的本身，"道德德性使我们瞄准正确的目标，实践智慧使我们使用正确的手段"（《尼各马可伦理学》，1144a8）。第二个定义回应的疑难是：如果一个人已经在道德德性上完善，那么，为什么明智的理智德性仍然是必要的？道德德性完善的人需要实践智慧的根本原因是，道德德性能够击中正确的目标，不只是偶然或因其他理由，而只是出于正当的理由，以正当的手段或方式。实践智慧要求一个人总是出于正确的理由，在正确的时间，做正确的事。所有其他的德性都需要实践智慧，每一个合乎德性的行动都需要审慎。托马斯·阿奎那认为，所有其他德性的行动也是实践智慧的行动。例如每一个节制的行动也是一个实践智慧的行动。没有实践智慧，其他的德性不能够产生德性的行动。因此，实践或者努力实践道德德性自身需要一定程度的实践智慧。正如亚里士多德指出："没有实践智慧而成为善，或者没有道德德性而成为一个实践智慧的人，这是不可能的。"所有其他的德性都需要实践智慧，每一个合乎德性的行动都需要审慎。例如节制的德性。"我"喜欢、倾向于吃正确的数量，但"我"依旧需要计算出什么是正确的量，在这种情形中，那是一个移动的目标。

亚里士多德认为，只有具备德性的人才具有实践智慧。(《尼各马可伦理学》，1144b30－32）根据亚里士多德的解释，实践智慧是灵魂的理性部分的一个德性（更特别的是，与行动有关的理性部分）。由此推论，某人若缺乏实践智慧，那么，必定具有其一个理性的缺陷。因此，亚里士多德会认为，如果"我"有一个坏的偏好，那么，"我"灵魂的理性部分必然有其缺陷。实践智慧要求一个人总是出于正确的理由，在正确的时间，做正确的事。正如哲学家从不在理论推理上犯错，实践智慧者也从不在实践推理中犯错。批评者据此认为，既然对于任何一个人来说，达到这种程度的完美明显是不可能的，那么，成为实践智慧者似乎是一个理论的美好想象。如果达到实践智慧在实践上是不可能的，那么，在实践中获得幸福也是不可能的。

实践智慧强调境遇的合理性，反对道德原则的普遍运用。换成中国式的伦理术语就是，在具体的社会生活中，既要有不变的原则"经"，又要有变通的具体应对策略"权"。"权"就是一种实践智慧。"淳于髡曰：'男女授受不亲，礼与？'孟子曰：'礼也。'曰：'嫂溺，则援之以手乎？'曰：'嫂溺不援，是豺狼也。男女授受不亲，礼也。嫂溺，援之以手，权也。'"（《孟子·离娄上》）"礼"是道德原则，"权"是变通的实践智慧。经不变，权要变。不变者，原则也；可变者，方法也。原则若变，已非原则。但原则抽象，事务具体。具体问题，必须具体分析轻重缓急、得失利害。因此，处理问题的具体方式、具体方法，就可以变，也必须变。这就是"权"或"权变"。有经无权，看似公正规范，则易滑入刻板呆滞；有权无经，看似灵活圆融，又陷油滑世故。以"权"之名"离经叛道"，皆属"走极端"。孔子崇"权"（以"仁"为做人之至，以"乐"为治学之境，以"权"为行事之极）。"可与共学，未可与适道；可与适道，未可与立；可与立，未可与权。"（《论语·子罕》）按照学道（学）—行道（适）—守道（立）—变道（权）的四个阶段，道之艰难尽在"权"或者"灵活运用"。

## 第二节　德性伦理对现代规范伦理的批评

1958年，安斯康姆发表《现代道德哲学》一文，对现代道德哲学提出批评："我将从陈述本文表达的三个论点开始。第一，对我们而言，目前从事道德哲学是不合算的。它至少应当被暂时搁置在一边，直到我们有一种恰当的心理哲学。显然，我们在心理哲学上处于匮乏状态。第二，如果在心理上可能的话，义务与责任——也就是说道德义务与道德责任——以及道德上的正当与错误、对'应当'的道德意义的概念应当被抛弃；因为它们是残留之物，或残留之物的派生物，派生于一种更早的而不再普遍留存于世的伦理构想。如果没有这种伦理构想，它们都是有害无益的。我的第三个论点是，从西季威克至今，著名的英语著作家们之间关于道德哲学的差异是不重要的。"① 这篇论文被视为掀起了现代德性伦理的复兴的序幕。

继起的麦金太尔接过了批评现代道德哲学的旗帜。他认为，我们生活世界的道德语言处于一种严重的无序状态，我们只是拥有一个概念构架的诸残片断句，即使是这些残片断句，由于其赖以存在的有效的语境不复存在，因此，我们也难以获得其意义；我们固然保有道德的幻象，也继续使用关键的道德词汇，但是，毫无疑问，这并不表明我们拥有充足的道德把握力，恰巧相反，无论是理论上还是时间上，我们的道德把握力都已经极大地丧失了。② 在其所列举的三个当代道德论争中，麦金太尔指出，这三个争论的一个重要特征是，每一个立证在概念上都具有不可公度性（conceptual incommensurability）。每一个论证都从其各自的前提出发，合乎逻辑地推演出其看似皆合理而又彼此冲突的结论。这种道德现象发生的一个根本原因在于，每一个论证的前提都是对立的，我们没有任何合理的方式以衡量其各个不同的主张，不可公度性的不同前提有着极为多样的历史起源，因此，道德论辩必然无休无止。③

因此，现代德性伦理的复兴总是伴随着对现代道德哲学尤其是规范

---

① G. E. M. Anscombe. "Modern Moral Philosophy", *Philosophy*, 1958, Vol. 33, pp. 1 – 19.
② Alasdair MacIntyre. *After Virtue*: *A Study in Moral Theory*, Notre Dame: University of Notre Dame Press, 2007 (Third edition), p. 2.
③ Alasdair MacIntyre. *After Virtue*: *A Study in Moral Theory*, Notre Dame: University of Notre Dame Press, 2007 (Third edition), p. 8.

伦理的批判。这其中根本的原因可能在于，由于自近代以来，以功利主义和道义论为代表的规范伦理学一直占据了主导地位，几乎成为道德哲学的代名词。因此，既然规范伦理深入人心已久，那么，愈想树立与之相对立的道德哲学，就必须对之批判愈切。批评的视角固然具有很多种，但是，最深刻且最广泛的批评无疑是从生活的视角，指责规范伦理简单化的思维方式歪曲了生活，造成了道德与生活的背离。

### 一、"精神分裂"的批评

迈克尔·斯托克（Michael Stocker）批评现代伦理造成了"道德分裂症"。"在古代伦理学中，不存在道德义务概念，古代伦理学关注的是与好的人类生活有关的问题以及为了获得好生活而必需的品格特征的问题。"[①] 但是，斯托克认为，现代伦理"只处理理由、价值观和辩护根据问题"[②]。那些重要的道德生活的动机、动机结构与约束，却未能进入现代伦理的视野。这种忽视不是现代伦理无意造成的后果，而是它们有意为之的产物。"它们不但没能做到这一点，而且作为伦理理论，它们之所以没能做乃是因为它们不这样做。"[③]

那么，为什么动机应该受到道德哲学的关注呢？斯托克认为，这根本的原因在于，只有当一个人的动机同其理由、价值观与辩护根据之间和谐一致时，好生活才是可能的。"最起码的是，我们应当受我们主要的价值观所驱动，同时我们应当看重我们主要的动机所谋求的东西。也就是说，如果我们要过一种好的生活，我们就应当如此。重申一遍，这种和谐是一种好生活的标志。事实上，人们可能想知道，如果没有这样一种整体性，人类生活——无论好坏——是否可能。"[④] "不受一个人所看重的东西——即一个人相信是善良的、美好的、正当的、美丽的等等事物——所驱动，这显示了一种精神上的疾患。不看重驱动一个人的东西亦复如此。这样一种疾患，或这类疾患，可以被恰当地称为道德分裂

---

[①] 转引自 Daniel Statman. "Inoduction to Virtue Ethics", in: Daniel Statman (ed.), *Virtue Ethics*, Edinburgh: Edinburgh University Press, 1997, p. 4.
[②] ［美］迈克尔·斯托克著：《现代伦理理论的精神分裂症》，谭安奎译，见徐向东编《美德伦理与道德要求》，江苏人民出版社2007年版，第59页。
[③] ［美］迈克尔·斯托克著：《现代伦理理论的精神分裂症》，谭安奎译，见徐向东编《美德伦理与道德要求》，江苏人民出版社2007年版，第59页。
[④] ［美］迈克尔·斯托克著：《现代伦理理论的精神分裂症》，谭安奎译，见徐向东编《美德伦理与道德要求》，江苏人民出版社2007年版，第59页。

症——因为它们是一个人的动机与他的理由之间的一种分离。"① 这种"精神分裂"有一种极端的形式。一个人相信是恶劣、有害和卑贱的东西,但是,却不得不去做;或者这件事情是他/她想做的,可是,他/她又为之陷入厌烦、惊骇和沮丧。换成我们熟悉的语言,对于前者,行动者是"无奈"地做了一件事情;对于后者,行动者是"无望"地未能做一件事情。但不管是"无奈"还是"无望",它们都反映了行动者的动机同其理由、价值观和辩护根据之间的一种深刻背离。

斯托克提出,即使就正当性、义不容辞和责任而言,你能够做正确的、义不容辞的事情以及履行你的责任,无论你这样做的动机何在,这也似乎完全不存在价值与动机之间的和谐或不和谐的哲学问题。但是,斯托克认为,仍然存在两个问题。"第一个问题是,即便在这里也仍然存在一个和谐的问题。那些履行了他们的责任但却从未或极少想要这样做的人,他们会有一种什么样的生活呢?第二,责任、义务和正当性只是伦理学的一部分,事实上它们只是一小部分,一个枯燥无味的和最小的部分。存在另一个关于个人的、人际关系与活动之价值的整个领域,还有一个关于道德善良、优点、美德的领域。在这两种情形中,动机是有价值的东西中的一个根本部分;同样,在这两种情形中,为了保证那些价值得以实现,动机与理由必须和谐一致。"②

由于动机与理由之间的分裂,斯托克认为,现代伦理使生活失去了整体性而变得贫乏。现代伦理"在极其重要和极其普遍的价值领域里把理由与动机之间的分裂必然化了,或者说它们给了我们一种道德上极其贫乏的生活的和谐,一种极为缺乏有价值之元素的生活的和谐"③。生活从根本上陷入碎片化和不连贯的状态。现代伦理陷入"精神分裂"的根本原因在于,它们在提出义务、责任和正当性的时候,缺乏的仅仅是"这个人"。行动者是将人仅仅视为普遍价值,或者是普遍价值的生产者或者占有者,而不是一个具体的生活中的对象。"如果一个人只是看重并致力于爱,也就是一般而论的爱甚或由这个人所范例化的一般而论的爱,

---

① [美]迈克尔·斯托克著:《现代伦理理论的精神分裂症》,谭安奎译,见徐向东编《美德伦理与道德要求》,江苏人民出版社2007年版,第59页。
② [美]迈克尔·斯托克著:《现代伦理理论的精神分裂症》,谭安奎译,见徐向东编《美德伦理与道德要求》,江苏人民出版社2007年版,第60页。
③ [美]迈克尔·斯托克著:《现代伦理理论的精神分裂症》,谭安奎译,见徐向东编《美德伦理与道德要求》,江苏人民出版社2007年版,第61页。

那么，他确定无疑地'错失了'那个意愿中的所爱之人。"① 功利主义主张，当且仅当一个行为能够带来最大多数人最大幸福的时候，这个行动才是正当的和义不容辞的。因此，功利主义不是不重视爱，相反，由于爱能够带来幸福的最大化，因此，应当重视爱。但是，如果将功利主义的理由具体化为行动的动机，那么，"无论你与那个人的关系是什么，它必然也不是爱（也不是友谊、温情、和谐、亲善和共同体）。那个你想象中所爱的人不是因为他本人，而是作为一种快乐之源头才吸引了你的思想和行动"②。因此，"他们不能在他们的动机中体现他们的理由；为了获得美好的东西，他们将不得不过一种二元分离的、精神分裂的生活"③。

斯托克提供了一个经典的例证。"假定你在一家医院中，从一种长期的疾病中慢慢康复。当史密斯再次进来的时候，你极其厌倦、心烦意乱、无所适从。你现在比任何时候都更确信，他是一个好伙伴和一个真正的朋友——他一路穿过城镇，花很多时间让你精神振作，等等。你洋溢着如此之多的称赞与感激，致使他声明他总是努力地做他认为属于他的责任的事情、他认为将会是最好的事情。你起先认为，他是出于客气而过分谦虚，以减轻道德包袱。但你们谈得越多，他是在说出原原本本的实话这一点就越来越明显：他来看望你，从根本上不是因为你，不是因为你们是朋友，而是因为他认为这是他或许是作为一个同道的基督徒或共产主义者或其他身份的责任所系，或者仅仅是因为他不知道任何一个更需要振作精神的人，也不知道任何一个更易于振作的人。"④

显然，这种解释探望病人的道德理由明显同我们的道德直觉相违背。我们为什么去看望生病的人？这个理由不会是功利主义的或者康德式的道义论的。因为按照功利主义的观点，我们之所以看望病人，是因为这个行动可以带来幸福的最大化；按照道义论，因为这个行为符合普遍化法则或者遵守了"把人当作目的"的绝对命令。根据这种理由，如果行动者内心根本不情愿去看望病人，可是，功利主义和康德道义论又提出

---

① ［美］迈克尔·斯托克著：《现代伦理理论的精神分裂症》，谭安奎译，见徐向东编《美德伦理与道德要求》，江苏人民出版社2007年版，第64页。
② ［美］迈克尔·斯托克著：《现代伦理理论的精神分裂症》，谭安奎译，见徐向东编《美德伦理与道德要求》，江苏人民出版社2007年版，第63页。
③ ［美］迈克尔·斯托克著：《现代伦理理论的精神分裂症》，谭安奎译，见徐向东编《美德伦理与道德要求》，江苏人民出版社2007年版，第63页。
④ ［美］迈克尔·斯托克著：《现代伦理理论的精神分裂症》，谭安奎译，见徐向东编《美德伦理与道德要求》，江苏人民出版社2007年版，第66页。

了道德要求，那么，行动者就不可避免地出现"精神分裂"。但是，这明显不会构成我们大部分真实的道德生活。"在这里，除了对我们的影响之外，一个人与任何其他人甚至任何其他物件相比，都没有任何差别，也没有更重要、更有价值或更特别之处。这样的个体本身并不重要，只有他们对我们的影响是重要的；他们在本质上是可以替代的，任何其他具有同样影响的东西也可以起到相应的作用。而我认为，这一点从个人的角度来看是不可容忍的。以这种方式设想你自己，或相信一个你所爱的人以这种方式设想你，这是不可容忍的。基于概念上的以及心理上的理由，它与爱是不相容的。"① 我们之所以去看望病人，很多时候是基于我们和他/她的一种身份关系，或者亲人，或者朋友等。这是我们看望病人的理由，也是我们看望病人的动机。"因为一个人应当关心所爱的人、应当准备为所爱之人的缘故而行动，这对'爱'这个概念而言是根本性的。更强一点讲，一个人必须关心所爱的人，并把那个人作为最终的目标而行动。那个所爱的人，或者所爱之人的福利或利益，必须成为他的关切与行动的最终目标。"②

## 二、普遍主义的批评

对于个人幸福，功利主义者主张一种不偏不倚性。"功用主义需要行为者对于自己的与别人的幸福严格地看作平等，像一个与本事无关而仁慈的旁观者一样。"③ 这是功利主义之所以成为一种有影响的道德理论并保持对社会的批判力的重要因素。它反对行动者优先考虑自身的幸福。康德式道义论中绝对命令的内容之一就是可普遍化，要求行动的理由必须可以成为普遍的法则。因此，威廉姆斯在分析康德主义和功利主义时说："道德的观点是特别由它的不偏不倚来表征的，由它对与特定的人所处的任何特定的关系的冷漠来表征的，而道德思维就要求从特殊情景和各方的特殊特征中进行抽象，包括从行动者当中进行抽象——只是在这些东西能够被处理为任何道德上相似的状况的普遍特点的情况下，这一点才是例外的；相应地，一个道德行动者的动机就涉及对不偏不倚的原则的一种理性运用，因此在类型上就不同于他因为碰巧对某些特殊的

---

① ［美］迈克尔·斯托克著：《现代伦理理论的精神分裂症》，谭安奎译，见徐向东编《美德伦理与道德要求》，江苏人民出版社2007年版，第61—62页。
② ［美］迈克尔·斯托克著：《现代伦理理论的精神分裂症》，谭安奎译，见徐向东编《美德伦理与道德要求》，江苏人民出版社2007年版，第61页。
③ ［英］约翰·穆勒著：《功用主义》，唐钺译，商务印书馆1957年版，第18页。

人……具有某些特殊的利益而对待他们的动机。"① 这种不偏不倚性蕴含了现代社会中对于公正和平等的追求，因此，具有理论与现实的合理性，也可以显示出一种反思和批判性的力量。特别是不偏不倚所传达的普遍主义思维特质反映规范伦理学关于类似自然科学的理论追求。普遍主义肇始于人类对自身认识的形成，是历史过程和思想过程的统一。作为一种历史运动，普遍主义是指人类逐步从分散、孤立的状态中摆脱出来，在其活动中呈现出愈来愈强烈的历史统一性。人不再是自然群落的一分子，而是作为一种有限的社会存在而融进了无限的时空结构之中。正是在这个历程中，人类思想开始了它的普遍性诉求，人类相信在多样性中一定存在相同性，人与人之间必定存在一致性。作为一种思想运动，普遍主义不断地深化着关于人类一致性的信仰，它试图确立一套对所有人都通用的、统一的价值准则。正是对人类一致性的信仰使人类努力超越自身的存在，使人真正成为人。人类被视为一个统一体，每个人或每一群体不再作为某种完全的异类而与其他个人或群体相对立，即每一个人或群体都分享同样的思想并潜在地包含同样的完善性。②

但是，普遍主义有时候会严重挑战人们的道德常识。在日常生活中，人总是依附于相应的社会关系，才能更好地生存，因此，对于切己关系的维护，似乎就具有了道德上的优先性。例如孟子的"老吾老以及人之老，幼吾幼以及人之幼"，强调的都是切己关系的外推。假设行动者仅有5000元钱去赞助一位孩子上学。现在，他/她有两个需要赞助的对象。一位是他/她的至亲的孩子，一位是不相识的远方的孩子。再假设，至亲的孩子成绩比较差，而且这种差是无法通过努力弥补的；而远方的孩子聪明绝顶，只要有了这5000元钱赞助，这个孩子就可以顺利考上大学，改写命运，并可能造福社会。如果按照功利主义的观点，那么，行动者必须将这5000元用来赞助远方不熟悉的孩子，而不是至亲的孩子。行动者做出决定的时候，考虑的唯一因素就是快乐与痛苦的比，而不是彼此之间的特殊身份关系，因为这种快乐的计算必须是不偏不倚的，必须排除身份的干扰。因此，当牺牲"小我"才能成全"大我"的最大幸福的时候，"小我"就必须牺牲。但是，问题在于，道德之所以是必要的，是因为它会使生活变得更美好。可是，不偏不倚和普遍主义的道德哲学，却可能使生活变得很糟糕。"抛开功利上的得失不谈，人还有强烈的情感

---

① [英]伯纳德·威廉姆斯著：《道德运气》，徐向东译，上海译文出版社2007年版，第2-3页。

② 参见胡卫清：《普遍主义的挑战》，上海人民出版社2000年版，第10-12页。

需求。他渴望与伙伴有密切的交往，渴望一种参与的苦乐。这些也只能在一个规模不大的群体，即库利所说的首属群体中实现。"①

以吉利根（Carol Gilligan）和诺丁斯（Nel Noddings）为代表的关怀伦理学拒斥功利主义或道义论普遍主义的方式，更加重视特殊主义和具体境遇。在关怀伦理学看来，无论是康德主义还是功利主义，它们以原则或规则的方式提供对行为的一般指导，要么关注一般性的普遍原则，要么关注社会总体善的增加，而忽视了对行为主体特殊境遇的关切。关怀伦理主张通过关注具体情境、特殊和差异，满足人们对关怀的渴求。因此，它是一种情境伦理，注重道德情境分析，在关怀中需要考虑的是具体情境中特定的人、特定的需要和特定的反应及体验，而不是依据普遍性法则做出推理和判断。正如吉利根指出的，既然道德问题的产生源自责任的冲突而非冲突的权利，那么，它的解决方式也要求一种具体的、设身处地的，而非抽象的道德思考模式。关怀关系双方联系与遭遇的不同、时间和空间的不同，都必然导致关怀内容的差异。他们认为，道德不是建立原则和对原则的逻辑演绎，而是行为和实践，是一个人以想象力、品格和行为对具体而复杂的情况做出反应。在人们谈论关怀时，必须说明对于不同的人具有什么东西是有利的。为此，关怀方就必须了解被关怀方，必须知道与此相关的许多事情，例如，对方的身份、优势或不足，也必须知道被关怀方需要什么，应该如何才能回应他/她的需要；而为了实现这种回应，关怀方也必须清楚自己的优势与不足是什么。因此，对于关怀而言，了解他人是至关重要的。在不了解他人和自己的情况下谈论关怀，必将是盲目的。

为了做到不偏不倚，实现普遍主义，现代道德哲学就必须完成一种抽象性的工作——就是将具体的个人从特殊的关系中分离。"值得注意的是，现代道德哲学把道德动机和道德观点从与特殊的人所处的特殊关系的层面中分离出来，以及更一般的从一切动机和知觉的层面中分离出来。"② "如果说康德主义者在道德思想中是从个人的同一性中进行抽象，那么功利主义者就是显著地从个人的分离性中进行抽象。这一点在不止一个方面是真的。首先，正如康德理论家自己已经强调的那样，作为功利主义的供应品的受惠者，个人丧失了他们的分离性，因为在那种对总计效用进行最大化的形式中，以及甚至在那种对平均效用进行最大化的

---

① 郑也夫：《代价论》，生活·读书·新知三联书店1995年版，第45页。
② ［英］伯纳德·威廉姆斯：《个人、品格与道德》，徐向东译，见徐向东编《美德伦理与道德要求》，江苏人民出版社2007年版，第156页。

形式中，总是会有一种对满足（satisfaction）的积聚，而那种积聚基本上不关心具有满足的那些人的个人分离性。"① "功利主义从个人分离性中进行的抽象的第二个方面涉及到能动性。"② "不管我作为一个特定的个体可能具有什么样的计划、欲望和理想，作为一个功利主义的道德行动者，我的行动都必须是影响我所处状况的一切因果款项的输出"；"作为一位功利主义的行动者，我只是碰巧代表了在某个时间接近某些因果杠杆的那个满足系统"。③

### 三、道德要求过高或过低的批评

斯洛特（Michael Slote）从"自我—他人不对称性"的视角去揭示现代道德哲学的困难时，提出了关注自我德性的重要性，批评了功利主义和道义论给人们提出的不适当的过高的道德要求。他在区分关注自我（self-regarding）的德性和关注他人（other-regarding）的德性时指出，当人们谈论有德者的德性时，首先想到的就是，这个人是一个对他人和善或者公正的人。这是因为人们习惯于将有德者与行为道德很自然地联系起来。而在人们关于行为道德的普通想象中，它主要是做对他人正当的事情。他批评康德主义、功利主义和日常直觉道德以其不同的方式，将对他人幸福的关注看作比自身福祉或利益更重要的事，指出"对自身利益的关心和机敏当然应该被认为是美德，而在处理自身事务方面缺乏关心和愚蠢倾向都应该被视为罪恶，尽管它似乎很少被谴责或过时地称为反德性。因此，我们认为正当或错误的，我们崇敬或者谴责的，不仅在于他们怎样对待别人，而且在于他们怎样引导自身的生命和促进自身的利益"④。斯洛特对康德主义和功利主义的批评当然有有失偏颇的地方，因为无论是康德主义还是功利主义，都并不将他人幸福看作高于己身的幸福，而是主张一视同仁地或者不偏不倚地衡量。当然，当需要自我的利益才能实现幸福最大化时，无疑就是要牺牲自我利益。在这一点上，斯洛特对康德主义和功利主义的批评是对的。斯洛特隐含的意思是，即

---

① ［英］伯纳德·威廉姆斯：《个人、品格与道德》，徐向东译，见徐向东编《美德伦理与道德要求》，江苏人民出版社2007年版，第157页。
② ［英］伯纳德·威廉姆斯：《个人、品格与道德》，徐向东译，见徐向东编《美德伦理与道德要求》，江苏人民出版社2007年版，第157页。
③ ［英］伯纳德·威廉姆斯：《个人、品格与道德》，徐向东译，见徐向东编《美德伦理与道德要求》，江苏人民出版社2007年版，第157页。
④ Michael Slote. "Self-regarding and Other-regarding Virtues", in: David Carr and Jan Steutel. *Virtue Ethics and Moral Education*, Indianapolis: Routledge, 1999, p. 95.

使是在这种场合中，关注自我的利益也不能被视为邪恶。

麦金太尔认为，在康德的道德哲学中，尽管康德不怀疑所有人都渴求幸福，但是，理性存在者是否因为遵循道德准则而实现了幸福，不能成为检验已提出的道德准则的标准。这是因为，在康德看来，幸福观念过于模糊不清、变幻不定，从而难以提供可靠的道德指导；此外，任何旨在保证我们幸福的训诫都只是有条件的假言命令，但是，道德律只能是一种无条件的定言命令。① 由此导致的结果是，道德就不可能从欲望中找到基础。道德的行动只是因为这是道德律的要求，而不会有助于行动者的幸福。于是，道德就成为外在于行动者的催迫。但是，在亚里士多德的伦理传统中，情形就不会是这样。在亚里士多德的德性伦理学中，德性同功能相关。"它植根于古典传统的理论家们所表达的社会生活形式之中。因为，根据这一传统，要成为一个人也就是要扮演一系列的角色，每一角色均有其自身的意义和目的：家庭成员、公民、士兵、哲学家、神的奴仆。当且仅当人被视为一个先于并分离于一切角色的个体时，'人'才不再是一个功能性概念。"②

"人"作为一个核心的功能性的概念，人的善就存在于人的功能中。亚里士多德指出，"每种技艺与研究，同样地，人的每种实践与选择，都以某种善为目的"③。对任何一个有某种活动或实践的人来说，他们的善就在于对那种活动的完善。因此，一个吹笛手的善就在于演奏，雕刻家的善就在于雕塑。人类的善就是遵循或包含着逻各斯的活动的完成。因此，亚里士多德把"人"与"生活得好"的关系类比作"竖琴师"与"竖琴弹得好"的关系，并将此作为伦理学探究的起点。启蒙思想家认为，没有任何有效论证能够从全然事实性的前提推出任何道德的或评价性的结论，从而产生事实判断与价值判断的分离，表现为"是"与"应该"的断裂。但是，在当代德性伦理学家麦金太尔看来，这并非亘古不变的真理，恰恰相反，我们可以从"是"合理地推导出"应该"。例如，从前提"他是个大副"可以有效地推论出"他应该做大副应该做的事情"这样的结论。论证之所以有效，是因为"大副"是属于功能性的特殊概念，我们是基于"大副"被期望实现的特有的目标或功能来界定"大副"的。因此，要成为一个人也就是要扮演一系列的角色，每一角

---

① Alasdair MacIntyre. *After Virtue: A Study in Moral Theory*, Notre Dame: University of Notre Dame Press, 2007 (Third edition), p. 44.
② [美] A. 麦金太尔著：《追寻美德》，宋继杰译，译林出版社2003年版，第75页。
③ [古希腊] 亚里士多德：《尼各马可伦理学》，廖申白译，商务印书馆2004年版，第3页。

色均有其自身的意义和目的：家庭成员、公民、士兵、哲学家、神的奴仆。① 我们由人的这些角色功能就可以合理地期待他/她的德性。

此外，威廉姆斯批评现代伦理学对道德的讨论，"不仅过分狭窄，而且歪曲了道德在人们生活中的地位"②。这尤其反映在他对道德运气的讨论中。康德道德哲学出于对善良意志的坚持，从而对道德运气持一种抵制的态度。康德明确提出："如果由于生不逢时，或者由于无情自然的苛待，这样的意志完全丧失了实现其意图的能力。如果他竭尽自己最大的力量，仍然还是一无所得，所剩下的只是善良意志，它仍然如一颗宝石一样，自身就发射着耀眼的光芒，自身之内就具有价值。"③ 但是，亚里士多德的德性伦理学肯定运气在人的幸福中的地位。"在哲学思想中已经有这样一个谱系，它把生活的目的鉴定为幸福，把幸福鉴定为反思性的平静，把平静鉴定为自我充分性的结果——不是处于自我的领域中的那些东西也不在自我控制之内，因此就受到了运气的影响，成为平静的偶然敌人。在西方传统中，这个观点的最极端的变种是古典时代的某些学说，尽管对于那些学说来说有这样一个显著的事实：即使好人或圣贤免于受到容易发生的运气的冲击，但一个人是否是一位圣贤或者是否能够成为一位圣贤却取决于我们称为'生成运气'（constitutive luck）的那种东西：按照这个流行的观点，对于很多普通人来说，成为一位圣贤并不是他们不可企及的生活历程。"④

按照斯洛特、麦金太尔和威廉姆斯的观点，现代规范伦理给人提出了过高的道德要求。他们之间的区别在于，斯洛特认为，现代规范伦理贬低了人对自我福祉的关注；麦金太尔提出，现代规范伦理使道德成为外在的束缚而不是内生于德性的自我追求；威廉姆斯认为，现代规范伦理特别是康德的道义论不恰当地否认了道德运气。还有一种相反的批评，认为不是现代规范伦理的要求过高了，而是过低了。因为规范伦理将复杂的道德生活简单化为一条或者若干条道德原则。比如，纳斯鲍姆（Matha Nussbaum）认为，"构成一种好的人类生活的那些价值既是多元

---

① 参见［美］A.麦金太尔著：《追寻美德》，宋继杰译，译林出版社2003年版，第71-75页。
② 转引自徐向东：《自我、他人与道德——道德哲学导论》，北京大学出版社2007年版，第584页。
③ ［德］康德：《道德形而上学原理》，苗力田译，上海人民出版社2005年版，第9-10页。
④ ［英］伯纳德·威廉姆斯：《道德运气》，徐向东译，见徐向东编《美德伦理与道德要求》，江苏人民出版社2007年版，第74页。

的又是不可通约的"①。她认为，根据亚里士多德的伦理学，"最好的人类生活包含了一些不同的构成要素，其中每个要素都是不依赖各个其他要素来定义的，而且是因其自身的缘故而被看重"②。既然好的生活中具有内在价值的东西是多元且不可通约的，那么，将它们化约为单一的普遍价值就是对好生活的扭曲，就是降低了对好生活的要求。"那个只包含了一个价值的世界，是否能够具有目前世界的那种丰富性和包容性？如果一个世界把财富、勇气、高低、出生、公正都纳入一个同样的尺度，并按照一个单一的事物的功能来权衡它们的本质，那么这个世界就不具有我们现在所理解的那些东西，就是一个显得很贫乏的世界，因为对那些东西的价值是分别对待的，并不像用一个单一的标准来评估它们。"③

## 第三节 德性与规范的实践圆融

在日渐壮大的现代德性伦理复兴运动中，质疑和批评同样强势。因为德性伦理被看作比后果论或者义务论更关注个体的内在品质，所以，人们就会很自然地提出疑问：德性伦理能够告诉我们应该做什么吗？在批评者看来，德性伦理无法告诉我们应该怎么做，因此，它无法成为替代康德式伦理学和功利主义的规范性理论。本节希望阐明的一个问题是：我们应该对德性伦理与规范伦理之间的差异持有什么样的理解立场？

### 一、德性伦理与规范伦理间的差异

作为人类道德思想史中两种重要的理论，德性伦理与规范伦理是有区别的。在比较的基础上，赫斯特豪斯将德性伦理的特征归纳为："以行动者为中心"而不是"以行动为中心"；思考"是什么（Being）"而不是"做什么（Doing）"；关心好的（和坏的）品行而不是正确的（和错误的）行动；考虑"我应该成为什么样的人"，而不是"我应该做什

---

① ［美］玛莎·纳斯鲍姆：《善的脆弱性：古希腊悲剧中的"运气与伦理"》，徐向东、陆萌译，译林出版社2007年版，第403页。
② ［美］玛莎·纳斯鲍姆：《善的脆弱性：古希腊悲剧中的"运气与伦理"》，徐向东、陆萌译，译林出版社2007年版，第406页。
③ ［美］玛莎·纳斯鲍姆：《善的脆弱性：古希腊悲剧中的"运气与伦理"》，徐向东、陆萌译，译林出版社2007年版，第407页。

么"①；采用特定的具有德性的概念，例如好、善、德等，而不是义务的概念，例如正当、责任等；反对把伦理学当作一种能够提供特殊行为指导规则或原则的汇集。②

　　这些区别使得德性伦理和规范论对行动的道德正确性的判断和理解出现差异。规范论关注着行为是否提高了社会总体的幸福或者行为是否符合可普遍化形式；而德性伦理则考察行为是否出自主体的内在品质。因此，一个在规范论的意义上具有道德正确性的偶尔诚实的行为，在德性伦理的意义上会得出相反的结论。与日常生活中的道德直觉相逆的一次性行为，因其可以带来社会总体的幸福而获得道德正确性，例如，关于特殊情景中作弊的讨论。康德式伦理学将任何情况下都不能说谎作为普遍的道德法则，排除了一切形式的谎言，由此将生活世界中善意谎言的存在置若罔闻。德性伦理没有提供类似于规范论的规则以评价行为，但它始终关注的核心在于行为是否出于内在品质。

　　除了赫斯特豪斯归纳总结的以外，德性伦理与规范论之间的差异可以从另外的角度得到说明，这就是德性伦理指引下的德行是由内而外的，而规范论指引下的德行是由外而内的。对于德性伦理而言，德行的动力来自行动者的内在欲求，它直接同人的本性或者人的欲望相关。这在以亚里士多德为代表的传统德性伦理中可以得到确切的说明。亚里士多德提出，人类的最高善是幸福，它是灵魂合乎德性的实现活动。德性并非有助于幸福，而是幸福的内在要素。人类欲求幸福，联结着德性，外化为德行。为此，麦金太尔认为，在古希腊伦理学中，道德词汇同欲望的词汇保持着勾连。例如，只有依据后者，才可能理解职责的概念。职责意味着履行一定的角色，而角色的履行服务于某个目的；"这个目的完全可以理解为正常的人类欲望（例如一个父亲、一个海员或者一个医生的欲望）的表达"③。但是，规范论将职责的概念同人类的欲望完全分离，而不论及个人目的。中国儒家式的"为仁由己"或者"由仁义行"反映的也是德性伦理的这一特色。人类的善行不是源自外在功利或法则的，而是人之本性的自觉而至恰当的境界后的必然产物。

　　对于规范伦理而言，行动者德行的背后有个推动者，它是对幸福的最大化考量和对可普遍化法则的敬畏等。来自推动者的道德要求与行动

---

　　① [新西兰] 罗莎琳德·赫斯特豪斯：《规范美德伦理学》，邵显侠译，载《求是学刊》2004年第2期。
　　② 参见高国希：《当代西方道德：挑战与出路》，载《学术月刊》2003年第9期。
　　③ [美] A.麦金太尔：《伦理学简史》，龚群译，商务印书馆2004年版，第128页。

者的内在欲求冲突时，规范论指示后者服从前者，以求行动的道德正确性。这就出现斯洛特批评的规范论的"精神分裂症"理论后果。如果行动者已然形成对规范论的坚定信守，那么，他/她的德行直接跟他/她的欲望相关联，由内而外地表达。在这种情形中，规范论的要求已经转化为德性伦理的状态，它的表达形式已经演变成"我应当成为平等地追求最大多数人最大多数幸福的人"或者"我应当成为使我的行动准则变成普遍法则的人"。行为偶尔符合功利主义的要求的人未必就是公正的人，但是，如若人的行为经常性地符合功利主义的要求，或者他/她已经形成功利主义的内在品质，他/她必定是个有德性的人。如果关于德性伦理与规范论生发的行动路线的类型区分可以成立，那么，德性伦理行动者表达的是"我应当"；而规范论行动者表达的是"你应当"。

尽管规范论和德性伦理之间存在诸多差异，但是，这些差异不应上升为底线伦理与精英伦理之间的境界区分，也不能延伸为"不错行为"与"高尚行为"之间的区别对应。某种理论主张最终为伦理学所接受，成为道德评价标准，必定直接或间接地包含着高尚。功利主义对最大多数人最大幸福的承诺和对个体幸福权利一视同仁的诉求，就意味着对道德意义上的高尚的追寻。① 德性伦理对特殊境遇的诉求可能引致其行为道德正确性的衰减。例如，关怀伦理对关系的强调和重视，如果超出私人生活领域而进入公共政策领域，就会导致道德直觉中公正美德的偏离。规范论并非完全漠视行动者的内在状态，康德式伦理学对善良意志的重视以及功利主义对行动"意图"的强调②，都足以证明这一点。它只是对行动者将内在状态上升为德性伦理式的稳定特质不抱浓厚的兴趣。

同样，规范论与德性伦理间的差异并不必然地同社会类型和社会领域之间存在严格的对应关系。万俊人先生曾指出，"现代性"规范伦理无法充分料理现代人日益稀罕却又日益复杂的"私人"道德生活问题。③ 由此在现代社会公共生活领域不断扩充的背景中，为德性伦理找到了私人生活领域的立足空间。但是，这种理论尝试不应该被限制性地理解为德性伦理和规范论在现代社会生活中调整领域的泾渭区分。社会类型无分传统与现代，现代生活无分公共与私人。在具体的生活实践中，德性伦理与规范论必定是基于特定的价值序列和逻辑顺序的共生共融，才能

---

① 从这种意义上说，听众因感动于康德伦理学的圣洁而泪流满面的传闻就具有了现实性。
② 功利主义的后果主义并非实际发生的后果，而是意图中的后果。
③ 参见万俊人：《关于美德伦理学研究的几个理论问题》，载《道德与文明》2008年第3期。

发挥道德作为非正式制度规范人、指引人和塑造人的作用。① 因此，确切而言，每种伦理学理论所显示出的差异只是表明了各自理论思维方式和建构路径的不同。这些差异可能是其优势所在，但可能同时"平等"地蕴含着潜在的危险。

德性伦理的优势在于通过对"应该成为什么样的人"或者"应该过什么样的生活"等问题的理论反思，引导人们赋予生活整体以终极性的价值诉求，并以之统一和整合人生的具体目标和生存规划。它警醒人们认识自己的生活目的，明晰人生的方向，并为实现善生活而培植内在品格。同时，由于德性伦理关注的是成为人的状态或者整体生活的样式，因此它的道德评价方式就不在于对一次性行为的衡量，而在于引导人们对内在品质的关注。这就有利于对人的判断，也符合日常生活经验对人的判断模式。雷锋之所以值得道德推崇，不是因为其一生中偶尔的善行，而是因为其善行的习惯；恐怖主义分子不因其偶尔的善举而跃升为有德之人。其原因就在于人们判断的标准不是一次性的行为，而是行为背后的内在品质。此外，德性伦理使用特定的好或者善等道德语言评价人，也切合了人们生活中实际发生的道德评价方式。生活中的许多道德行为并不能也不需要完全还原为义务式的话语。"我们道德生活的绝大部分，其中对我们非常重要的绝大部分完全就不涉及正确性的概念。"② 如果行动者只是因为没有掌握分寸或者行为方式不完美，从而显得不得体，偏离了中道，那么，这可以被评价为不好的，但未必就是错误的。

规范伦理为行动者提供了简单明了的行为指引，尤其在面对道德冲突的时候，它几近科学决策的程序化操作更符合人们对理论作为行动工具价值的心理预期。无论是功利主义还是康德式伦理学，它们在不偏不倚的立场上，对人的幸福追求或作为目的性存在做出了理论承诺，使之不但具有了价值上的直观合理性，而且具有反思性的、批判性的和进步的特征。③

## 二、化规范为德性与化德性为规范

德性伦理与规范伦理既指涉人类道德生活中相互区别的两种道德评

---

① 将德性伦理与规范论相对应于传统社会或私人生活和现代社会或公共生活，对社会生活的解释力不是加强而是削弱了。
② [新西兰] 拉蒙·达斯：《美德伦理学和正确的行动》，陈真译，载《求是学刊》2004 年第 2 期。
③ 参见徐向东《美德伦理与道德要求》，江苏人民出版社 2007 年版，第 5–10 页。

价标准，又标志着人类道德思想史中相异的两种伦理学理论形态。人类道德思想史已经历了从德性伦理到规范论再到德性伦理的发展进程。但是，这并不意味着人类道德生活史也存在与此对应的理想化变迁路径。人类思想史和人类生活史之间存在距离是客观的社会现象和思想现象。西方学者在比较和批评的基础上凸显德性伦理和规范论各自的内在优势和潜在危险，是非常有益的思想理论工作。但是，对于人类生活实践而言，德性伦理和规范论乃是基于一定的逻辑顺序和价值序列而共生共融，共同调整着社会生活。换言之，从逻辑顺序而言，德性始于规范，规范成于德性；从价值序列而言，规范是德性的手段，德性是规范的目的。因此，从目的与手段的范畴视角比较分析德性伦理与规范论之间的内在关系，会更有助于理解实践中的两类伦理学理论和两种道德评价标准。

从伦理学的起源而言，德性伦理是伦理学的目的，规范论是德性伦理的手段。德性伦理是人类古代伦理思想史最早发展和成熟的伦理学理论，它始终围绕着"我们应当成为什么样的人"或者"我们应当过什么样的生活"的核心命题。德性伦理从基本的可能性人性出发，对终极意义上的善的生活方式保持着反思和关切，通过向人们指引某种类型的生活方式或生活态度，以获得幸福。以亚里士多德为代表的古代希腊伦理学在人的理性假设上，勾画了幸福的图式；以孔孟为代表的古代中国伦理学以人的善端（孟子）为设定，开启了圣贤的追求。麦金太尔认为，古代伦理学体系由三种因素构成：未受教化的人性；实现目的而可能所是的人性；使前者变成后者的伦理训诫。伦理学就是一门使人们能够理解他们是如何从前一状态转化到后一状态的科学。[①] 它们关注的最终命题不是"我们应该如何行动"，而是"我们应当成为什么样的人"或者"我们应当过什么样的生活"。前者之所以必要，在于它是成就后者的有效手段。因此，古代希腊伦理学和古代中国伦理学在坚持目的性价值命题的同时，始终不放弃对手段性命题的关切。为了获得作为幸福构成要素的德性，亚里士多德的伦理学重视规范的教导作用，小至习惯的养成，大至城邦德性的期待；孔孟伦理学强调"导之以刑，齐之以礼"（孔子）的必要性，明确意识到"徒法不足以自行，徒善不足以自立"（孟子），为后世"引儒入法"铺垫了思想基础。尽管"刑"和"礼"等外在规范十分重要，但对于终极性的成就人或者成就生活而言，它们仍处于工具

---

① 参见［美］A. 麦金太尔著：《追寻美德》，宋继杰译，译林出版社2003年版，第67页。

性或者手段性地位。"行仁义"的最终指向是实现君子等圣贤人格，达成"由仁义行"的目的。

但是，自近代以来，西方伦理学逐渐偏离了德性伦理的传统，转向对道德语词的逻辑分析或者对道德法则的订定。伦理学的本质是反思性的学问，因此，这些对于伦理学的发展和完善具有积极的意义。通过对道德语词的分析，伦理学可以重新审视理所当然的道德概念；凭借规范论的理论指引，伦理学可以厘清对德性的认识甚至纠正错误。但是，如果伦理学转向导致的结果是使道德语词分析和规则制定成为目的自身，那么，这种转向就是对伦理学成人或者做人的终极价值诉求的背离，在形式上使自己陷入与法律等实在规范无异的地位，但是又无法取得同法律相媲美的社会实践功效，反而迷失了自己。从这种意义而言，当代德性伦理对规范论的批评是有道理的：规范论犯了思想策略简单化和单调化的错误，机械地将自然科学的研究方法用于伦理学，试图把纷繁复杂的伦理现象归结为几条纯粹抽象原则的"理论"，然后将这些"理论"适用于所有理性人的道德推理和道德实践中的所有事件；不偏不倚的立场使道德要求不再和人自身的心理、需要、欲望和情感有关系，行为不是为了满足行动者的任何愿望而发出的，而仅仅是因为这样做在道德上是正当的，由此导致主体的缺失和疏离，使道德变成了外在的强制，使人的道德生活变成精神分裂的状态；规范论把人的生活分割成碎片，使人失去了具有整体性的德性，忽略了伦理的根本目的不在于规范而在于生活本身和在于人本身，由此导致道德哲学的空洞感和无意义；离开了人类的道德生活与文化背景去解释道德，离开了人的历史与文化传统去制定道德规则，使伦理解释失去了根本，成为无传统、无根源的主观形式。① 因此，只有回归德性，才能还原真实的伦理学。

从道德的意义而言，德性是道德的目的，规范是德性的手段。"道"在伦理学层面的含义主要是指处世做人的根本原则和基本准则，它是外在的、客观的，代表着规范。"德"的伦理含义主要是指行道后形成的内心品质，它是内在的、主观的，指涉着德性。道德意义的最终指向是具有根本性和目的性地位的"德"，"道"只是达成"德"的手段。"乡愿"受到孔子批评的根本原因不在于无"道"，恰恰相反，从外在形式而言，"乡愿"的言行符合"道"的要求。但是，"乡愿"内心缺

---

① 陈真、高国希和徐向东等国内德性伦理研究者的著（译）作中，对这些批评有详细的介绍。

"德"。人们在生活世界中对人的评价不是基于对方行为是否有"道"，而是源自对方内心是否有"德"。因此，"良心"的概念在伦理学上具有更令人神往的魅力。如果将有"道"而无"德"的行为赋予道德正确性，那么，这无疑违背了人们的道德经验和道德直觉。这种地位上的差异意味着德性是更根本的目的性存在。

　　道德经过他律进至自律并不是行程的结束，而是提升至自由的开始。道德的终极目的是达至自由。这是道德区别于法律和宗教等的基本特质。在自由的道德阶段，行动者依凭实践智慧，就可以在恰当的时间、恰当的地点，针对恰当的对象而油然生发出恰当的行为，对道德行为的选择表现出更少的被动性及更少的他律性，展现出更大的道德自由。对于行动者而言，外在规范的作用已经消弭于无形，他/她把握了道德判断和选择的主动权，摆脱了外在功利的计算或者对绝对命令的被动遵从，纯粹是心灵状态在特殊境域合乎情理的自然流露。守诺是儒家看重的重要的道德规范，可是，如果所守之诺已经失去了价值，特别是丧失了合理性，那么，为守诺而守诺就成了一种道德上的迂腐。孔子提出："言必信，行必果，硁硁然小人哉，抑亦可以为次矣。"（《论语·子路》）这种不问是非黑白固执己见地执着于诺言的人，并没有很高的道德境界，是相对于"大人"而言的"小人"。但是，这种"小人"也体现出了对诺言的一种虽迂腐却认真的态度，因此，他们也在某种程度上分享了"士"的投射，所以，是"抑亦可以为次矣"。"大人"对守诺有着不同的道德态度。"大人者，言不必信，行不必果，惟义所在。"（《孟子·离娄章句下》）这表明，"大人"行动的依据和理由是由"义"所限定，而不是由外在的守诺的道德规范所约束的。守诺或者不守诺，来自"大人"对"义"的恰当理解与妥当判断。这种自由的状态正是德性的表征。一个正义的人，就会有正义的品质，表现出正义的行为；一个勇敢的人，就会有勇敢的品质，表现出勇敢的行为。这些道德上正确的行为之所以显现出来，不是对外在规范的考量，而是来自行动者自由的习惯性的心灵状态。

　　既然道德的目标是培养人们的德性，那么，它最终取得成效的标准就不是仅仅依据规范订立的多少或者规范是否得到遵守，而是要深入理解人们遵守这些规范的主观情感、动机和愿望等品格要素。一个非常普遍的例子是交通管理部门对醉酒驾驶的处罚。从规范的意义上来说，它已经取得了初步的成功，因为不但订立了对酒醉驾驶的处罚条例，而且酒醉驾驶的人的数量呈现下降的趋势。但是，从德性的角度来看，我们目前至少不能简单地断定它已经取得了成功,因为人们对规范的遵守存在着不同的主观情感、动机和愿望。亚里士多德指出,合乎德性的行为"除了具有某种性质,一个人还必须是出于某种状态的。首先,他必须知道那种行为。其次,他必须是经过选择而那样做,并且是因那行为自身故而选择它的。第三,他必须是出于一种确定了的、稳定的品质而那样选择的"①。从主体的情感状态而言,亚里士多德提出,德性同快乐和痛苦相关。"仅当一个人节制快乐并且以这样做为快乐,他才是节制的。相反,如果他以这样做为痛苦,他就是放纵的。同样,仅当一个人快乐地,至少是没有痛苦地面对时,他才是勇敢的。相反,如果他这样做带着痛苦,他就是怯懦的。"② 我们会发现,究竟是以规范还是以德性为道德的目标,会产生出差异性的效果的评价标准。人们德性的形成不能依靠政治行为的催迫一蹴而就,其成效的考察也难以通过短期客观化行为的分析而完成,因此,在以德性为导向的道德建设工程中,我们需要的是系统观,充分认识到德性养成的长期性、复杂性和渐进性,而最忌讳以"短""平""快"的思维,通过一时的轰轰烈烈的造势,取得表面上的结果。这不仅无助于德性的养成,反而是对德性的戕害。

但是,行动者的德性是实践规范的结果,规范是德性的手段。每一类德性都对应着一条规范,诚信的德性对应着诚信的规范,慷慨的德性对应着慷慨的规范。通过实践诚信的规范而成为诚信的人,通过实践慷慨的规范而成为慷慨的人。"我们通过做公正的事成为公正的人,通过节制成为节制的人,通过做事勇敢成为勇敢的人。"③ 前者的"公正"和"节制"表达的是规范的内涵;后者的"公正"和"节制"表达的是德性的内容。即通过规范的手段,达成德性的目的。规范指引下的一次性行动无法培养行动者的德性,一次公正的行动并不能成就一个公正的人。人的公正等德性来自公正地规范行动的习惯性倾向。"我们通过培养自己藐视并面对可怕的事物的习惯而变得勇敢,而变得勇敢了就最能面对可怕的事物。"④ 换言之,人通过实践公正或者勇敢等规范,并在长期往复的行动中形成公正或勇敢的习惯,培植出公正或勇敢的内在品质,从而指引往后生活中的行动。人的德性总是要经历相应的过程才能完成,而只要过程存在,规范就须臾不能离。孔子曾经说过:"吾十有五而志于

---

① [古希腊] 亚里士多德:《尼各马可伦理学》,廖申白译,商务印书馆2003年版,第39页。
② [古希腊] 亚里士多德:《尼各马可伦理学》,廖申白译,商务印书馆2003年版,第36页。
③ [古希腊] 亚里士多德:《尼各马可伦理学》,廖申白译,商务印书馆2003年版,第36页。
④ [古希腊] 亚里士多德:《尼各马可伦理学》,廖申白译,商务印书馆2003年版,第39页。

学，三十而立，四十而不惑，五十而知天命，六十而耳顺，七十而从心所欲不逾矩。"(《论语·为政》) 如果将"从心所欲不逾矩"视为孔子德性和成人的最终完成阶段，那么，这就意味着，即使是现实世界的圣贤，其人生仍然需要规范，但指向德性的目的。

从道德教育的本质而言，德性是道德教育的目的，规范是德性的手段。道德教育是直接关于人的德性养成的教育，其目的在于培养具有德性的人。就实然层面而言，中国古代儒家教育的精髓是做人的道理，教育的目的是成就人格。① 孔子提出"修德""克己""正身""修己""求诸己"；孟子提出"尽心""养性""求放心""养浩然之气"；朱熹提出"居敬"；王阳明提出"致良知"；《大学》以"明明德，亲民，止于至善"为"三纲"，以"格物""致知""诚意""正心""修身""齐家""治国""平天下"为"八条目"，主旨却只有一个，即培养人的德性操守。当代中国大陆无论是传统意义上的思想政治教育还是现代语境中的公民教育，都将道德教育部分的目的定位为培养人的德性。即使在当代标榜自由主义价值观的美国，从20世纪80年代以来，在对相对主义和过程主义的德育取向批判的过程中，也掀起了品德教育的复兴运动。② 就应然层面而言，因为不能预知个体行动者在具体的生活实践中遭遇的具体道德情景，所以，道德教育就不可能变成公民日常道德行为指引，或者受教育者不可能在日常生活中依凭类似的行为指引安排行动。为此，道德教育应该着力的所在不是对受教育者具体行为的规范，而是作为整体的德性。德性不包含人应当做什么、不做什么的具体指示，而以概括的形式说明和评价人的行为的一定方面。虽然德性不是纯粹的内在心理或意识，它与道德行为紧密相联，但德性毕竟是内化了的道德信念和道德情感的升华，因此，它对道德行为的选择，表现出更强的自主自觉性及更强的自律性。同时，德性会帮助人们无论在什么时候、什么场合、什么条件下都能保持道德选择的合理性，从而获得更大的道德自由。人只要具备了德性，就可以以不变应万变，把握道德判断和选择的主动权，减少道德失控。

但是，德性的形成离不开规范的制约性作用。德性是否可教是自古希腊以来就引起争议的理论问题，它关涉着德性是不是知识的争论、德

---

① 参见郭齐勇《孔孟儒学的人格境界论》，载《华中师范大学学报（人文社会科学版）》2000年第6期。
② 参见檀传宝《第三次浪潮：美国品德教育运动述评》，载《北京大学教育评论》2003年第2期。

性意义上的教和科学知识上的教之间的区别、德性和科学知识对教者要求的差异以及教德性与教知识之间效果评价的区分。这个问题不能通过理论上抽象的思辨而得以解决,只能是在社会现实中具体面对与分析。但是,一旦涉及具体生活层面,德性是否可教的理论难度就会降低。几乎没有人会否认人生的幼年阶段道德教育的必要性。他们缺乏成熟的理性判断能力和必要的善恶识别能力,可行的路径是学习和模仿成人集团划定的道德规范,并严格按照这些道德规范行动。因此,道德教育的事实逻辑是,规范是德性的手段,同时是德性的前提。研究过中国古代乡村治理的文献后就会发现,尽管传统中国乡村社会结构简单,但是人们德性的养成依然无法脱离以家庭道德教化、学校道德教化和社会道德教化三位一体的伦理教化模式的模塑作用。从对流传至今的古代乡规民约的分析可以看到,其中所列的都是关于行为的禁止性规定,通过对这些规定的明示,使人们在长期遵循后,养成行善的习惯,渐成德性。亚里士多德在区分理智德性和道德德性的基础上提出,理智德性主要通过教导而发生和发展,道德德性则通过习惯养成;因此,从小养成良好的习惯绝不是小事,恰恰相反,它非常重要。赫尔巴特(Johann Friedrich Herbart)认为,儿童生来就有一种"盲目冲动的种子","处处驱使他的不驯服的烈性",不加管制就会形成"反社会的方向",管理就是要使之"造成一种守秩序的精神"。① 为此,在他的道德教育理论中,惩罚与威胁、检查与监督、命令与禁止、批评与警告以及剥夺自由等成为主要的道德教育手段。通过这些措施,外在的规范经过受教育者的内化后,就积淀成行善的心灵习性,形成德性。

　　正是基于对德性与规范之辩证关系的认识,因而任何成熟的道德理论都必须包括对德性和规范的说明,即使是行为导向的规范伦理也关注德性的发展,因为这些德性与正当(right)一致或者支持对正当的尊重。因此,德性与规范的矛盾不是指它们之间存在的非此即彼的取舍,而是指它们之间地位的优先性衡量。德性伦理使德性优先于规范,而规范伦理使德性从属于规范。因此,后果主义和道义论会包括德性的理论说明或者德性理论,而不是德性伦理。德性理论是对德性的说明或者解释。德性伦理将德性评价作为伦理学的基础和伦理分析的核心概念,认为这种对人类品质的评价同行为正当性或行为后果价值的评价相比,更具根本性意义。正如规范伦理不排除德性的价值,德性伦理也认同规范的意

---

① 转引自张焕庭:《资产阶级教育论著选》,人民教育出版社1979年版,第257-258页。

义。亚里士多德在区分理智德性和道德德性的基础上提出，理智德性主要通过教导而发生和发展，道德德性则通过习惯养成。人们通过实践公正或者勇敢等规范，并在长期往复的行动中形成公正或勇敢的习惯，培植出公正或勇敢的内在品质，成为公正或者勇敢的人。

# 第二章　规范德性伦理

功利主义与道义论的优势在于，为行动提供了简明的指南。这也是德性伦理学饱受诟病的一个焦点。西方德性伦理复兴以来遭受的一个常见批评就是，尽管人们在日常生活中被告诫或者期待行善举、避恶行或者务诚实，但是，它的核心概念"德性""繁荣"和"实践智慧"等术语比较模糊，无法为行动提供明确具体的指引，在道德哲学家所熟悉的特殊意义上是"不可应用的"。① 德性伦理学比后果论或者义务论更关注个体的内在品质，但是，如果这种关注确实使其无法告诉人们应该怎么做，不能给人们提供具体的行动指导，那么，它就"无法在规范的意义上成为道义论和功利主义的竞争者"②。因此，以赫斯特豪斯、斯洛特和斯旺顿为代表的当代德性伦理学者努力回应这个焦点，希望能在德性伦理学的框架内，为提供行动的指南而重思德性与行动的关系，提出了不同于道义论和功利主义的行为正确的标准。它们分别是"合格的行动者"（Qualified Agent）理论、"以行动者为基础"（Agent-Based）的理论以及"以目标为中心"（Target-Centered）的理论。赫斯特豪斯提出，一个行动是正确的，当且仅当它是一个有德性的人，按照他/她的品性在此情此景的情况下会采取的行动。斯洛特认为，一个行动是正确的，当且仅当它出于善好的或有德的动机。斯旺顿（Christine Swanton）指出，一个行动是正确的，当且仅当它实现了德性的目标。

## 第一节　"合格的行动者"理论

赫斯特豪斯认为，如果按照人们普遍持有的信念，认为德性伦理

---

① Julia Annas. "Being Virtuous and Doing the Right Thing", *Proceedings and Addresses of the American Philosophical Association*, 2004, Vol. 78, No. 21.

② Rosalind Hursthouse. "Normative Ethics", in: Russ Shafer-Landau (ed.). *Ethical Theory: An Anthology* (Second Edition), New York: John Wiley & Sons, Inc., 2013, p. 645.

"以行为者为中心",而不是"以行为为中心",关心"我应当成为什么样的人",而不是"我应当如何行动",重视品格的善恶而不是行动的正误,那么,德性伦理的复兴只能被视为对道德哲学家以"一种精致的规范性理论无法充分说明我们的道德生活"①的善意提醒。如果这种理解成立,那么,以后果论和义务论为主导的规范性道德哲学,完全可以在既有的理论体系中,通过挖掘康德道德哲学中的德性内容或者论证德性的功利价值而有效地回应这种善意提醒。这就使得德性伦理充其量只是规范性道德哲学的补充,在道义论和功利主义中选择最终立场,不能与道义论和功利主义形成真正的竞争。②

赫斯特豪斯指出,德性伦理关注品格的善恶并不表明它对于行为的正误只能保持沉默。在行动正当性的论证中,行为功利主义和道义论提供了一般的逻辑形式。人们只需要根据功利主义或者康德式道义论的逻辑形式,逐次完成相应的前提性逻辑设置,就可以合理推论出正当的行动指南。因此,赫斯特豪斯德性伦理学的首要任务是向人们论证:德性伦理同规范伦理具有逻辑同构性,人们按照德性伦理的形式结构,同样可以得出行动正当性的指南。

## 一、"合格的行动者"理论的基本内涵

赫斯特豪斯指出,按照行为功利主义的观点,一个行动是正确的,当且仅当它能促进最好的结果。这种定义提供了正确行动的一种说明,构造了正确行动和最好结果这两个概念之间的联系,但并没有指导人们如何行动,除非人们知道最好结果的判断标准。因此,行为功利主义必须进一步指出最好的结果是那些幸福最大化的结果。这样,行为功利主义判断行为正确的标准就在于它能实现幸福最大化的结果。按照道义论,一个行动是正确的,当且仅当它符合一个正确的道德法则或原则。这个定义也不能给人们的行动提供指南,除非人们知道正确的道德法则或原则。但是,人们所认为的正确的道德法则或原则的内容有异。它可能是列表所示,也可能被理解成上帝赐予,还可能被要求是可普遍化,更可能被看作所有理性人的选择对象,等等。因此,只有在明晰了正确的道德法则或原则后,道义论才能够给行动提供指导。

---

① Rosalind Hursthouse. "Normative Ethics", in: Russ Shafer-Landau (ed.). *Ethical Theory: An Anthology* (Second Edition), New York: John Wiley & Sons, Inc., 2013, p.645.

② Rosalind Hursthouse. "Normative Ethics", in: Russ Shafer-Landau (ed.). *Ethical Theory: An Anthology* (Second Edition), New York: John Wiley & Sons, Inc., 2013, p.645.

沿袭行为功利主义和道义论关于正确行动的形式定义，德性伦理对正确行动可以给出类似的判定。这就是"一个行动是正确的，当且仅当它是一位有德者在这情势中会依其品格行动（即根据品格行动）的行为"①。赫斯特豪斯意识到，那些坚持认为德性伦理不能为行动提供指引的人，很难认同德性伦理这种规范行动的形式表达。相反，由于它未能回答"有德者是谁"的疑问而往往会引起恼怒的笑声和鄙视。但是，赫斯特豪斯指出，"有德者"是德性伦理判定行动正确的特色概念，正如"最好的结果"和"正确的道德法则或原则"分别是行为功利主义和道义论判定行动正确的特色概念。如果我们因未知"有德者是谁"而认为德性伦理不能给行动提供指引，那么，这种失败不是德性伦理独有的特质，因为我们同样也会因为不明"最好的结果"和"正确的道德法则或原则"而无法在实践中应用行为功利主义和道义论。只有在明晰了"最好的结果"与"正确的道德法则或原则"的具体内容之后，行为功利主义和道义论才能够为行动提供实际的指导。同样地，德性伦理必须在明确"有德者"之后，才能够真正判定行动的正确。因此，赫斯特豪斯必须进一步界定有德者的内涵。

赫斯特豪斯不以遵循正确的道德原则或准则而行动或者具有遵循正确的道德原则或准则而行动的倾向去界定有德者。这就有效避免了使德性伦理失去独立性而隶属于道义论的难题。同样，赫斯特豪斯也不能以遵循幸福最大化的结果而行动或者具有遵循幸福最大化结果而行动的倾向去界定有德者，否则，德性伦理就又会沦为功利主义的附庸。如果赫斯特豪斯不能对"有德者"提出有竞争力的补充说明，如果"有德者"只能定义为具有按照道义论或者功利主义的要求而行动的倾向的行动者，那么，德性伦理学就会变回道义论或者功利主义而不是其替代者，她就难以有说服力地得出德性伦理论证行动正当性的独立性结论。因为无论是功利主义还是道义论，它们都没有否定德性的价值。但是，在规范伦理学中，德性表征为对规范的尊重，从属于规范。

因此，赫斯特豪斯绝不同意将"有德者"定义为具有按照道德规范行动的意愿的人，而是在"一个行动是正当的，当且仅当它是一位有德的行动者在这情势中会依其品格行动（即根据品格行动）的行为"这个框架中增加附属的假设，以明确德性伦理的目的是通过诸德性的说明提

---

① Rosalind Hursthouse. "Normative Ethics", in: Russ Shafer-Landau (ed.). *Ethical Theory: An Anthology* (Second Edition), New York: John Wiley & Sons, Inc., 2013, p.646.

供一个非道义论和非功利主义的有德者的解释。这个附属的假设就是，"一位有德者是一位德性地行动的人，也就是一个拥有和实践德性的人"①，而"德性是一种……品质特征"②。这个新增的假设可以借鉴道义论关于"正确的道德法则或原则"的完善形式而得以补充，可能仅仅是通过列举清单而完成，也可以是根据休谟或者新亚里士多德主义对德性的理解提供补充方案。赫斯特豪斯是新亚里士多德主义者，她将德性定义为人兴旺繁荣或美好生活所需的品质特征。她援引柏拉图对德性的三种要求与标准：德性必须有益于其拥有者；德性必须使得拥有者成为一个好人（好的人类）；上述两项关于德性的特征具有内在相关性。③ 因此，一项品质即使满足了第一点，如果不能满足第二点，那么，这项品质不能被认为是德性。显见的例子是，冷漠自私的品质虽然可能有利于其拥有者，但是不能使其拥有者成为一个好人，因此，冷漠自私不能被算作一种德性。

赫斯特豪斯指出，德性伦理关于正确行为的具体规定，同行为功利主义和许多简单的道义论关于正确行为的具体规定，在结构上非常相似。因此，既然人们认为功利主义和道义论为行动提供了指引，那么，坚持认为德性伦理无法为行动提供指导的信念就是不正确的。德性伦理以"有德者"为特色概念，确实是"以行为者为中心"，但绝非"不以行为为中心"。赫斯特豪斯意识到，即便如此，反对德性伦理可以为行动提供指导的人会提出新的质疑。这就是即使承认功利主义和道义论在确定正确的道德规则方面与德性伦理在确定有德者方面，面临着同样的难题，反对者也会认为，行为功利主义和道义论产生了一套易于应用的清晰的规范，而德性伦理无法做到。行为功利主义要求"做能使幸福最大化的事情"在应用上没有困难，道义论的规范诸如"不要撒谎""不要偷窃""不要伤害别人""要帮助他人""信守承诺"等简洁而易操作。德性伦理产生的规范只有"做有德者（诚实、慈善、公正等）在这种情况下所做的事"，事实上无法指导任何实际的行动，除非行动者是且明知其是一位有德者。如果行动者是一位有德者，那么，它不需要德性伦理的规范作为行动的指导；如果行动者不是一位有德者，他/她又不知道有德者在

---

① Rosalind Hursthouse. "Normative Ethics", in: Russ Shafer-Landau (ed.). *Ethical Theory: An Anthology* (Second Edition), New York: John Wiley & Sons, Inc., 2013, p. 647.
② Rosalind Hursthouse. "Normative Ethics", in: Russ Shafer-Landau (ed.). *Ethical Theory: An Anthology* (Second Edition), New York: John Wiley & Sons, Inc., 2013, p. 647.
③ Rosalind Hursthouse. *On Virtue Ethics*, Oxford: Oxford University Press, 1999, p. 167.

相同的情形中的行为选择，那么，行动者将无法运用德性伦理给出的行为规范。因此，道义论和功利主义的成功之处，并不表明德性伦理同样可以成功地为行动提供指导。

如果行动者本身就是有德者，那么，其自身的行动规范就是有德者的行动规范，行动者与有德者实现了统一。这时候行动者不需要德性伦理关于行为正当性的规范，并不表明德性伦理的规范无用无效，而是行动者依照自身的规范行动就是依照有德者的规范行动。因此，赫斯特豪斯无需回应"如果行动者是一位有德者，那么，它不需要德性伦理的规范作为行动的指导"的质疑。但是，面对"如果行动者不是一位有德者，他又不知道有德者在相同的情况中的行为选择，从而使得行动者无法运用德性伦理给出的行为规范"的质疑，赫斯特豪斯的回应是，即使行动者承认其自身远非完美无缺，而且不清楚一位有德者在行动者所处的情形中的举动或者选择，那么，显然，行动者需要做的事情也就是去向那些在道德上比我们更好的人（我们尊敬和钦佩的更善良、更诚实、更公正、更明智的人）寻求道德指导，并咨询他们在行动者所处的情况下的举动或者选择。"如果你想做正确的事情，而做正确的事就是做一个有德者在这种情况下会做的事情，那么，如果你还不知道怎么做，你应该弄清楚她会怎么做。"① 这绝不是一个琐碎的问题，而是我们道德生活中一个不可忽视的方面。即使找不到道德高尚的人去咨询，行动者也可以通过别的途径运用德性伦理的行动规范。我们假设德性已经被列举出来，诸如诚实、慈善、正义等，因此，一个有德者就是一个诚实、慈善、公正的人，他/她依其品格所做的就是诚实地、仁慈地、公正地行动，而不是不诚实、不仁慈、不公正。行动者是否选择或者作出某种行动，只要检视这种行动是否符合诚实、仁慈或者公正。"她会不会咬牙切齿地获得不义之财呢？她不会。因为这样做既不诚实又不公正。她会在路边帮助赤身裸体的人还是从旁边经过？她会选择前者。因为这样她才表现得很仁慈。即使活着的人会从破坏诺言中受益，她还能信守临终的诺言吗？她可以。因为她的行为是公正的。诸如此类。"②

赫斯特豪斯指出，诚实地、仁慈地、公正地行动等，这就是德性伦理产生的规则。不但每一种德性产生了一项规则，而且每一种恶习产生

---

① Rosalind Hursthouse. "Normative Ethics", in: Russ Shafer-Landau (ed.). *Ethical Theory: An Anthology* (Second Edition), New York: John Wiley & Sons, Inc., 2013, p.648.

② Rosalind Hursthouse. "Normative Ethics", in: Russ Shafer-Landau (ed.). *Ethical Theory: An Anthology* (Second Edition), New York: John Wiley & Sons, Inc., 2013, p.648.

了不要不诚实地、不仁慈地、不公正地行动等的禁令。"一旦掌握了关于德性伦理的这一点（值得注意的是，它经常被忽视），还能有什么理由认为德性伦理不能告诉我们应该做什么呢？"① 反对者可能会认为，诸如"诚实地行动""不要不仁慈地行动"等，就像"像有德者会做的那样行动"的规则一样，是用在某种或某些意义上必然具有"评价性"的术语或概念来表达，依然是错误的规则类型，依旧注定不能提供行动的指导，需要道义论或功利主义的规则作为补充。赫斯特豪斯指出，如果将规则包含"评价性"术语作为德性伦理失败的原因，那么，许多类型的道义论也失败了。很少有道义论者愿意放弃非恶意或善意的原则，他/她们依赖于至少与德性规则中使用的术语或概念一样的"评价性"，比如"不谋杀""不杀无辜者"而不是简单的"不杀"等，就使用了"评价性"术语，而"不要不公正地杀人"本身就是德性规则的特殊实例化。

赫斯特豪斯意识到，即使这种辩护成立，但是反对者也会提出其他的反对理由，特别是道义论者可能仍然会声称，在为儿童提供行为指引上，同道义论规则相比，德性规则明显处于劣势。在道义论看来，诸如"仁慈、诚实、友善地行动"以及"不要不公正地行动"等等对于孩子们而言是太"厚重"的概念，他们根本难以领会。相比较而言，"不要伤害别人"或者"不要谋杀"等道义论概念更容易掌握。赫斯特豪斯认为，从道德学习的视角反对德性规则从而否认德性伦理为行动提供指导可能性的观点不能成立。从生活经验中可以发现，儿童不只被教会了道义论的规则，而且包括德性伦理"厚重"的观念。父母或者教师等成年人经常告诉孩子"不要那样做，这很伤人，你不能残忍""对你的兄弟好一点，他只是个小孩子"或者"不要那么刻薄，那么贪婪"等等"母亲膝盖规则"。② 道义论要求儿童"要诚实"或者"不要说谎"。这对于儿童的道德学习和道德成长固然重要，甚至不可或缺，但是，德性伦理更加关注的事实在于，如果仅仅教育儿童不要说谎，就无法实现教育儿童要诚实的目标，而是必须教导儿童珍惜真相。③ 赫斯特豪斯这个观点所要传达的对教育观点的理解是，儿童的道德学习和道德成长不能仅仅依靠道义论提供的形式化规则，而必须更加重视德性伦理提供的"厚

---

① Rosalind Hursthouse. "Normative Ethics", in: Russ Shafer-Landau (ed.). *Ethical Theory: An Anthology* (Second Edition), New York: John Wiley & Sons, Inc., 2013, p. 648.
② Rosalind Hursthouse. "Normative Ethics", in: Russ Shafer-Landau (ed.). *Ethical Theory: An Anthology* (Second Edition), New York: John Wiley & Sons, Inc., 2013, p. 649.
③ Rosalind Hursthouse. "Normative Ethics", in: Russ Shafer-Landau (ed.). *Ethical Theory: An Anthology* (Second Edition), New York: John Wiley & Sons, Inc., 2013, p. 649.

重"的德性规范。

因此,尽管赫斯特豪斯希望在行为指引上使德性伦理成为道义论的有力竞争者,但是,这并不表明她完全排斥道义论。"我们可以看到,德性伦理学不仅提出了规则(以源自德性和恶习的术语表述的德性规则),而且也不排除更熟悉的道义论者的规则。"① 事实上,从人们的道德实践中看,道义论规则和德性伦理规则在形式上类似甚至相同。"就一些常见的例子而言,德性伦理学者和道义论学者往往站在一起对抗功利主义者。"② 但是,它们应用于道德实践的理据迥异。"德性伦理学对困境中的实际问题有着独特的处理方法。"③ 道义论反对说谎的原因在于仅视人为手段或者说谎的准则无法成为普遍的法则。但是,根据德性伦理,人绝不能说谎,因为这是不诚实的,不诚实是一种恶行;不能违背诺言,因为这是不公正的,或者是对友谊的背叛,或者也许仅仅是有德者不会违背诺言。④

德性伦理提供行动指引的更大更普遍的反对论据是冲突难题。反对者认为,不同的德性要求发出不同的行为指令,诸如诚实要求说出伤人的真相,但善良和同情要求保持沉默甚至撒谎。"因此,德性伦理会让我们在需要它的时候失望,当我们面对真正困难的困境时,我们不知道该怎么做。"⑤ 赫斯特豪斯认为,即使承认德性伦理在解决实际道德冲突时会碰到这些困境,但是,它不是德性伦理独有的困境。即便功利主义在面对这些困境时似乎更得心应手,因为它所面对的唯一冲突无非是"最大多数人的最大幸福"中两个"最大"之间的逻辑冲突,但是,道义论的道德准则诸如"不杀人""尊重自主权""守信用"都可能与"防止痛苦"或"不伤害"相冲突。如果反对者认为道义论能够解决"冲突问题"而德性伦理却不能,那么,这有失公允。赫斯特豪斯在《德性伦理学》中详细讨论了德性伦理在"可以解决的困境"以及"不可解决的与悲剧性的困境"中的作用。

---

① Rosalind Hursthouse. "Normative Ethics", in: Russ Shafer-Landau (ed.). *Ethical Theory: An Anthology* (Second Edition), New York: John Wiley & Sons, Inc., 2013, p.649.
② Rosalind Hursthouse. "Normative Ethics", in: Russ Shafer-Landau (ed.). *Ethical Theory: An Anthology* (Second Edition), New York: John Wiley & Sons, Inc., 2013, p.649.
③ Rosalind Hursthouse. "Normative Ethics", in: Russ Shafer-Landau (ed.). *Ethical Theory: An Anthology* (Second Edition), New York: John Wiley & Sons, Inc., 2013, p.649.
④ Rosalind Hursthouse. "Normative Ethics", in: Russ Shafer-Landau (ed.). *Ethical Theory: An Anthology* (Second Edition), New York: John Wiley & Sons, Inc., 2013, p.649.
⑤ Rosalind Hursthouse. "Normative Ethics", in: Russ Shafer-Landau (ed.). *Ethical Theory: An Anthology* (Second Edition), New York: John Wiley & Sons, Inc., 2013, p.649.

## 二、约翰逊对"合格的行动者"理论的批评

约翰逊（Robert N. Johnson）认为，许多人觉得道德上正确的行动就是一位有德者会做的行动，这几乎是一个无趣的老生常谈。因此，在这些人看来，随之而来唯一重要的问题似乎是如何更好（最好）地做道德哲学的路径选择。而这种选择也无非是在两条路径中择其一：要么从行动正确性的理论化开始，要么从德性的理论化开始。但约翰逊提出，"关于道德上正确的行动就是一位有德者会做的那些行动，远不只是无趣的老生常谈，而是根本上就是错误的"①。他指出，"这种主张尤其同我们应当成为更好的人的常识不相容"②。基于这种判断，约翰逊进一步提出，如果这种观点是正确的，那么，"不仅关于德性与正确行动的主张是错误的，而且任何依赖这种主张去建构一种德性导向的正确行为的理论，都不能解释我们经常做出的会使我们更好的相关恰当行动的道德差异"③。约翰逊提出，"一种伦理理论无论如何使其关于德性的解释与关于正确行为的解释相结合，它必须为一种真实的道德义务让出空间。这就是完善自我品质的道德义务，以及以只是因为有助于成为更好的自我的其他恰当方式行动"④。

约翰逊指出，并不是所有的伦理学研究中以德性为导向的支持者都乐意在德性的框架内去建构一种正确行为的理论。事实上，有些人就反对这样做。他们认为，只要坚持德性的概念，道德哲学就会做得更好。这些德性的概念太"厚"，有德的行动太"非法典化"，以至于从事这项计划是不划算的。但即便如此，在那群德性伦理学学者中，依然有人抱有一股强大的兴趣去发展正确行动的说明，并希望以此作为标准道义论及后果论的一种真正替代。其中，最具代表性的人物是赫斯特豪斯。

约翰逊将赫斯特豪斯的"有德者"理解为"完全有德者"（completely virtuous agent），并在此基础上修改了赫斯特豪斯关于行动正当性判断的公式。"对于环境 C 中的 S 而言，一个行动 A 是正确的，当且仅当，一位完全有德者在环境 C 中依其品格会做 A。"⑤ 约翰逊承认，他之所以会以"完全"去限定赫斯特豪斯的"有德者"，是因为他对"德性

---

① Robert N. Johnson. "Virtue and Right", *Ethics*, 2003, No. 113, pp. 810–834.
② Robert N. Johnson. "Virtue and Right", *Ethics*, 2003, No. 113, pp. 810–834.
③ Robert N. Johnson. "Virtue and Right", *Ethics*, 2003, No. 113, pp. 810–834.
④ Robert N. Johnson. "Virtue and Right", *Ethics*, 2003, No. 113, pp. 810–834.
⑤ Robert N. Johnson. "Virtue and Right", *Ethics*, 2003, No. 113, pp. 810–834.

统一性"（the unity of the virtues）观念的认同。苏珊·沃尔夫（Susan Wolf）说道："巴顿将军虽然勇敢，但是，他既没有耐心，也不够宽容；比尔·克林顿是一个富有同情心的人，但又是一位在美女面前不能自制的人；甘地虽然是勇敢、正义、正直的典范，但他作为丈夫又显冷酷而没有同情心；特蕾莎修女虽然是一个无私奉献的人，但她又是一个苛刻而很难相处的人。"① 这种困境使得赫斯特豪斯关于行动正当性的论证陷入窘境。但是，按照"完全有德者"的观念，一位具有勇敢德性的人，必定也是一位仁慈的人，不会做出残暴的行动。

现实生活中，行动者道德上正当的行动不会是有德者依其品格会去做的行动。这就是说，有德者不是行动正当的必要条件。这尤其典型地表现为，一位德性不完全者具有完善自我的道德义务（We should morally improve ourselves），这也是道德上正当的行动。但是，这些行动是有德者不会去做的。约翰逊据此认为，赫斯特豪斯的德性伦理学在论证行动的正当性上，无法完整涵盖所有具有道德正当性的行动，由此显得过于狭隘。为进一步阐释其观点，约翰逊提出了三个例子。这些例子所揭示的主题都与自我德性完善相关，都具有道德的正当性，但都是有德者不会去做的。

第一个是关于行动者改变坏习惯的例子。我们可以假设这么一种说谎成性的人——说谎成为他/她日常生活的重要方式。他/她说谎的行为是无意的，可能既不是为了达到自己功利性的目的，也不是为了加害于他人。他/她只是有一种说谎的习惯，即使是看了一场电影或者阅读了一本书后，别人也很难指望他/她说出自己内心真实的想法。只有在危急的情境中，为了脱困，他/她才会说出真话。他/她说谎的根本原因，是没有能力去欣赏真的价值。相反，他/她视说谎为社会的润滑剂或者做好事情的一种方法。我们再次假设，他/她有一天忽然厌倦了自己说谎的习惯，决定去改变。但是，既然说谎都已经成为习惯了，那么，改变起来将会十分困难。于是，他/她就设计了一套自我省察的方式，努力改变说谎的陋习。例如，他/她可以将自己说过的谎言与相关的情境记录下来，以观察自己扯谎的习惯，持续往真诚的性格迈进；或者，当他/她意识到谎话快脱口而出了，他/她可以尝试去想：倘若说真话，结果是否有想象中那么糟？听者听到不甚开心的真话时，是否会如自己预期般不开心？当听者发现他/她讲谎话时会有多惊愕？这类自我省察的行为能够有效地

---

① Susan Wolf. "Moral Psychology and the Unity of the Virtues", *Rario*, 2007, No. 2, p. 14.

使自己往成为一个更好的人的路上迈进。这些自我省察对于一位完善德性的人而言，是正当的，但是，有德者不会去做。"以上所述一系列的各种行为如'自我监控'以及使自己成为一个更好的人的进程，或者试图以另一种角度去设想自己所面临的处境与行为的结果，又或者提升自尊等等的行为。常识会将这类事情视为人在道德上应该去做的，只要这类行为可以改善自己的品格。然而，这类行为完全不会是一位完整有德者的行为特征。"①

第二个例子同自制相关。我们可以假设这么一种人，他/她从小就没有接受良好的道德教育，但是，生活的教训使他/她努力接受道德约束。不过，这种迫使自己过一种合乎道德要求的生活令他/她十分痛苦。他/她规矩的行为不是油然而生的行动，而是挣扎与痛苦的结果。在别人看来，他/她缺乏一种生活的坦荡和优雅；为了使自己合乎道德的要求，而时刻处于紧张的状态。他/她不是一位恶人，因为他/她从来不会恶意伤害别人，也不会妨碍或者攻击有价值的任务或者目标。他/她这么做的根本原因当然是不想让自己陷入风险之中。显然，他/她所有合乎道德要求的行为都不是因为内在的德性或者动机。相反，他/她经常预先设想好各种可能的策略来应对突如其来的情境，以使自己不会因为难以克制的冲动而做错事。他/她决定周末帮助年迈的母亲去某个市镇。他/她将这个决定告诉了朋友们。他/她这样做的理由是，朋友们的监督会使他/她不会反悔自己的决定。特别值得注意的是，初习德性者的有德行为典型上是内嵌于自制行为的网络之中的。但是，这种网络使得有德的行为失色。然而，一个节制的人不需要借由任何这类网络实现自制。因此，一个人应该去做的行为在这里全然不会是有德者所表现出来的行为特质。②

第三个例子设想的是一个缺乏道德感受力的人。这个人在某些道德情境中表现得冷漠。不过，冷漠虽然是一种邪恶，但不是他/她残酷的本性使然，而是他/她缺乏相应的道德感知能力，无法理解道德情境中重要的且相关的道德事实。比如，换成我们身边的例子。一个人坐在公交车的座位上，旁边站着一位孕妇。这个人不是坏人，但是，他/她没有给孕妇让座。这不是因为他/她不想让，而是他/她根本就不知道怀孕是一件非常艰苦的事情，特别是孕妇站在开动的公交车上的时候，更是一个费力且难受的过程。如果他/她知道实情，那么，他/她会很乐意地让座。

---

① Robert N. Johnson. "Virtue and Right", *Ethics*, 2003, No. 113, pp. 810-834.
② Robert N. Johnson. "Virtue and Right", *Ethics*, 2003, No. 113, pp. 810-834.

由于这个人本质上不是一个坏人，因此，他/她经常会因为这种情况的发生而陷入自责。假定这个人有足够的自省能力知道自己有这样的缺陷，因此，当面临道德情境时，他/她愿意去请教比他/她更能够掌握事件中具有与道德相关的重要事实的人们。"有德者被假定为一位可以完全理解、评价周遭环境的人。他知道谁被伤害了、被什么方式伤害了，以及需要些什么来响应当前的处境，等等。确实，甚至有人将道德教育本身当作一种道德感知能力的训练。无论如何，道德感知能力较为缺乏的人应该试图去提升自己的能力，特别是寻求更具道德感知能力的人的建议。因此，人在道德上应该去做的事情——寻求指引并尝试提升自己的感知能力——再一次显示出全然不是一个有德者会展现出来的性格特质。"①

约翰逊的这三个反例旨在说明，对于普通人或者非有德者或者德性初习者而言，任何可以培养德性的行为在道德上都是正当的，都是应该去做的，但是，这个行为不是有德者的行为所呈现出来的行为特质。因此，在约翰逊看来，赫斯特豪斯的主张是脆弱的，"一些能够培养德性的行为不仅存在着，而且这些行为也被认为是道德上应该去做的。但是，这些行为不是有德者有特征的行为的一部分。常识可以为我们提供很多这类行为"②。

约翰逊指出"完全有德者"的一个相关的担忧在于，它不能提供"做什么"问题的最终答案，因为"有德者"的概念是不明确的。反过来，在一个给定的情形中，哪一种是这样的人依其品格的行为是不确定的。有德者的专长类似于一种语言的本地言说者。这个人能听出什么是符合或不符合语法规则的。同样，一位有德者能感知什么符合或不符合道德。这样，如果一个人想寻求语言学上的帮助，那么，去询问一位本土人士是有益的。但是，一位本土语言者可能因缺乏对语法规则的简明认识，以及对于怎么学习掌握他/她的语言知之甚少而无法传授。约翰逊指出，尽管一位有德者的概念确实是不明确的，但是一旦有了特定的关于德性和邪恶的一种解释，这种反对就失去了力量。由此，尽管在一个给定的情形中，一位有德者会做什么是不确定的，但是，一位具备诸如和蔼、勇敢、公正等优良品格的有德者，在给定的情形中会做什么，是确定的。

尽管以有德者解释行动的正当性存在缺陷，但约翰逊并不由此认为，

---

① Robert N. Johnson. "Virtue and Right", *Ethics*, 2003, No. 113, pp. 810 – 834.
② Robert N. Johnson. "Virtue and Right", *Ethics*, 2003, No. 113, pp. 810 – 834.

所有以德性为导向的解释都是无效的，而只是表明现有的关于正确行动的以德性为导向的解释是不令人满意的。这种观点后面隐含的是一种关于德性伦理发展前景的期待。这就是斯旺顿（Swanton）指出的，"现代形式的德性伦理学依然处在婴儿期"①。约翰逊指出，既然如此，那么，因德性伦理不能回应道德上精进自我所提出的问题，而断言德性伦理为正确行为提供导向的说明的计划是失败的，这种观点为时尚早。

### 三、斯汶森对"合格的行动者"理论的修正

斯汶森（Frans Svensson）将赫斯特豪斯的"有德者"理解为"完满有德者"（fully virtuous agent），并在此基础上修改了赫斯特豪斯关于行动正确判断的公式。"对于环境 C 中的 S 而言，一个行动 A 是正确的，当且仅当，一位完满有德者在环境 C 中依其品格会做 A。"② 斯汶森通过例证认为，有德者依其品格而为的行为既不是行为正确的必要条件，又不是行为正确的充分条件。但是，斯汶森不仅要指出赫斯特豪斯理论构想的不足，更希望在其基础上建构出更合理的行动正确的德性伦理解释框架。

斯汶森提出的第一种反例涉及行动者可能会身临其境而有德者不会遭遇的情形。例如，琼斯（Jones）做了一件让史密斯（Smith）深感伤心的事情，因此，琼斯向史密斯道歉的行为是正确的。但是，由于完满有德者不会犯下让史密斯伤心的错误，因此，就不存在后续的向受害者道歉的行为。但是，斯汶森意识到，这个反例不会对赫斯特豪斯造成挑战，因为在赫斯特豪斯关于行动正确性的判断中，"依其品格"是非常关键的限定词。有德者可能会在酒醉或者过度哀伤的时候伤害了别人，但是，这显然不是依其品格而为的行为，而当有德者清醒的时候，必定会依其品格向伤害者道歉。我们并不会由此否认其作为有德者的资格。但是，有些道德情境确实是有德者绝对不会面对的，典型的如赫斯特豪斯本人假设的情况：一位男人以结婚为饵诱骗两名女子并使她们怀孕，而且抛弃 A 女会比抛弃 B 女更糟糕。这位男人正确的道德行为就是迎娶 A 而抛弃 B。但是，有德者绝对不会身陷这种道德困境。赫斯特豪斯的解释策略是，男人迎娶 A 而抛弃 B 只是一个正确的"道德决定"，而不

---

① Christine Swanton. *Virtue Ethics*: *A Pluralistic View*, Oxford: Oxford University Press, 2003, p. 32.

② Frans Svensson. "Virtue Ethics and the Search for an Account of Right Action", *Ethical Theory and Moral Practice*, 2010, Vol. 13, No. 3, pp. 255-271.

是正确的行为。赫斯特豪斯显然是将道德决定与道德行为分离。斯汶森认为赫斯特豪斯的这种分离反直觉，她需要对正确的道德决定的标准做进一步说明。因此，在斯汶森看来，赫斯特豪斯本人所使用的例子恰巧说明，行为的正确性不能由有德者依其品格而为的行为做出解释，因为有些道德处境中的行为是有德者永远不会触及的。

第二种反例同行为者的性格缺陷有关，这种性格缺陷使得向完满有德者学习的行为在道德上是不正确的。约翰（John）托付同事彼得（Peter）帮忙邮寄一封非常重要的信件，但是，彼得是非常健忘的人，他很有可能会忘记邮寄约翰的信件。一位完满的有德者如果面对约翰的请托，他/她依其品格而为的行为是答应约翰并且顺利将信寄出去。但是，彼得是健忘的人。如果他像完满有德者般答应约翰的请托，后果是他忘记了寄信而耽误了约翰的事情。因此，在这种情境中，彼得应该做的选择是拒绝约翰。显然，拒绝的行为不是一位完满有德者依其品格而为的行为。但是，对于彼得而言，由于其健忘的性格缺陷，拒绝正是道德上正确的行为。最后两种反例涉及的都是关于完满有德者不会去做而一般行为者应该去做的正确行为，包括约翰逊指出的道德上完善自我的行为。斯汶森补充的反例是一般行为者向有德者请教的行为。遇到不明之事或不明之理而向完满有德者请教，这是道德上正确的行为，是一般行为者应该做的行为。但是，完满有德者根本不需要向他人请教。

斯汶森认为，赫斯特豪斯的理论不能有效应对这四种反例，必须做出相应的修正。事实上，自赫斯特豪斯提出行动正确性判断的德性伦理标准以来，理论界就展开了争论，并提出了弥补赫斯特豪斯理论缺陷的方案，比如瓦莱丽·提比略（Valerie Tiberius）。斯汶森在其论文中，首先援引的修正方案就是瓦莱丽·提比略的 VRT 版本，"在情境 C 中，一个行动 A 对于 S 而言是正确的，当且仅当这个行为的根据是那些能够引导完整有德者在情境 C 中行为的理由"①。瓦莱丽·提比略以约翰逊所举撒谎者为例，认为 VRT 版本可以解决有德者不会置身其中的情境。说谎者行动的根据是道德上完善自我，这个根据也可以是完满有德者的行动理由。因此，尽管说谎者具体的完善自我道德的行为不会是完满有德者会去做的，但是，他们内在的理由是相通的。斯汶森并不赞同瓦莱丽·提比略的修正方案，因为完满有德者行动的理由是实践和维持其德性，

---

① Valerie Tiberius. "How to Think About Virtue and Right", *Philosophical Papers*, 2006, Vol. 35, No. 2, pp. 247–265.

而说谎者行动的根据是完善其德性。如果完满有德者尚需要完善其德性，那么，他/她就失去了作为完满有德者的资格。

斯汶森提出了VRA版本，"在情境C中，一个行动A对于S而言是正确的，当且仅当一位完满有德者依其品格会建议S在情境C中做A"①。VRA版本确实能够有效回避此前提及的反例，特别是诱骗A和B怀孕的反例。行动者选择迎娶A而抛弃B的行为是正确的，因为尽管有德者不会身陷这种道德处境，但是，依其品格会建议男人选择迎娶A。但是，VRA版本也无法解释中国式的"清官难断家务事""宁教人打仔，莫教人分妻"现象。如果有德者无法断理家务事，那么，他/她就会失去作为完满有德者的资格；如果有德者能够断理家务事而拒绝给行动者提出建议，那么，行动A即使解决了家庭纠纷，但由于不是完满有德者会建议的，因而，就是不正确的。"宁教人打仔，莫教人分妻"指的是，即使丈夫和妻子离婚的行动是正确的，但是，完满有德者不会建议行动人选择离婚的行为，因而离婚就是不正确的。有些行为是完满有德者会建议的，但是，这个行为是不正确的，可能只是完满有德者出于谋略的考虑反其道而用之，比如中国式的激将法，表面上建议行动者做出不对的行为，实质上是诱导固执的行为者去选择对有德者而言是对的行为。

斯汶森又提出了其他版本，"在情境C中，一个行动A对于S而言是正确的，当且仅当一位完满有德者会依其品格赞同S在情境C中做A"②；"在情境C中，一个行动A对S而言是正确的，当且仅当一位完满有德者将不会依其品格不认同S在C中做A"③；"在情境C中，一个行动A对S而言是对正确，当且仅当这是正派的人在情境C中将依其品格而为的行为"④；"在情境C中，一个行动A对S而言是正确的，当且仅当正派的人将不会依其品格不认同S在C中做A"⑤。这些版本同样不能合理地解决行动正确性的德性伦理标准问题。

---

① Frans Svensson. "Virtue Ethics and the Search for an Account of Right Action", *Ethical Theory and Moral Practice*, 2010, Vol. 13, No. 3, pp. 255–271.

② Frans Svensson. "Virtue Ethics and the Search for an Account of Right Action", *Ethical Theory and Moral Practice*, 2010, Vol. 13, No. 3, pp. 255–271.

③ Frans Svensson. "Virtue Ethics and the Search for an Account of Right Action", *Ethical Theory and Moral Practice*, 2010, Vol. 13, No. 3, pp. 255–271.

④ Frans Svensson. "Virtue Ethics and the Search for an Account of Right Action", *Ethical Theory and Moral Practice*, 2010, Vol. 13, No. 3, pp. 255–271.

⑤ Frans Svensson. "Virtue Ethics and the Search for an Account of Right Action", *Ethical Theory and Moral Practice*, 2010, Vol. 13, No. 3, pp. 255–271.

## 第二节 "以行动者为基础"的理论

斯洛特不是从有德者的视角理解行动的正确性，而是将行动正确与错误的评价完全取决于行动者的内在状态（动机、倾向与特征）的评价。由此，一个行动出自一个可钦佩的动机、倾向或特征，就是正确的；反之，就是错误的。一个坏的或道德冷漠的动机不能让一个行为正确。行为的评价不能独立于行为者的评价之外。

### 一、"以行动者为基础"的阐释

斯洛特早期在其德性伦理学研究著作《从道德到德性》中沿袭的是亚里士多德的观念或者思路，此后在其《源自动机的道德》中改变了先前的想法，试图发展出超越亚里士多德的德性伦理学理论，以改变他所认为的亚里士多德伦理学及新亚里士多德主义无法适应当代道德生活的疑难，特别是亚里士多德伦理学对个人德性养成的重视远甚于对人类的普遍关怀，而只有新亚里士多德主义德性伦理学能够充分地论证这种普遍的人类关怀，才能与道义论和功利主义形成有力的竞争。因此，不同于赫斯特豪斯对亚里士多德的德性伦理学传统的复兴，斯洛特主要是从休谟和哈奇森（Hutcheson）的情感主义道德哲学中汲取与德性伦理学相结合的资源，发展其情感主义德性论。斯洛特将德性伦理学区分为以亚里士多德为代表的"以行动者为聚焦"（agent-focused）的德性伦理学、以柏拉图或赫斯特豪斯为代表的"以行动者为优先"（agent-prior）的德性伦理学以及以他本人为代表的"以行动者为基础"（agent-based）的德性伦理学。

斯洛特指出，"以行动者为聚焦"是德性伦理学的共同特征，"我们首先能够将德性伦理与其他伦理方法区分的是德性伦理是以行动者为聚焦的"[1]，"在德性伦理学中，重点在于有德的个人，以及那些使他有道德品质的内在特征、性格和动机"[2]。"许多现代哲学家认为道德生活是与道德规则有关的问题，但在古代世界的德性伦理中，以及在现代哲学或最近哲学所发现的少数德性伦理实例中，对道德或伦理生活的理解主

---

[1] Michael Slote. *Morals from Motives*, Oxford: Oxford University Press, 2001, p.4.
[2] Michael Slote. *Morals from Motives*, Oxford: Oxford University Press, 2001, p.4.

要要求我们理解什么是一个有德的个体和/或拥有一种或另一种特定的德性，被认为是个人的一种内在特质或性格。"① 在亚里士多德那里，有德者是行动中德性的尺度，因此，如果一个高尚或有德的人会做一件事，那么，它是高尚的或善好的。但是，亚里士多德也允许，不具有德性的行动者也可以在有德者的指导下高尚地行动；而且，亚里士多德将有德者定义为在任何特定情况下都可以察知善恶或者行为正邪的人。这似乎就表明，亚里士多德认为，有德者做高尚的事情，是因为事情本身是高尚的，而不仅仅是因为有德者实际上会选择或者已经选择这件事情。因此，亚里士多德尽管不是以规则来定义正确或者善好的行为，但是，他似乎要说明的是行为的正确或者善好不在于它们是由某种人以某种方式选择。这就意味着，在亚里士多德的"以行为者为聚焦"的德性伦理学中，行为的正确或者善好在某种程度上被视为独立于行动者的评价之外。这种思路明显不同于斯洛特"以行为者为基础"的德性伦理学。②

"以行动者为优先"的德性伦理学通过德性或者其相关概念来说明道德上正确的行为，而一种品格特征之所以成为德性，按照赫斯特豪斯的理解，乃在于人类繁荣。因此，在赫斯特豪斯的"以行动者为优先"的德性伦理中，德性的概念具有优先性，但不是根本性。此外，"如果我们选择将行为的高尚性或正当性理解成一位有德者会选择的，那么，一个有德的行为者如何也能感知行动的正确或高尚，并在此基础上决定如何执行行动，至少会成为一个问题"③。

斯洛特"以行动者为基础"的德性伦理学主张行为的正确性完全来自行为者的内在状态（动机、倾向与特征）。他援引了西季威克的检察官的例子做出说明。有一位检察官试图将被告定罪，但他的动机不是出于公共责任感，而是源自恶意的私人恩怨。那么，检察官的行为是正确的吗？人们的道德常识会认为，检察官的行为是正确的，因为他做了应该做的事情，而被告也得到应有的处罚。按照赫斯特豪斯"合格的行动者"理论，检察官的行为也是正确的，因为有德者会起诉被告。但是，"以行动者为基础的德性伦理似乎会有困难，因为它根据好的动机理解正确的行为和根据错误的动机（或不够好的动机）理解错误的行为。如果由于道德上的不良动机而导致的行为是错误的，那么，这不就意味着检察官以恶意起诉某人的行为是错误的（假设恶意在道德上是可以批评

---

① Michael Slote. *Morals from Motives*, Oxford: Oxford University Press, 2001, p. 4.
② Michael Slote. *Morals from Motives*, Oxford: Oxford University Press, 2001, p. 5.
③ Michael Slote. *Morals from Motives*, Oxford: Oxford University Press, 2001, p. 6.

的)吗?这难道不是以行动者为基础的方法的一个相当不幸的结果吗?"① 这就使得斯洛特"以行动者为基础"的德性伦理所得出的结论不但与赫斯特豪斯的结论相反,而且与常识道德相悖。

那么,斯洛特应该如何解释这种违反道德常识的结论的合理性呢?他建议转换思考的角度,不是考虑检察官决定起诉时的恶意的动机,而是考虑他不起诉的动机。无论是否存在恶意的动机,如果明知被告有罪而放弃起诉,一个很可能的解释是,检察官缺乏真正或强烈的关心来做好自己的工作,并为社会做贡献。"想象一下,他被自己的恶意吓到了,结果却没有起诉,甚至不愿意考虑让别人这么做。这一行动也将来自一种在道德上受到批评的内在状态,即对公众(或一般人)的利益或对社会有用的关注不够(除其他外)。"② 斯洛特认为,以动机或内在特征评估行动,并没有可笑的难以置信的结果。③ 按照斯洛特的解释,检察官有责任(或义务)起诉,或者回避以让其他检察官起诉。如果他不这样做,那么,他的行为就是错误的,而错误的原因乃在于有缺陷的不关心公共善(全人类的善)的动机或者不关心为社会做贡献的动机。但是,如果检察官给予恶意去起诉,他的行为也是错误的,原因也在于有缺陷的不关心公共善(全人类的善)的动机或者不关心为社会做贡献的动机。斯洛特在这里其实提出了类似做正当的事与出于正当的理由来做正当的事之间的区分,"这样,我们便可以把为正确的理由而履行自己的责任,从而正确地行事,与因错误的理由而履行自己的责任,从而作出错误的行为区分开来"④。斯洛特的这种辩护导致的一个后果是,"如果动机不良的人有义务,但这些人所能做的一切都算错,他们就有自己无法履行的义务"⑤。这显然是一个值得回应的问题,但是,斯洛特只是轻描淡写地认为,"这些该死的结论实际上都不符合这里辩护的以行动者为基础的性质"⑥。这显然没有说服力。

斯洛特认为,"一种温暖的、以行动者为基础的德性伦理,强调一个人的动机,特别是一个人在道德上的整体动机,一种行为在道德上是可以接受的,前提是它来自善好的或有德的动机,包括仁爱或关怀(关心他人的福祉),或者至少不是来自不良或低劣动机包括恶意或对人类漠不

---

① Michael Slote. *Morals from Motives*, Oxford: Oxford University Press, 2001, p.14.
② Michael Slote. *Morals from Motives*, Oxford: Oxford University Press, 2001, p.14.
③ Michael Slote. *Morals from Motives*, Oxford: Oxford University Press, 2001, p.14.
④ Michael Slote. *Morals from Motives*, Oxford: Oxford University Press, 2001, p.15.
⑤ Michael Slote. *Morals from Motives*, Oxford: Oxford University Press, 2001, p.16.
⑥ Michael Slote. *Morals from Motives*, Oxford: Oxford University Press, 2001, p.16.

关心"①。但是，拥有值得赞赏动机的人要做或者已经完成某个行为，并不能证明这个行为就是有德性的行为。关键在于，这个行为必须展现、表达、加深这些值得赞赏的动机。"行为并不是令人钦佩或有道德的，仅仅是因为它们是或将要由那些实际上令人钦佩或拥有令人敬佩的内在状态的人来完成的。它们必须展示、表达或反映这样的状态，或表现出它们会表现的，等等，这些状态一旦发生，就会被视为令人钦佩或高尚的状态。"②有着令人敬佩的内在状态的有道德的人可以选择他/她喜欢的任何行为，但是，这并不是说他/她的任何行为选择都不会削弱他/她的行为的可敬性或善良之处。一个拥有仁慈动机的人通常能够选择许多行动，而这些行动或许有时候不能表达或显示他/她内在的仁慈动机。因此，如果一个人是完全仁慈的，并且看到一个人需要他/她的帮助，他/她大概会帮忙，并在这样做的过程中表现出内在的仁慈。但是，他/她也可以选择拒绝帮助他人，由此，他/她的行为就不会表现出仁慈，从而不会令人钦佩或不那么令人钦佩。③

如果有人遇到一个令人困惑的道德问题，为了解决这个问题，他/她是否只需要审视自己的动机而不予考量人和世界的事实呢？如果是这样的话，那么，道德生活是一个确保良好动机并采取行动的问题，而不是确定一个人周围世界需要什么的事实。这就使得"以行动者为基础"的理论陷入一种孤独症或与世界隔绝，不可避免地让人怀疑任何这样的道德准则怎么可能是足够的。但是，斯洛特指出，"以行动者为基础"的理论实际上并不会导致其与世界有关的事实的孤立或无关，它总是想要并需要考虑到周围的世界。如果一个人真是仁慈的，那么，她就会关心到底谁是穷人和有多大程度的需要，而这种关心实质上是想要并努力了解相关事实，这样，一个人的仁爱才能真正发挥作用。因此，根据这一动机行事的人必须向周围的世界敞开心扉，寻求接触，并受到周围世界的影响。④

以行动者的内在状态（动机、倾向与特征）解释行动的正确性，这种思路在伦理思想史上并非由斯洛特首创，也不乏道德生活中的佐证。斯洛特进一步论证了这种内在状态应该是本质上和内在地令人钦佩的或道德上好的仁慈。"每一种伦理理论都必须从某个地方开始，一种以行动

---

① Michael Slote. *Morals from Motives*, Oxford: Oxford University Press, 2001, p. 38.
② Michael Slote. *Morals from Motives*, Oxford: Oxford University Press, 2001, p. 17.
③ Michael Slote. *Morals from Motives*, Oxford: Oxford University Press, 2001, p. 16.
④ Michael Slote. *Morals from Motives*, Oxford: Oxford University Press, 2001, p. 18.

者为基础的道德会想说，（普遍）仁爱或关心人的道德善是显而易见的，不需要进一步的道德基础。"① "因此，考虑一种非常简单的观点，即（粗略的）仁慈是唯一的好动机，行为只要表现或表现出（实际的）行动者的仁慈动机，就会是正确的、令人钦佩的或良好的（如果行动者表现出与仁慈相反的或缺乏仁慈的动机，那么，我们也可以认为行为是错误的或者坏的）。"②

## 二、正确的行为与正确的理由

斯洛特"以行动者为基础"的理论受到的最大批评是，他混淆了行正当之事与因正当理由而行正当之事之间的通俗区分。按照斯洛特援引的西季威克检察官的例子，如果检察官出于恶意的动机而起诉的行动是错误的，那么，这显然是违背日常道德生活的。日常道德生活经验会告诉我们，尽管西季威克检察官的动机是不正确的，但是，他起诉的行为是正确的。这就将行动和动机分开了。一个恶的动机可能会产生好的行为，而一个好的动机也可能会产生坏的行为。我们不能因恶的动机而否认行为的正确性，也不能因好的动机而否认行为的错误性。如果行动的正确性只能由内在的状态来决定，那么，内心邪恶的魔鬼无论做什么，都是错误的。这就是达斯认为的斯洛特没法解决行动者缺乏善好动机时的选择难题。由于缺乏善好的动机，无论他如何选择，行动永远是不正当的；反过来，内心善良的天使无论怎么做，都是正确的。如果天使面对相同的选择而有不同的行动，那么，这些行动都是正确的。因为尽管天使们的动机不同，但是，从其品质而言，这些动机都是善好的，因而，他们的行为都必定是正确的。如果非要在这些正确的行动中选出最优项，那么，斯洛特的理论会陷入无话可说的境地。如果魔鬼无论怎么做，都是错误的，而天使无论怎么做，都是正确的，那么，这就会使得斯洛特的理论无法为行动提供指引，从而印证了德性伦理无法为行动提供指导的批评。

亚里士多德曾经明确区分了源自德性的行动与合乎德性的行动，这对理解斯洛特理论的困境可以提供启发。"可能提出这样的问题，在什么意义上才可以说，行为公正便成为公正的人，行为节制便成为节制的人？因为，如果人们在做着公正的事或做事有节制，他们就已经是公正的或

---

① Michael Slote. *Morals from Motives*, Oxford: Oxford University Press, 2001, p. 39.
② Michael Slote. *Morals from Motives*, Oxford: Oxford University Press, 2001, p. 16.

节制的人了。这就像一个人如果按文法说话就已经是文法家,按乐谱演奏就已经是乐师了一样。但是,技艺方面的情形并不都是这样,因为,一个人也可能碰巧地或者由于别人的指点而说出某些合文法的东西。可是,只有当他能以合语法的方式,即借助他拥有的语法知识来说话时,他才是一个文法家。而且,技艺与德性之间也不相似。技艺的产品,其善在于自身。只要具有某种性质,便具有了这种善。但是,合乎德性的行为并不因为它们具有某种性质,譬如说,公正的或节制的。除了具有某种性质,一个人还必须是出于某种状态的。首先,他必须知道那种行为。其次,他必须是经过选择而那样做,并且是因那行为自身故而选择它的。第三,他必须是出于一种确定了的、稳定的品质而那样选择的。"① 因此,由于行动者缺乏某种状态,他/她的行为可以是合乎德性的,但不是出自德性。亚里士多德关于出于德性与合乎德性的区分也可以视为另一个版本的"做正当的事情与出于正当理由做事情"的常识之间的区分。回到斯洛特的检察官的例子中,由于检察官缺乏好的内在状态,因此,他的行为合乎正确行动的要求,但不是出自正确的理由。这种理解更符合日常道德生活的实际。

拉蒙·达斯(Ramon Das)提供了另一个更易于理解的例子。一位男人和一个带着小孩的女人约会时,小孩子掉进了水池。这位男人为了避免孩子溺水而潜入游泳池。但是,他根本不关心孩子,他的动机完全是为了给女人留下深刻印象,从而达到和她上床的目的。② 赫斯特豪斯认为,有德者依其品格会做的行动是正确的行为。如果一个行动者救了一个溺水的孩子,动机是为了和他/她的妈妈上床,那么,行动者的行为是正确的,因为他的行为与品德高尚的人会依其品格拯救孩子一样。重要的是要注意到一项行为是正确的,不是因为一位有德者会做(即使有德者也会做错事),而是有德者依其品格会做。这意味着去做有最好的理由去做的事情;去做好的思考和实践智慧告诉我们要做的事情。那么,在某种意义上,有德的行为或正当行为的概念,是独立于行动者之外的。如果按照斯洛特的理论,根本重点是强调行动者的动机和内在状态,那么,男人拯救孩子的行动在道德上是不正确的,因为这位男人的动机和内在状态是邪恶的而不是善好的。反对者认为,以行为者为基础的解释

---

① [古希腊]亚里士多德:《尼各马可伦理学》,廖申白译,商务印书馆2004年版,第41—42页。
② Ramon Das. "Virtue Ethics and Right Action", *Australasian Journal of Philosophy*, 2003, Vol. 81, No. 3, pp. 324–339.

是有问题的，它不注意源自德性的行为与有德性的行为的区别。问题在于，对于一个有着邪恶动机的男人而言，他应该怎么做才是正确的呢？斯洛特其实给不了答案。斯洛特关于正当行动的解释似乎告诉我们，当我们行动的时候，我们应该有良好的动机和美好的内心状态，而不是帮助怀有一个有德的动机的行动者想出该做什么。如果某一特定情况下的行动者真正想要弄清楚该做什么，那么，带着高尚的动机行事可能根本帮不了他。

如果这个男人的行为是最合理的行为，是审慎的思虑之后会指向的行为，也是一位完全有德的好人依其品格会采取的行为，但是依旧被认为是道德上错误的行为，那么，斯洛特的解释似乎是有问题的。既然行为本身（除去其后的意图）是一个合理的行为，且可能是最好的，却仍然应该受到谴责或者那个行动者不应该采取那个行为，这看上去就很奇怪。L.凡·范滋尔（Liezl van Zyl）建议，以行为者为基础的理论对正确行为的解释应被理解为道德上正确行为的标准，而不是作为行动指南的工具。① 斯洛特批评行动者的行为在道德上是错误的时候，他的意思是他有一个不良的动机，这个行为是从一种坏的内在状态中进行的，这是道德上相关的特征。即使那个行动者当时在拯救溺水的孩子时做出了道德上错误的行动，但这并不意味着他应该采取不同的行动。这个行动者可能在道德上应受谴责，但仍然做出了正确的决定。因此，L.凡·范滋尔认为，斯洛特应该在道德上谴责这个行动者，但不是说他应该采取不同的行动。L.凡·范滋尔称："没有理由认为正确行动的标准也应作为一种实际的行动指导工具。"②

其实，在斯洛特的理论中，仅有好的动机对于行动的正确性而言是远远不够的。他明确提出，以行动者为基础的理论不会导致与世界有关的事实的孤立或无关，因为"如果你考虑到这些理论所描述的动机从根本上来说是如何令人敬佩的，它总是想要并需要考虑到周围的世界。如果一个人真的是仁慈的，或者想对社会有用的话，他不只是随心所欲地把好东西扔出去，或者把它们送给第一个看到的人"③；"例如，仁爱并不是最全面意义上的仁爱，除非你关心到底谁是穷人和有多大程度的需

---

① Liezl van Zyl. "Agent-based Virtue Ethics and the Problem of Action Guidance", *Journal of Moral Philosophy*, 2009, Vol.6, No.1, pp.50–69.

② Liezl van Zyl. "Agent-based Virtue Ethics and the Problem of Action Guidance", *Journal of Moral Philosophy*, 2009, Vol.6, pp.50–69.

③ Michael Slote. *Morals from Motives*, Oxford: Oxford University Press, 2001, p.17.

要，而这种关心实质上是想要并努力了解相关事实，这样一个人的仁爱才能真正发挥作用。因此，根据这一动机行事的人必须向周围的世界敞开心扉，寻求接触，并受到周围世界的影响"①。这就说明，行动的正确性还受制于行动者的其他能力，而这些能力可能属于德性伦理最具特色的实践智慧的部分。事实上，斯洛特也意识到，真正的仁慈似乎包括的不只是一种善好的动机或者性情，似乎包括其他与实践智慧有关的知识。

拉蒙·达斯的反对意见是，一个行动者在行动时没有良好的动机去选择，他/她似乎不可能采取正确的行动，但更重要的是，他/她不可能得到任何行动的指导帮助。通常情况下，出于良好的动机，人们可能会试图采取正确的行动。但是，在毫无良好动机可选的情况下，斯洛特的解释似乎无法告诉我们做什么。② 斯洛特提供的正当行为的说明使不同的行动者能够执行不同的行为，而所有这些行为都将被标记为正确的。在一个给定的情况下，不同的行动者可能被有德地驱动，但做出不同的决定，这些决定都将被标记为正确的。"我"不认为一个以上的行为被认为是道德上正确的行为是有问题的，但"我"相信当一个行动者没有很好地考虑、理解或运用洞察力，但做出的仍然是正确的行为时，这是一个问题。斯洛特允许行动者在没有经过充分考虑的情况下做出选择，没有适当的容易获得的信息，或者也没有足够好的表现，使他们仍然是正确的。问题不在于许多行动将被称为正确，而是执行得非常糟糕的行动，或者如果行动者给予更多的思考，他/她不会选择的行动将被标记为正确的。这使得对行动正确的要求似乎低得令人难以置信。任何有良好动机和良好内心状态的人的行动都是正确的，无论其如何行动或以何为基础，只要动机有德。尽管斯洛特对动机和良好的内在状态的强调对德性伦理很重要，但它只突出了有德者的一个部分。也许正当行为的德性伦理解释，特别是以行为者基础的解释，应该考虑到有德者的全部本性，而不仅仅是有德者的内在状态和动机。

### 三、进一步的思考

斯洛特"以行动者为基础"的理论不但以行动者的内在状态解释行动的正确性，而且以普遍的仁慈或者关怀作为内在状态的内容。这会引起另外两种批评：一是如何体现德性伦理的特色；二是过分夸大了普遍

---

① Michael Slote. *Morals from Motives*, Oxford: Oxford University Press, 2001, p. 18.
② Ramon Das. "Virtue Ethics and Right Action", *Australasian Journal of Philosophy*, 2003, Vol. 81, No. 3, pp. 324–339.

关怀的价值。

我们似乎不能简单地认为功利主义和道义论是不看重动机的，充其量只能说，它们看重的是不同的动机。或者，我们可以退一步而言，道德与法律的区别恰恰在于，道德主要是关注人的内在状态而不是外在行为。最大多数人最大幸福的后果原则是功利主义的总体原则。但是，在理解功利主义的"后果"时，我们必须注意的是，这个"结果"确实不是实际发生的"结果"，而是"意图"中的"结果"。换言之，当我们决定做某件事情时，我们会事先构想做这件事情的结果，比如希望它能够实现行为所涉及的最大多数人最大的幸福。但是，至于实际发生的结果是否真的实现了最大多数人最大的幸福，这不是功利主义所需要关注的，否则，功利主义就会出现与常识相悖的结论。比如，一个歹徒冲进一处公共场所，准备对其中的人肆意射杀。人们惊慌得四处逃窜。当所有人都逃出了这处公共场所时，楼顶塌了。显然，如果没有歹徒的突然闯入，人们不会逃离这处公共场所，可能的结果是被压死了。在这种意义上，确实是歹徒"救"了人们。但是，我们能否因为此事的结果符合最大多数人最大的幸福原则而认为歹徒的行为是道德的呢？显然是不可以的。因为歹徒追求的结果不是人们逃离，而是射杀人们。这种内心构想的"结果"也可以说是歹徒的动机。

至于道义论，比如康德的道德学说，更不能说不关注行动者的内在状态。在康德道德学说中，行动者行动背后有不同的理由、准则或者意志。康德认为，只有出于义务和责任的行为，才具有道德价值。因此，如果行动者的行为不是出于义务和责任，而是出于别的考虑，比如自我利益或者自我爱好，那么，行动者的行动就没有道德价值。

显然，一位行动者将自己的幸福与他人的幸福进行平等的计算，从而实现最大多数人最大幸福的动机，我们似乎不能说不是善好的；一位行动者出于义务或者责任而行动的动机，我们似乎也不能说是不善好的。这就会导致一个斯洛特不想看到的结论。斯洛特以行动者的内在状态如动机等解释行动的正确性，不仅可能适用于他主张的德性伦理学，似乎还更适用于功利主义和道义论中。因此，迈克尔·S. 布雷迪（Michael S. Brady）认为，按照道义论，如果"我"的行为是根据义务的要求，那么，"我"的行为就是正确的；而如果"我"的行为是根据义务的动机，那么，"我"就是根据正确的理由而做出正确的行为。同理，如果"我"的行为能够预期带来最大多数人最大的幸福，那么，"我"的行为就是正确的；而如果"我"的行为是根据能够预期带来最大多数人最大的幸福的动机，那么，"我"就是根据正确的理由而做出道德上正确的行为。①

从这种意义上来说，斯洛特以普遍的仁慈或者关怀来界定行动者的内在状态的内容，就是必不可少的步骤。但是，即使仁慈或者关怀能够逃离道义论的解释框架（比如，康德明确说过，出于同情而援助他人是没有道德价值的行动），似乎也难以逃离功利主义的解释路径。很显然，我们之所以视普遍的仁慈或者关怀为人类的德性，可能不仅是亚里士多德意义上的"活得好""做得好"或者"人类繁荣"，更贴近日常道德生活的解释是，它可以给实际的生活带来便利。斯洛特认为，普遍的仁慈或关怀会使行动者为了能够真正帮助到他人而细致地对待周边的信息和考虑关于世界、人与道德情境中的各种事实，以此做出正确的行为选择；反之，如果行动者缺乏仁慈，那么，他/她就会成为一个粗心大意的行善者，忽略许多应该考虑的事实，从而直接影响行善对象的福祉。斯洛特这种解释恰巧是功利主义式的。正因为这种解释是功利主义式的，所以，W. D. 罗斯（W. D. Ross）关于动机的品质与行动的正确性之间没有确定必然关系的论断②，在斯洛特的理论中也是可以成立的。

关怀是人类普遍关注的一个话题。从实践而言，无论是家庭政策，还是社会政策，或是社会工作，都呼吁以关怀为导向；从理论而言，无论是基督教"爱"的道德原则，还是儒家"仁"的道德学说，或是佛教"慈悲"的道德劝诫中，都包含了关怀的内涵。20世纪七八十年代，随着女性主义的深入发展，关怀伦理更成为一种引人注目的伦理学说。诺丁斯认为，关怀始于关怀动机，关怀行为源于"动机替代"，关怀者像关怀自己一样关注他人的想法，走出个人的偏好结构而转向他人，考虑他人的观点、他人的客观需要和他人对自己的期望。在关注他人的想法的时候，他人的现实替代了关怀者个人的现实，关怀者个人必须尽可能注意到他人的现实，以便行动以减轻他人的痛苦，满足他人的需要，实现他人的愿望。当关怀者个人处于这种关系的时候，当别人的现实成为关怀者个人的真实的可能性的时候，关怀者个人就在关怀。因此，诺丁斯认为，关怀首先是一种道德情感，表现为一种"全身心投入"的状态，即在精神上有某种责任感，对某事或某人心存焦虑或牵挂。如果一个人对某人有一种期望或者关注，注意到某人的想法和利益，他/她就是在关怀这个人；如果一个人操心某种事态或感觉到自己应该为之做点什

---

① Michael S. Brady. "Against Agent-Based Virtue Ethics", *Philosophical Papers*, 2004, Vol. 33, No. 1, pp. 1–10.

② 参见 W. D. Ross, *The Right and the Good*, Oxford: Oxford University Press, 1930.

么，他/她就是在关怀这些事情。

在吉利根看来，人类社会具有内在的联系，生活在其中的人们充满了脆弱性与依赖性，在这个世界里，人们彼此的日常关怀是人类生存的一个有价值的前提，关怀就是人类间一种普遍的联系和遭遇，内生于人类生活。正如海德格尔所说的：关怀是生活最终极的本质。人们之间相互依存的状态是自然而且可欲的，所有现实的生命体密不可分。人们一旦在共同体中获得真实的情感归属和信心，就足以弥补宇宙中不确定性带来的伤害和惶恐。而在我们现实生活中，由于相互联系以及确定感的缺乏，人们正普遍遭受心灵和肉体的痛苦。如果关怀不能成为对生活最为基本的注释，那么，生命周围的一切都将充满敌意或日益变得充满敌意。每个人既渴望受到公平的对待，又不希望遭受忽视、冷落或伤害。他们需要在生命的不同时期或阶段得到他人的关照，那些受到关照的人，将不时地需要对他人给予关照；那些给予他人关照的人，他们自己将不时地处于被他人关照的需要之中。因此，关怀他人和被他人关怀就是人的基本需要，每个人都渴望被关怀，而不仅仅是那些我们认为处于社会不利地位的人们，还包括被认为处于社会优势位置的人。他们可能不需要物质帮助，但同样需要情感照顾，渴望受到尊重、得到爱和鼓励，或者在人生的某个阶段、某个时刻，因为某种原因，他们需要关怀来维持形体的、心理的或情感的良好状态。

但是，很显然，无论关怀具有多么重要的实践价值，对于一个社会的正常运作而言，仅有关怀是不够的。因此，诺丁斯始终是以关怀作为公正的补充，而不是以关怀取代公正。尽管在诺丁斯看来，公正容易造成人际的疏离和冷漠，因此需要关怀作为补充。但无论如何，对于一个正常运转的社会而言，它必须建立对所有人都公正的规则体系，然后依据这些规则活动。公正肯定个体人格的独立性、主体意志的自由性以及主体权利的平等性。因此，吉利根认为，理想的人际关系既要追求平等和独立，又不能脱离相互依恋，人们对人际关系由此产生了平等独立与相互依恋的双重诉求，决定了公正和关怀在社会中不可或缺的地位。而无论是凯思林·伦农（Katherine Lennon）博士，还是艾利森·贾格尔（Alison Jagger）教授，在强调关怀作为社会价值的可能性的同时，主张关怀必须与公正保持合作。斯洛特以普遍的仁慈或者关怀作为不证自明的前提，显然难以令人信服。

## 第三节 "以目标为中心"的理论

斯旺顿不同意赫斯特豪斯和斯洛特关于行动正确性的德性伦理解释。她提出,一个行动是对的,当且仅当这个行动命中了德性的目标。因此,在斯旺顿的理论设想中,行动的正确性既不能由有德者定义,也不能根据行动者的内在状态来定义,而是必须由行动的后果来定义。至于行动者出于何种动机命中了德性的目标,不是一个需要关注的问题。这也使得斯旺顿的想法不同于亚里士多德的理论。

### 一、斯旺顿对赫斯特豪斯与斯洛特的质疑

斯旺顿认为,正确行为的解释以及伦理学理论的实践应用是德性伦理需要攻克的两大问题。[①] 围绕正确行为的解释,现代德性伦理学提出了"合格行动者"理论和以动机为中心的理论。这两种理论的首倡者分别是赫斯特豪斯和斯洛特。但是,斯旺顿提出,无论是赫斯特豪斯还是斯洛特,都没能令人信服地解决行动的正确性难题。

斯旺顿指出,赫斯特豪斯以合格的行动者判断行动的正确性,这个合格的行动者是一位有德者。但是,一位有德者判断行动正确性的资格令人怀疑。斯旺顿提出这种怀疑的前提是,不是像约翰逊或者斯汶森那样将"有德者"理解成"完全有德者"或者"完满有德者"。约翰逊和斯汶森受德性统一性影响,倾向于将"有德者"理解成理想的道德楷模或者中国式的道德圣人。斯旺顿对"有德者"的解释代表了另外一个极端。那就是将"德性"理解成一个门槛式概念(a threshold concept),从而把"有德者"从道德圣人拉回到日常生活中的道德人物。因此,斯旺顿指出,"如果德性是一个门槛式概念,那么你、我和我们的朋友可能是有德的,但也有可能(确实有可能)其他人更有道德"[②]。从横向来看,"一个合格的温和、勇敢、公正、慷慨的人并不具备所有努力领域的专门知识。她可能缺乏医学、法律或育儿方面的经验。因此,她在这些领域可能缺乏实际智慧。尽管我们可以简单地称她为有德,但在她缺乏实际

---

[①] Christine Swanton. *Virtue Ethics: A Pluralistic View*, Oxford: Oxford University Press, 2003, p. 227.

[②] Christine Swanton. *Virtue Ethics: A Pluralistic View*, Oxford: Oxford University Press, 2003, p. 229.

智慧的领域，她并不是一个合格的行动人"①。从纵向来看，"我们有德者（你、我和我们的朋友）在节制、勇气、慷慨、正义方面被更大的道德典范超越"②。因此，即使在"德性"这一门槛概念上，你、我和我们的朋友都是有道德的，但我们并不像我们可能的那样有道德，更不用说理想的德行了，也许我们应该在道德决策上服从于比我们更好的人。③这就说明，一个有德者未必就是一位合格的行动者。

斯旺顿认为，为了解决上述难题，赫斯特豪斯可能会认为"德性"是一个门槛式概念，但门槛的设定取决于环境。例如，在医学伦理领域，不是任何一个有德的行动人都会成为合格的行动人。例如，要想成为一个医学伦理学家，需要的不只是仁慈、善良和一位自治的尊重者，而且还需要医学的知识，或者至少要与那些有医学观的人进行良好的交流。她需要具备全面的对话德性。④ 另一个解决办法是在正当性的定义中删除德性的门槛概念，将"德性"视为一个理想化的概念。但是，这种处理办法明显不是赫斯特豪斯所支持的。因为赫斯特豪斯在其关于行动正确性的定义中，加入了"依其品格"的限定语，以排除有德者非依其品格的恶行。这就说明赫斯特豪斯意识到实际的有德者有时可能会有违背品格判断和行动的危险，因此，她在定义中加入了排除这种可能性的限定。⑤

斯旺顿认为，赫斯特豪斯在门槛式德性概念中加入情境的做法，并不能完全解决一个有德的行动人是否是合格行动人的问题。斯旺顿指出，实际的人类行为者，无论多么有德性和智慧，都不是无所不知的，而这种无知不能归咎于个人甚至文化。比如，人们对于环境友好型德性争论不休，对于环境友好型德性是否需要人们采取各种激烈的措施来减缓全球变暖的趋势等的讨论如火如荼。即使是亚里士多德式的拥有实践智慧

---

① Christine Swanton. *Virtue Ethics: A Pluralistic View*, Oxford: Oxford University Press, 2003, p. 229.
② Christine Swanton. *Virtue Ethics: A Pluralistic View*, Oxford: Oxford University Press, 2003, p. 228.
③ Christine Swanton. *Virtue Ethics: A Pluralistic View*, Oxford: Oxford University Press, 2003, p. 229.
④ Christine Swanton. *Virtue Ethics: A Pluralistic View*, Oxford: Oxford University Press, 2003, p. 229.
⑤ Christine Swanton. *Virtue Ethics: A Pluralistic View*, Oxford: Oxford University Press, 2003, p. 229.

的有德者，面对人类的无知，也可能束手无策。① 由于对基因改造的无知，明智、谨慎和仁慈的决策者可能会决定严格限制转基因食品，但这种明智、谨慎和仁慈也可能导致慈善德性被忽略，例如生产更便宜、更丰富的食物。② 因此，斯旺顿引用其他人的表述并认为，"关于一个伦理问题的正确答案是有德者判断为正确的，这种信念同这种认识是不相容的。这种认识就是个体的伦理判断具有局限性和个体性。对于我们而言，将我们的信任置于一个虽有德而单独的个体所认为正确的之上，这是非理性的"③。

斯旺顿认为，斯洛特"以行动者为基础"的理论并不需要借助"合格的行动人"来说明行动的正确，因此，他不会面对赫斯特豪斯需要面对的问题。但是，这并不意味着斯洛特的理论没有问题。斯旺顿认为，斯洛特需要处理的问题是，他将行动的正确与动机的质量紧密相连可能会导致违反直觉的结果。斯旺顿指出，在斯洛特的动机理解中，显然不需要实践智慧作为令人钦佩的动机的一个特征，因此，他必然容易受到"拙劣的空想社会改良家"的批评。④ 斯旺顿意在说明，斯洛特将普遍仁慈或者关怀作为不证自明的动机，但是，在实际的道德世界中，仅有仁慈的或者关怀的动机不足以处理棘手的道德难题，我们还需要审慎、识别和选择与实践智慧有关的德性，而斯洛特明显忽视了这个问题的重要性，因此，只能是空有满腔热情而于事实无益的"拙劣道德空想社会改良家"。斯旺顿指出，"一个真正想要有所帮助的行动人关心的是，她的帮助以适当的方式达到了目标"⑤。斯洛特义上的行动者可能是有着良好的动机，但同时更可能是愚蠢或者无知的，因此，这种行动者无法达到帮助人的目的。

斯旺顿指出，斯洛特没有考虑到行动的正当和善好之间的区别。⑥

---

① Christine Swanton. *Virtue Ethics: A Pluralistic View*, Oxford: Oxford University Press, 2003, p. 229.

② Christine Swanton. *Virtue Ethics: A Pluralistic View*, Oxford: Oxford University Press, 2003, p. 230.

③ Christine Swanton. *Virtue Ethics: A Pluralistic View*, Oxford: Oxford University Press, 2003, p. 230.

④ Christine Swanton. *Virtue Ethics: A Pluralistic View*, Oxford: Oxford University Press, 2003, p. 230.

⑤ Christine Swanton. *Virtue Ethics: A Pluralistic View*, Oxford: Oxford University Press, 2003, p. 230.

⑥ Christine Swanton. *Virtue Ethics: A Pluralistic View*, Oxford: Oxford University Press, 2003, p. 230.

W. D. 罗斯曾经做出过这种区分。罗斯以还债为例说明了这个问题。"例如，假设一个人仅仅因为害怕不这样做的法律后果而支付一笔特定的债务，有些人会说他做了正确的事情，而另一些人则否认这一点：他们会说这种行为没有任何道德价值，而且既然'正确'意味着道德价值，行为就不可能是正确的。他们可能会概括地说，除非是出于责任感，否则没有任何行为是正确的，或者如果他们从如此严格的理论中退缩，他们可能至少会说，没有任何行为是正确的，除非是出于某种良好的动机，如责任感或仁慈。"① 罗斯把正确的行为和道德上好的行为区分开来。道德上好的行为被理解为动机良好的行为。斯旺顿指出，动机的质量有时会对正确与否产生影响，但是，动机的善良并不是行动人与"做得好"相关的唯一内在状态。②

## 二、"以目标为中心"理论的基本内涵

斯旺顿提出，一个行动在 V（例如仁慈、慷慨）方面是有德的，当且仅当它击中了德性 V（例如仁慈、慷慨）的目标（实现了德性 V 的目的）；一个行动是正确的，当且仅当它总体上是有德的。③ 因此，一个行动（就 V 而言）是正确的，当且仅当它击中了 V 的目标。这就是斯旺顿的"以目标为中心"理论的简要表述。斯旺顿认为，她的"以目标为中心"的理论借鉴了亚里士多德关于有德的行为和出乎德性（一种状态）的行为的区分。"在我看来，行动的正确（相对于充分的卓越）不是与出乎德性的行动联系在一起，而是与有德的行为联系在一起。"④ 因此，如果一个行动达到了正义或节制的德性的目标，即使没有表现出公正或节制的状态，它可以是公正的，也可以是节制的。斯旺顿赞同罗伯特·奥迪（Robert Audi）的看法，认为德性的一个"维度"是"它所瞄准的品格目标"⑤。要击中德性的目标，就是要根据德性的目标，对其领域中的项目做出成功的反应。因此，当德性的目的仅仅是为了促进个人的善

---

① Christine Swanton. *Virtue Ethics: A Pluralistic View*, Oxford: Oxford University Press, 2003, p. 231.

② Christine Swanton. *Virtue Ethics: A Pluralistic View*, Oxford: Oxford University Press, 2003, p. 231.

③ Christine Swanton. *Virtue Ethics: A Pluralistic View*, Oxford: Oxford University Press, 2003, p. 228.

④ Christine Swanton. *Virtue Ethics: A Pluralistic View*, Oxford: Oxford University Press, 2003, p. 231.

⑤ Christine Swanton. *Virtue Ethics: A Pluralistic View*, Oxford: Oxford University Press, 2003, p. 232.

时，击中德性的目标相对容易，达到这个目标就是成功地促进这个善。①但是，实际上，击中德性的目标非常复杂。

击中德性的目标可能涉及几种道德反应方式。斯旺顿提出，德性是一种良好的品质或优秀的品格，是一种以优秀（或足够好）的方式承认或回应德性领域中的事物的倾向。② 因此，击中一种德性的目标就是成功地在道德上承认或者回应德性诸领域中面向的一种或者多种形式。③击中德性的目标是复杂的，可能涉及几种模式的成功回应，诸如在晋升、创造力、尊重和爱等中，成功模式会有所不同。人们可能会说，仁爱或友谊的目标通常是通过各种不同的道德反应方式，成功地回应他们所在领域的人（一般人、朋友）。艾瑞斯·默多克（Iris Murdoch）强调，友好或仁慈地对待儿媳首先要以正确的方式看到她，通过爱而不是敌意的凝视，通过尊重而不是贬义的概念来思考她。除非情况非常特殊，否则一个人不应被欺骗、操纵或胁迫。适当形式的亲密关系的表达会降低尊重所要求的距离，这样后者才不会显得冷酷无情。④ 既然击中德性目标的道德回应的成功模式具有复杂性，那么，这就需要对每一种模式进行讨论。而在两种以上的德性中，如何在不同的道德回应成功模式中达到平衡是一个更为复杂的问题。例如，康德将爱理解成一种接近的形式，而尊重是一种保持距离的形式，那么，这些模式如何在有德行为中达到平衡仍然是个问题。⑤

有些德性的目标是内在的。斯旺顿指出，许多德性的目标都是外在的，例如慈善、效率或正义。例如，公正就是符合法定的议事规则，高效就是及时以很少的代价取得有价值的利益，善行就是成功地促进了人类的福利。斯旺顿以澳大利亚前总理基廷的行为作为例子，说明人们通过外在目标解释一个人行动的德性。1992 年，英国女王与时任澳大利亚总理会面，基廷引导女王走向她的座位时，把手放在了女王腰上。许多人认为这种行为是错误的，甚至是令人震惊的和令人无法容忍的，因为

---

① Christine Swanton. *Virtue Ethics*: *A Pluralistic View*, Oxford: Oxford University Press, 2003, p. 233.

② Christine Swanton. *Virtue Ethics*: *A Pluralistic View*, Oxford: Oxford University Press, 2003, p. 233.

③ Christine Swanton. *Virtue Ethics*: *A Pluralistic View*, Oxford: Oxford University Press, 2003, p. 233.

④ Christine Swanton. *Virtue Ethics*: *A Pluralistic View*, Oxford: Oxford University Press, 2003, p. 234.

⑤ Christine Swanton. *Virtue Ethics*: *A Pluralistic View*, Oxford: Oxford University Press, 2003, p. 234.

这有失尊重或礼貌。无论基廷的动机是出于平等主义的想法,还是借由这次机会巧妙地削弱女王的权威和神秘感,从而有助于将澳大利亚转型为共和政体,由于他没有如康德所言那样保持适当的距离而有失尊重,因此他的行为被许多人认为是错误的。① "然而,假设所有德性的目标都是外在于行动人,或者仅仅是行动人的外部目标,这种假设是错误的。虽然某些德性的目标是外在的或在许多情况下是外在的,但其他德性的目标似乎完全是内在的,例如决心或(精神)力量。"② 斯旺顿提出,(种族)宽容德性的目标不仅仅是外在的,要求行动者形式上尊重某些种族群体的人权,而且是内在的,要求行动者在尊重权利时不能表现及不能拥有种族主义动机。③

有些德性的目标是多元的。斯旺顿以勇敢的德性为例指出,正如罗伯特·奥迪(Robert Audi)所言,勇敢的目标是控制恐惧,因此,人们一般会认为,击中勇敢的目标就是成功地处理了危险或者威胁的形势。但是,勇敢的目标远不止控制恐惧这一个目标,而是具有多样性,它也包括控制某种内在状态和处理某种外在的情势。因此,斯旺顿提出,不管别人如何论说勇敢,对于一种德性而言,没有要求只有一个目标,因为德性可以有不止一个领域。④ 甚至谈到内在状态时,亚里士多德认为,勇敢包括控制恐惧和拥有信心。⑤

德性的目标具有情境的多样性。斯旺顿指出,一种行动之所以被算作一个有德的行动,很大程度上是因为它更具有情境性。如果一个人在面对大量贫穷的人们时,捐赠了一大笔钱,那么,这个人可以说是实施了一种慷慨的行为,即使捐赠出自勉强。然而,在其他情境中,一种给予的行为未必就是慷慨的。因为慷慨的目标是以正确的方式缓解贫困,其中"以正确的方式"指的是给予的方式,甚至是动机。斯旺顿以救援人员的例子解释一种德性目标的情境本质以及一种有德行动的本质。假设"我"是一名救援人员,不停地工作以拯救生命。"我"的行为是因

---

① Christine Swanton. *Virtue Ethics: A Pluralistic View*, Oxford: Oxford University Press, 2003, p. 235.

② Christine Swanton. *Virtue Ethics: A Pluralistic View*, Oxford: Oxford University Press, 2003, p. 235.

③ Christine Swanton. *Virtue Ethics: A Pluralistic View*, Oxford: Oxford University Press, 2003, p. 235.

④ Christine Swanton. *Virtue Ethics: A Pluralistic View*, Oxford: Oxford University Press, 2003, p. 236.

⑤ Christine Swanton. *Virtue Ethics: A Pluralistic View*, Oxford: Oxford University Press, 2003, p. 236.

为拯救生命而仁慈，还是因为它们没有表现出关心和爱的态度而不是仁慈？在这一点上，人们可能不担心"我"的行为是否表现出对他人的爱。在这里，仁爱的目的只是为了减轻需要。"我"的行为被认为是仁慈和正确的。然而，经过几年不懈的努力，在饥荒灾区，"我"却陷入了深深的沮丧状态。"我"觉得无力去爱或者没有创造力是"我"的负担。"我"满腹牢骚，急急忙忙地找一位精神病医师。他/她试着告诉"我"，真正的仁慈行动产生于人性的爱和内在的力量。"我"持续的下意识的"仁慈"的行动是错误的。在这种情境中，仁爱的目的或目标更丰富。它不再仅仅是促进他人的利益。①

德性的有些目标是避免某些东西。斯旺顿指出，"击中目标"并不是意味着一种德性的目标总是积极肯定的，有些德性的目标似乎是致力于避免某些状态。以谦虚为例，根据朱丽亚·德里弗（Julia Driver）的观点，谦虚之所以成为德性，是因为它"在社会形势中阻止了问题的产生"，例如妒忌。这就说明，谦虚的目标只是避免某些事情，行动者保持谦虚是为了避免某些行为，包括过度地关注和讨论自我、自吹自擂等。②

通过对德性的目标做出说明后，斯旺顿对有德的行为和出乎德性的行为做了进一步区分。她指出，一个出乎德性状态的行动可以不是一个有德的行动，因为它错失了德性的目标；一个有德的行动可以不是一个出乎德性的行动，因为它根本没有显示相关德性的面向的方面；一个有德的行动可以不是一个出乎德性的行动，因为它未能以足够好的方式显示这个德性的面向，即未能充分地表达好的内在状态（例如实践智慧、好的动机或者好的情感的倾向）；同什么算作一个出乎德性的行动相比，什么算作一个有德的行动更具有情境性。③

斯旺顿指出，一个行动是正当的，当且仅当它总体上是有德的。这种关于正当性的理念存在许多模糊性，特别是，一种目标中心论的德性伦理观同三种可能的解释相容。她以慷慨为例说明。第一种，一个行动是正当的，当且仅当它总体上是有德的，并且那意味着它在那种情境中是可能的最好的行动。假定没有其他的德性或者邪恶牵涉，我们可以说一个既定的行动是正当的，只要它可能是最慷慨的。在这

---

① Christine Swanton. *Virtue Ethics: A Pluralistic View*, Oxford: Oxford University Press, 2003, p. 236.

② Christine Swanton. *Virtue Ethics: A Pluralistic View*, Oxford: Oxford University Press, 2003, p. 237.

③ Christine Swanton. *Virtue Ethics: A Pluralistic View*, Oxford: Oxford University Press, 2003, p. 239.

点上，慷慨的目标非常严格。第二种，一个行动是正当的，当且仅当它总体上是有德的，并且那意味着它足够好，即使不是最好的行动。这里假定，在达到诸如慷慨等德性的目标方面有很大的回旋余地，正确的行为范围从真正的辉煌和令人钦佩的行为到"好的"或者"尚可"的行为。第三种，一个行动是正当的，当且仅当它总体上不是邪恶的。这里假定，不全面的邪恶并不意味着全面的道德。例如，一个行动可以避免吝啬或者小气的邪恶，而没有击中慷慨的目标。因为慷慨的目标需要的不仅是避免小气、吝啬的行动。斯旺顿指出，"以目标为中心"的理论排除第三种，因为它将正当性判断的标准诉诸总体德性而不是总体邪恶的避免。这就意味着在第一种和第二种之间有一个公开的选择。斯旺顿更喜欢第一种，因为德性的目标是最好的行动。①但"什么是最好的"可以不是一个单个的行动，而是许多行动中的任何一个，在这些行动中，没有一个应被排除。②

### 三、分析与评论

斯旺顿"以目标为中心"的理论同人们日常道德生活经验具有相容性。在青少年道德教育中，我们总是从青少年的行为入手，引导他们正确地行动。但是，正确的行动是什么，这需要取决于具体的德性。比如，我们要教育青少年诚信，但是，我们必须首先告诉青少年诚信是什么，然后才能提出诚信的具体要求。这种对诚信内容及要求的反思，就跟诚信的目标有关。以诚信最浅显的表现为例，假设诚信要求言而有信或者说到做到，那么，当一个青少年能够做到言而有信或者说到做到时，我们就会说这个青少年的行为是符合诚信的行为，是正确的行为，因为他的行为击中了诚信的目标。至于这个青少年诚信行为的动机，对于日常道德生活而言，不是一个会特别引起注意的方面。因为对于人们而言，道德落实于生活，尽管动机非常重要，但更重要的是行动者具体的行动表现。人们对行动者的道德评价，当然看重他/她是怎么想的，但是，更看重他/她是怎么做的，这就是"观其行"。

如果说按照斯旺顿的理论，一个行动的正确性取决于击中了德性的目标，那么，它会引起人们对其效果主义倾向的担忧。个人主义和功利

---

① Christine Swanton. *Virtue Ethics: A Pluralistic View*, Oxford: Oxford University Press, 2003, p. 240.

② Christine Swanton. *Virtue Ethics: A Pluralistic View*, Oxford: Oxford University Press, 2003, p. 240.

主义都是效果主义，区别在于利己主义强调个人利益的最大化，而功利主义强调最大多数人最大的幸福；利己主义偏倚个人，而功利主义对自我和他人持平等的态度。斯旺顿强调行为击中德性的目标，这种目标就是一种效果。因此，人们有理由认为，斯旺顿的德性伦理最终倒向了效果主义伦理，而且这种效果主义既可能是利己主义的后果主义，又可能是功利主义的后果主义，关键在于行动击中的德性目标的具体内容是什么。因此，达斯就评价斯旺顿的目标中心论是"德性伦理学与效果主义的混合"①。斯旺顿也承认她的理论"和行动效果主义存在一些结构上的相同之处"②。

由于斯旺顿看重的是行为击中的德性目标，因此，这就使得其理论在容忍道德运气方面明显不同于亚里士多德的德性伦理。在亚里士多德那里，以正义或者节制的方式行事，并不一定就是正义或者节制的人。行为者必须知道自己的行为，是因为行为本身有德才选择这样的行为，而且出自稳定的倾向。因此，在亚里士多德那里，有德的行为可以分为两种。一种是表面上符合德性要求的行为，一种是出自德性要求的行为。尽管亚里士多德承认，为了培养德性，我们需要做有德的事情，但是，这并不意味着做了有德的事情，行动者就是有德的。在这种意义上，亚里士多德避免了"道德运气"问题。但是，斯旺顿并不关心行为背后的内在状态，而只关注行为是否击中了德性的目标。因此，一种行为即使没有展现出德性的内在状态，但是，只要它击中甚至是凑巧击中了德性的目标，那么，这种行为就是有德的。这就难以解释歹徒救人的道德问题。歹徒的本意不是救人，而是杀人，但产生了意料之外的救人效果。按照斯旺顿的理论，歹徒的行为没有展现出德性的内在状态，但是，击中了德性的目标，因此这种行为就是正确的。这显然严重违反了人们日常生活的道德经验与道德直觉。斯旺顿始终坚持的信念是，对于一个被描述为有德的行动，它必须击中相关德性的目标，但不是典型地显示了所有的卓越，这些卓越使得它是一个出自相关德性状态的行动。事实上，一个偶尔举止得体的人可能根本不拥有举止得体的德性。因此，斯旺顿明确承认，"以目标为中心的观点会容忍道德运气的实现，因为正义可能

---

① Ramon Das. "Virtue Ethics and Right Action", *Australasian Journal of Philosophy*, 2003, Vol. 81, No. 3, pp. 324–339.

② Christine Swanton. *Virtue Ethics: A Pluralistic View*, Oxford: Oxford University Press, 2003, p. 226.

在一定程度上取决于不完全由行动人控制的结果"①。

为了论证某一特定方面的行为的高尚性（例如友好、公正或善良）可能造成错误（即可能对行为的正当性产生负面影响）的观点，斯旺顿使用了两个例子。其中一个是击中了友善的德性目标的行动者的例子。我们在一个会议上，有一个陌生人，看上去很孤独。他/她是一名外国人，英语水平有限，不能参加妙趣横生的和复杂的关于道德理论的讨论。我们的行动者蒂姆（Tim）表现了一个友善的行动，也就是说，去和陌生人交流。尽管如此，让我们审视这个情形更长远的特征。蒂姆异常渴望参加讨论，但是离开了，为了同陌生人说话。而这个陌生人可以做出更大的努力以其他方式自我消遣。这场同陌生人的交流是困难的，蒂姆并不喜欢。进言之，蒂姆总是做这种事情，牺牲自己的兴趣而做这种友善的行动。他决心加强自我保护和更加坚强，并鼓励其他人去完成他们那份繁重的任务。但他始终没有遵守决心。在这种背景下，行为的善性对行为的总体德性产生负面影响。②另一个例子涉及家庭正义。"我"教育"我"的孩子对公正不要过分，特别是在家庭的情境中。"我"希望他们更多关心、宽宏大量及慷慨。"公平分享"要求切蛋糕的人必须是最后取蛋糕的人。"我"让我的大儿子去切蛋糕。"我"注意到他切得不小心，而且无意识地取了最大的那份。"我"的小儿子高兴地取了那块比较小的。"我"没有表扬"我"的小儿子，而是让"我"的大儿子交换蛋糕，告诉他这是不公正的。"我"的干预是公正的，但在这种情况下，是错误的。干预的公正性就是在这种背景下表现出"我"行为的强迫性和低劣。③ 这种结论当然是有问题的。按照斯旺顿的说法，一个行动能够是公正而脆弱的、公正而恶意的、友爱而不公正的、自卫而不仁慈的，或者自立而不友善的、残忍而明智的、坚决而有害的、高效而冷漠的。确实，很多行为都是"顾此失彼"的，但是，我们不能以此否认行动的正确性。斯旺顿使用了"情境"或者"前后周边关系"中"最好的行为"以进一步说明行为的正确性。这就意味着，行动的正确性取决于"情境"或者"前后周边关系"。只要行为击中了德性在这个"情境"或者"前后周边关系"的目标，就是正确的。

---

① Christine Swanton. *Virtue Ethics: A Pluralistic View*, Oxford: Oxford University Press, 2003, p. 232.

② Christine Swanton. *Virtue Ethics: A Pluralistic View*, Oxford: Oxford University Press, 2003, pp. 243-244.

③ Christine Swanton. *Virtue Ethics: A Pluralistic View*, Oxford: Oxford University Press, 2003, p. 244.

拉蒙·达斯对赫斯特豪斯、斯洛特和斯旺顿的规范德性伦理学的理论追求提出了质疑。他认为，德性伦理学不能够提出一个与众不同的合理的正确性的标准。德性伦理学关注行动者的内在状态，而评价行动又要求注意行动者之外的外部世界的效果。尽管规范德性伦理学家对行动的正确性标准提出了种种解释，但是，这些解释并不成立。因为它们依赖的是某些被普遍接受的美德伦理学的理由，而这些理由本身又完全取决于没有任何解释的关于正确性的判断。因此，这样的解释导致了循环论证的诘难。它们直觉上的合理性使它们失去了有别于其他理论的德性伦理学的特征。①

德性伦理学是古希腊伦理学的根本形态。自近代以来，由于世俗世界对新教和天主教神学目的论的摒弃以及哲学和科学对亚里士多德伦理学目的论的拒斥，以康德伦理学和功利主义为代表的规范伦理学成为伦理学中居主导地位的道德哲学理论。这是德性伦理学的第一次规范化运动。20世纪50年代以后，现当代思想家和学者广泛批评了规范伦理学，并掀起了回归德性伦理学的运动。但在这场运动中，为了回应对行为正确性判断标准的理论诉求，现代德性伦理学阵营中再次出现规范化的动向，成为"规范德性伦理学"。反观西方伦理思想史中德性伦理学的两次规范化运动，它们出现的社会原因和文化背景虽有差异，而且是在不同的层面化德性为规范。第一次是以规范伦理学取代德性伦理学，规范的主导性地位确立，德性的支配性地位消解；第二次是坚持德性伦理学的主导地位，并使之扩展，使德性本身成为人类社会的规范来源，以取得类似规范伦理学的理论效果。但是，这两次德性伦理规范化运动都毫无例外地遭受到来自理论内部的批评，被认为或者导致人的迷失和疏离，或者导致德性伦理学本身独立地位的丧失。

安斯康姆呼吁，我们要以德性的概念来取代道德上正当或错误的概念，而赫斯特豪斯等人的规范德性伦理却重新启用了正当或错误的道德评价概念。现代西方德性伦理在论证德性伦理能够为行动提供规范化指引的学术发展中，基本上偏离了安斯康姆的呼吁。这种偏离反映了现代西方德性伦理生活中的一个悖论：既努力维护其重视行动者德性的理论特色，又渴望取得规范伦理普遍化的形式简洁。这是不是德性伦理在重

---

① Ramon Das. "Virtue Ethics and Right Action", *Australasian Journal of Philosophy*, 2003, Vol. 81, No. 3, pp. 324–339.

视普遍化原则的现代西方文化中无可逃避的困境呢？威廉姆斯指责规范伦理学犯了思想策略简单化和单调化的错误，机械地将自然科学的研究方法用于伦理学，试图把纷繁复杂的伦理现象归结为几条纯粹抽象原则的"理论"，然后将这些"理论"适用于所有理性人的道德推理和道德实践中的所有事件。但实际上，生活中的许多高尚行为并不能也不需要完全还原为义务式的话语。正如皮彻姆所说："在道德生活中，人们考虑最多的，常常不是不断地固守原则或规条，而是更倾向于可信的品性，善良的道德感，和依据真实的感情行事。"[①] "我们道德生活的绝大部分，其中对我们非常重要的绝大部分完全就不涉及正确性的概念。"[②]

---

[①] 转引自高国希《当代西方的伦理学运动》，载《哲学动态》2004年第5期。
[②] Ramon Das. "Virtue Ethics and Right Action", *Australasian Journal of Philosophy*, 2003, Vol. 81, No. 3, pp. 324 – 339.

# 第三章 环境德性伦理

人类环境难题的日趋复杂性,使得以功利主义和康德式道义论为主的规范伦理学日显理论疲惫。德性伦理学的复兴激发了伦理学家以德性伦理为思想资源探索和研究环境伦理的学术热情,并催生出一批引人注目的环境德性伦理学研究成果,使环境德性伦理学成为环境哲学研究中令人瞩目的风景。它以德性伦理为思想资源,处理当代紧迫的环境难题的理论构想,引起了环境哲学共同体内外广泛的关注。环境德性伦理学提出的一些德目具有重要的现实针对性,其进入环境难题的视角更新了对传统的应用伦理学的理解。弗拉兹(Geoffrey B. Frasz)指出,德性伦理在环境伦理学中的应用与其悠久的古典传统的历史地位极不相称。当代哲学家思考环境伦理问题总是倾向于以权利或者内在价值为起点。但是,"什么样的人会肆意破坏自然存在物"或者"对于非人类存在物的人道对待需要什么样的个人品格"的德性伦理方法会为环境伦理问题提供不同的、更有成效的洞见。①

## 第一节 环境德性伦理的兴起

在当代西方环境哲学研究中,环境德性伦理已经成为令人瞩目的学术风景。它以德性伦理为思想资源,处理当代紧迫的环境难题的理论构想,引起了环境哲学共同体内外广泛的关注。美国学者托马斯·E. 希尔(Thomas E. Hill, Jr.)是公认的当代西方"环境德性伦理的始创者"②。他于1983年发表的《人类卓越的理想和自然环境保护》揭开了当代西方环境德性伦理研究的序幕。

---

① Geoffrey B. Frasz. "Environmental Virtue Ethics: A New Direction for Environmental Ethics", *Environmental Ethics*, 1993, Vol. 15, pp. 259–274.
② Philip Cafaro. "Environmental Virtue Ethics Special Issue: Introduction", *Journal of Agricultural and Environmental Ethics*, 2010, Vol. 23, No. 1/2, pp. 3–7.

## 一、环境哲学的德性伦理转向

希尔的论文以鲜活的生活实例开始，集中探讨的是人和动物之外无知觉能力的自然环境的保护问题。他的一位富人邻居新购买的别墅院内原本生长着美丽的青草、鲜花和其他植物，一棵巨大而古老的油梨树为别墅投下了夏日的荫凉。可是，草需要修剪，花需要照顾，邻居不愿意从事这些体力活，而且他希望享受更多的阳光。于是，这位富人邻居铲除了所有的花草植物，砍倒了油梨树，铺上了沥青。这种破坏自然环境的事件会激发环境保护主义者的愤慨和民间观察家不同程度的道德不安（moral discomfort），因为破坏行为劫掠了人类与动物对自然环境潜在的使用与享受。动物依赖自然环境；植物不但给人类提供了审美愉悦，而且可以为人类补充和净化空气。但是，希尔反问：除了这些效用上的担忧，难道就没有其他令我们道德不安的理由吗？我们只是为了自身、后代或者动物的使用或者享受而关心自然环境吗？希尔认为，如果我们只是根据成本—收益法则去理解自然环境保护，那么，不能完全解释人们目睹自然环境遭受破坏时的道德不安。根据这种法则，如果"替代"自然环境的利益超出了其消极的代价，如果相应的人类权利和动物权利在赞成和反对破坏自然环境的问题上平均分配，如果自然环境中不再生活着具有潜在使用价值而濒临险境的动植物，那么，我们应当由此失去对自然环境的道德关心吗？我们对破坏自然环境的行为应当无动于衷吗？在希尔看来，答案显然是否定的。那么，面对森林等自然环境受到破坏时，除了自然环境作为人类和动物资源的丧失以外，我们道德不安的原因是什么呢？

希尔发现，无论诉诸"植物的权利或利益受到忽视吗"，还是"上帝对这种事件的意志是什么"，或者"一棵树或一片森林存活的内在价值是什么"，都无法获得令他自己满意的充分的解释。① 根据植物的利益或者权利理论，破坏自然环境不只是忽视了人类和动物的福利和权利，而且未能对植物的生存和健康给予应有的重视。但是，希尔认为，这种解释在实践上站不住脚。我们确实会谈及什么有益于植物，但是，这并不表明它们就因此在道德意义上有了利益。而且森林因其拥有生存的权利而应当得到保护的观点，并不是一个具有广泛共识的道德意识。宗教

---

① Thomas E. Hill, Jr.. "Ideals of Human Excellence and Preserving Natural Environments", *Environmental Ethics*, 1983, Vol. 5, No. 3, pp. 211–224.

信仰认为,所有的活物都是来自上帝的创造;上帝照顾着它们,并委托人类为了有限的目的而使用动植物;另外,如果一个人相信在所有的自然存在物中都有一种内在的天赐的力量,那么,他就不应也不会只照顾有知觉的生物。希尔提出,宗教信仰的解释需要强劲且有争议性的前提,并且这种解释只能在有限的受众中传播。内在价值理论主张,事物的某种状态具有内在的价值。因此,即使缺乏有知觉的生命,一棵独立生长的茂盛的树木也具有内在价值。我们不破坏自然环境的理由独立于它们对人类和动物的影响之外。希尔认为,这种理论的背后有着深厚的直觉主义,可是,人们可以对直觉主义提出批评;即使人们接受直觉主义的基础,要使每个人都认可森林等自然环境的内在价值也是不可能的。

因此,希尔建议:"我们应该从一个不同的视角考虑这个问题。这就是,我们必须暂时从寻找为什么某种破坏自然环境的行为在道德上是错误的理由的努力中,转向使我们人类卓越的理想被清晰表达的古老使命中。"① 因此,与其同环境破坏论者直接争论破坏环境的行为为什么不道德,不如反思什么类型的人会破坏环境。这就提出了一个不同的道德问题。"因为即使没有令人信服的办法表明,破坏性行为是错误的(与人类和动物的使用和享受无关),我们也可能发现沉溺于破坏自然的意愿,从道德上讲,反映了缺乏我们钦佩和尊敬的重要的人类特征。"② 正如一个纳粹分子严肃地提出"假如我自己并没有杀死受害者以获取人皮,那么,我用人皮做灯罩为什么是错误的"这一问题时,我们会因此倍感震惊和厌恶,而不只是义愤。因为它揭示了提问者的一种缺陷而不只是行为本身是不道德的。

希尔的论文被环境德性伦理研究共同体公认为揭开了当代西方环境德性伦理研究的序幕,为西方环境伦理研究带来了新的视角。众所周知,环境伦理学作为应用伦理学的重要分支类型,自问世伊始,就秉承了应用伦理学的理论致思特质。这就是以规范伦理学为理论背景,以社会中的道德难题为实践面向,致力于提供对环境实践问题的道德哲学批判、反思或者辩护。因此,环境伦理学就成为规范伦理学理论在具体环境领域的应用,特别是以功利主义和康德式道义论为主导的道德原则的具体应用。因此,在西方伦理学教科书或者一般性学术论著中,环境伦理学

---

① Thomas E. Hill, Jr.. "Ideals of Human Excellence and Preserving Natural Environments", *Environmental Ethics*, 1983, Vol. 5, No. 3, pp. 211–224.
② Thomas E. Hill, Jr.. "Ideals of Human Excellence and Preserving Natural Environments", *Environmental Ethics*, 1983, Vol. 5, No. 3, pp. 211–224.

或者广义的应用伦理学的学术表达方式主要是，在识别具体社会案例的基础上，找出其隐含的道德难题，然后以不同的规范伦理学所提出的道德原则分别应用之，得出不同的行动方案。在这种意义上，环境伦理学或者应用伦理学的核心问题是"我应该如何行动"。它以原则为基础，以行动为导向，其实质就是道德原则的实践应用，带有明显的简化论者的心态。由于它关注的是道德主体行动的道德合理性，因此，道德主体的品质状态始终无法真正进入传统应用伦理学的视野。

希尔的《人类卓越理想和自然环境的保护》思考的中心不是试图证明自然的内在价值或者使非人类的权利合法化，而是反思"什么样的人会倾向于破坏自然环境"以及"如果我们肆意破坏自然环境，那么我们将会变成什么样的人"。[1] 这就使得环境伦理研究的范围扩展到包括直接与道德主体相关的问题，引导到对道德主体品质的关心，从"我应该怎么做"拓展到"我应该成为什么类型的人"。由于环境德性伦理评价的焦点在于主体处置环境疑难时所呈现的内在品质，因而它就可以回避功利主义或者康德式道义论面临的一些道德难题。正如赫斯特豪斯在对流产的讨论中提出，从德性伦理学的视角来看，因为完全不重要的原因而使一个胎儿被流产，胎儿是否被视作一个人，并不具有特别重要的道德意义。任何一个因自身完全微小的利益而准备牺牲胎儿生命的人，明显缺乏重要的品质德性。[2] 因此，如果当代人的一种行为（例如过渡捕捞）危及了未来人的利益，那么，那些未来人是否已经是自主的个体或成为当代人共同体的成员，不是道德讨论的核心命题；重要的是认识到那种威胁后当代人展示的性情。

当代西方环境德性伦理研究学者比尔·肖（Bill Shaw）在《奥尔多·利奥波德的大地伦理学的一种德性伦理学方法》（*A Virture Ethics Approach to Aldo Leopold's Lands Ethic*）中指出，"在德性伦理学中，我们可以不再因环境对我们有什么权利而困扰，不再因我们对环境的什么权利有所侵犯而不安，可以集中更重要的问题，这就是，作为道德主体（moral agents），我们应该怎样理解并同情其他的环境共同体"；这种视野的转换使得"我应当成为什么类型的人"成为环境伦理学中基本的道

---

[1] Thomas E. Hill, Jr. . "Ideals of Human Excellence and Preserving Natural Environments", *Environmental Ethics*, 1983, Vol. 5, No. 3, pp. 211–224.

[2] Rosalind Hursthouse. "Virtue Theory and Abortion", *Philosophy and Public Affairs*, 1991, Vol. 20, No. 3, pp. 223–246.

德问题。① 比尔·肖指出，奥尔多·利奥波德以大地作为一个相互关联、相互依存的社会网络的隐喻，理解利奥波德的"大地伦理"的一种方法是把它看作一套对自然系统（生态系统）按照其意图（purpose）或者目的（telos）演变或发展的态度和实践。② 利奥波德将人类与非人类视为生态系统的"公民"，并要求人类公民重新评价和确立对待非人类公民的德性观念，以使人类公民和非人类公民能够和谐相处，使非人类公民展示或者实现其目的。利奥波德认为"最终的善"不是幸福，而是"生命""生活""社区"的和谐。生物群落是由包括非人类和人类成员在内的自然、生命系统组成的共同体，人类从土地的主人变成了共同体内普通的成员和公民同胞，人权、人类利益和人类偏好不能再享有特权和占据主导地位，共同体的和谐特别是完整、稳定、美丽的社区成为终极的善。因为人类被包括在生物群落共同体里，所以利奥波德潜在的假设是"对人类有益"与"对生物群体有益"具有兼容性。

比尔·肖指出，根据利奥波德的思路，当人类从征服者转变为共同体的普通成员和土地的公民，那么，人类就必须对生物群落和社区其他公民表示尊重，生物群落和社区其他公民拥有继续存在的权利。这并不是禁止人类变更、管理和使用生物群落和社区其他公民，不是禁止人类将生物群落和社区其他公民作为资源，而是要求人类必须对生物系统的完整性保持一种基本的道德观念，使用土地的需要并不能使人类获得彻底的滥用土地的自由。生物群落和社区其他公民具有内在价值，人类无权掠夺或浪费、毁灭或破坏自然系统。因此，利奥波德呼吁爱、尊重、对土地的崇拜以及对土地哲学意义上的价值的高度重视。

但是，比尔·肖提出，利奥波德的大地伦理面临着严重的紧张关系。这源于他不但认为生物群落的完整性是大地伦理的根本问题，而且他承认生物群落的不同组成部分存在相互竞争的利益，由此就必然牵扯出成功地理解和裁决相互竞争的利益群体之间冲突的难题。"我们将内在价值赋予生物群落的参与者的合理性是什么？利奥波德认为土地拥有权利继续存在的依据是什么？这是一种道德权利，还是一种法律权利，抑或是两者兼而有之？此外，即使我们根据价值或利益给予这些权利，那么，

---

① Bill Shaw. "A Virtue Ethics Approach to Aldo Leopold's Land Ethics", in: Ronald Sandler and Philip Cafaro (eds.). *Environmental Virtue Ethics*, Maryland: Rowman & Littlefield Publishers, Inc., 2005, p. 99.

② Bill Shaw. "A Virtue Ethics Approach to Aldo Leopold's Land Ethic", *Environmental Ethics*, Spring 1997, Vol. 19, pp. 53–67.

我们应该如何裁决相互竞争的利益和权利主体之间的冲突？我们真的想要把环境伦理的概念建立在权利的一系列问题上吗？"① 比尔·肖提出，"德性语言让我们能够规避或者至少把这些引起分歧的问题搁置一旁"②，转向探索培养对环境的态度和习惯。比尔·肖强调，根本的道德问题不是"谁反对我"，而是"我应该是什么样的人"，将这个根本的道德问题放置到充满复杂性和不确定性的生态关系中，就需要我们考虑，"一个人应该如何行动来促进所有生命群体的福祉"。

## 二、破坏环境意愿特征的揭示

希尔认为，尽管对无知觉的自然的冷漠并不必然反映了德性的缺乏，但它通常标志着我们渴望鼓励的某种特征的缺乏。这些特征是某种德性发展的一种自然基础。希尔具体分析了破坏自然环境的意愿所揭示的两种特征：缺乏关于人类在自然秩序中位置的一种恰当的理解；缺乏审美敏感性或缺乏珍惜使我们生命丰富的事物的一种性情（disposition）。这些尽管本身不是德性，但是它们是理解他人优点及感激的一种自然基础。

希尔指出，环境破坏者缺乏对他们在宇宙中位置的恰当理解。他们的注意力似乎集中于空间和时间相对接近的东西。"他们似乎不理解我们是宇宙中的一个小点，进化过程中一个短暂的片段，只是地球上数百万物种中的一员，人类历史过程中的一段插曲。当然，他们知道有星星、化石、昆虫和古老的遗址，但是，他们会认识到导致我们所发现的自然世界进程的复杂性的观念吗？他们会意识到，在他们体内运作的力量如何类似于统治所有生存的事物的力量，甚至如何与无生命体相同吗？"③ "诚然，科学知识是有限的，而且没有一个人能完全掌握。但是，如果一个人对其在自然中的位置有着宽广和深层的理解，他真的会对破坏自然环境的行为无动于衷吗？"④

理解自身在宇宙中的位置，不只是智力理解，也是一种视角，因为也许有些人会因无知而漠视自然。但是，即使是研究过天文学、地质学、

---

① Bill Shaw. "A Virtue Ethics Approach to Aldo Leopold's Land Ethic", *Environmental Ethics*, Spring 1997, Vol. 19, pp. 53 – 67.

② Bill Shaw. "A Virtue Ethics Approach to Aldo Leopold's Land Ethic", *Environmental Ethics*, Spring 1997, Vol. 19, pp. 53 – 67.

③ Thomas E. Hill, Jr.. "Ideals of Human Excellence and Preserving Natural Environments", *Environmental Ethics*, 1983, Vol. 5, No. 3, pp. 211 – 224.

④ Thomas E. Hill, Jr.. "Ideals of Human Excellence and Preserving Natural Environments", *Environmental Ethics*, 1983, Vol. 5, No. 3, pp. 211 – 224.

生物学和生物化学的人，也可能依然不因将无知觉的环境只视作人类使用的资源而羞愧。同时，根据休谟法则，我们不能够从"是"推导出"应当"。所有的生物学和生物化学等的事实，不意味着"我"应当热爱自然或者渴望保护自然。一个人理解的是一回事，他/她所珍视的是另一回事。正如热爱自然的人不必然是科学家，那些对自然无动于衷的人不必然是对自身在宇宙中位置无知的人。理解自身在宇宙中的位置就是将自己视作自然的一部分，从宇宙的视角思考自己和世界的关系。"这个视角不同于能够从自然科学列举详细的信息。自然破坏者缺乏的是这种视角，而不是特定的信息。"①

理解自身在宇宙中的位置，也是一种态度，它反映了一个人珍视的及他/她所知道的。例如，当我们说卑躬屈膝的人和傲慢无知的人没有理解自己在平等社会中的位置时，我们不但是指他们对某些经验事实无知，而且是指他们在将其重要性与他人相比较时有某些令人反感的态度。同样，没有理解一个人在自然中的位置，不但因为缺少知识或者宽广的视角，而且对重要的事情会采取某一种态度。理解其在自然中的位置但依然只将无知觉的自然视作资源的人采取的态度是，除了人和动物之外，没有什么是重要的。他/她更像种族主义者，尽管意识到其他种族，但除自己的种族外，将其他的种族看作是不重要的。

理解自身在宇宙中的位置，是恰当的谦逊的自然基础。恰当的谦逊要求承认无知觉自然的重要性，不能狭隘地将他们的关心限定在与他们相似的物种中。谦逊的主要障碍是自负（self-importance）。我们克服自负的过程无疑繁复。但是，如果他们只关心我们怎样与其他人及动物相关，那么，就不可能克服自负。学会谦逊要求学会感知事物的重要性，学会因其自身的原因而珍视事物。"如果一个人将所有无知觉的自然只视作一种资源，那么，他发展出克服自负所必需的能力，似乎是不可能的。"②

恰当的谦逊不但指就其他人而言自己的相对重要性意识，而且包括一种自我接受（self-acceptance）。自我接受不只是智力意识，因为一个人能够理智地意识到他/她正在变化并最终死去，然而，尽管如此，他/她却以一千种愚蠢的行为方式拒绝承认这些事实。另一方面，自我接受

---

① Thomas E. Hill, Jr. . "Ideals of Human Excellence and Preserving Natural Environments", *Environmental Ethics*, 1983, Vol. 5, No. 3, pp. 211–224.

② Thomas E. Hill, Jr. . "Ideals of Human Excellence and Preserving Natural Environments", *Environmental Ethics*, 1983, Vol. 5, No. 3, pp. 211–224.

不是被动的顺从。特定的行为，如剪去灰白色的头发和穿上二十来岁年轻人的衣服，并不必然暗示自我接受的缺乏。因为如此行动并不必然代表将真实的自我隐藏起来的渴望。当一个人的行为方式和情感来源于一种否认自己特征的渴望，自我伪装，那么，这个人就未能接受自己。这并不是说一个自我接受的人对自己不做价值判断，他/她喜欢关于他/她的所有事实，渴望平等地发展和展示它们。相反，他/她能够且应该为其过去的恶行而懊悔，并努力改变当前的邪恶。问题的核心在于，他/她不拒绝否认它们，假装它们不存在或与他/她自己无关。伪装是与恰当的谦逊不一致的，因为他/她视自己优于他/她所是。自我接受同保护自然有什么关系呢？希尔指出，由于我们人类是自然的一部分，因而生活、成长、衰弱及死亡的自然法则类似于统治其他生命存在的法则。尽管我们拥有一个令人惊叹的独特的人类权力，但是我们分享了动植物许多需要、局限和责任。不只是体验自然不经意间促进了自我接受，而且那些完全将他们接受为自然世界部分的人，不会沉溺于破坏自然而切断其与自然的联系。准备毁坏古老的红树林的人也缺乏谦逊，不是因为他/她夸大了自己相对于他者的重要性，而是他/她试图免于将自己视作自然生物的成员。

希尔提出，对无知觉的自然无动于衷同时揭示了要么缺乏一种审美敏感性，要么缺乏感激的一些自然基础。希尔意识到，环境破坏论者会提出，即使他们确实缺乏美的意识，但这不是道德邪恶。希尔认为，即使是在不同的哲学传统中，审美和道德的区别并不是判若两分。对美的理解是人类一种卓越的能力，它是道德上理想人物应努力发展的。即使审美敏感性本身不是一种道德德性，但作为审美前提的许多心脑能力也为理解他人所需。例如，好奇、向新颖开放的头脑、从陌生视角思考的能力、移情想象、对细节的兴趣等，所有这些以及更多，似乎对审美敏感性是必需的，但它们也是一个人善解人意的特征。对自然中美的钝感反映了头脑和精神的开放的缺乏。这种开放是理解人类优点所必需的。

环境破坏论者会坚持认为，他/她真的欣赏自然的美。"我喜爱自然的美，同任何人一样，但是，我不知道这同独立于人类享用和使用去保护自然有什么关系。无知觉的自然是一种资源，但其最佳用途之一就是给我们提供快乐。当我计算保护一处公园、栽种一所花园等等的成本和收益时，我将这个考虑在内。但是，你提出的问题明显不顾将保护自然作为一种享用的手段的渴望。我认为，当我们可以时，尽情享受自然；但如果明天所有的有知觉的生物存在将会死去时，我们也可以摧毁所有植物的生命。一片无人能够使用或者享用的红树林完全没有价值。"①

希尔认为,这里所表达的态度,不是一个普遍的态度,但是,它代表了一个哲学的挑战。当一个人喜欢某物时,一种普通且可能自然的反应是,他/她会珍惜它。珍惜某物意味着因其自身之故而关心它。这并不表明我们有必要将它看作有感觉,由此渴望它感觉美好;也不表明我们有必要认定它具有内在价值。我们只是希望它生存以至繁荣,而不只是出于对其功用的考虑。因此,如果一个人真的从自然环境中获得了快乐,却在有知觉的生命结束时毁弃自然环境,那么,他/她将缺乏这种普遍的珍惜那些使我们的生命变得丰富的事物的人类倾向。"尽管这种反应本身不是道德德性,但它是我们称作'感激'德性的自然基础。"② 缺少珍惜给予他们快乐的事物的倾向的人,很少会发展出对善待他们的人的感激的德性;而未能对自然心怀感激的人,也很难显现出对人的恰当的感激。③

### 三、西方环境德性伦理的发展

自从 1983 年希尔发表《人类卓越的理想和自然环境保护》以来,环境德性伦理已然成为当代西方环境哲学研究中充满生机的领域,其以德性伦理为思想资源进入环境哲学的独特方法催生出一批引人注目的学术成果。其中具有代表性的论文主要有弗拉兹(Geoffrey Frasz)的《环境德性伦理:环境伦理学的新方向》(Environmental Virtue Ethics: A New Direction for Environmental Ethics)(1993)、罗恩·埃里克森(Ron Erickson)的《论环境德性伦理学》(On Environmental Virtue Ethics)(1994);比较有影响的著作(含论文集)包括卡法罗(Philip Cafaro)的《梭罗的生活伦理学:瓦尔登湖和德性的追求》(Thoreau's Living Ethics: Walden and the Pursuit of Virtue)(2004)、桑德勒(Ronald Sandler)的《品德与环境:环境伦理学的一种德性导向的方法》(Character and Environment: A Virtue-Oriented Approach to Environmental Ethics)(2007)、桑德勒与卡法罗合编的《环境德性伦理学》(Environmental Virtue Ethics)(2005)以及《农业与环境伦理学杂志》(Journal of Agricultural and Environmental Eth-

---

① Thomas E. Hill, Jr.. "Ideals of Human Excellence and Preserving Natural Environments", *Environmental Ethics*, 1983, Vol. 5, No. 3, pp. 211 – 224.

② Thomas E. Hill, Jr.. "Ideals of Human Excellence and Preserving Natural Environments", *Environmental Ethics*, 1983, Vol. 5, No. 3, pp. 211 – 224.

③ Thomas E. Hill, Jr.. "Ideals of Human Excellence and Preserving Natural Environments", *Environmental Ethics*, 1983, Vol. 5, No. 3, pp. 211 – 224.

ics）推出的《环境德性伦理学特刊》(*Environmental Virtue Ethics Special Issue*)(2010)。

希尔的论文虽提出并分析了"什么类型的人倾向于破坏环境",在环境伦理的研究框架内引进了德性伦理的视角,但是,很显然,他对以德性伦理处理环境伦理的合理性分析并不充分,对环境德性伦理理论和历史资源的挖掘未能展开,对环境德性伦理德目的具体内容依然停留在粗浅的阶段,而更遑论探索环境德性伦理的实践应用。这些未能开启或者回答的问题就成为希尔之后西方环境德性伦理研究关注的重要领域。

**1. 反思环境德性伦理的优势**

佐林斯基和谢密兹（Matt Zwolinski and David Schinidtz）通过反思现行规范伦理处理环境问题时的不足来引发对环境德性伦理的关注。他们在《德性伦理学和使人反感的结论》中提出,所有以行为为基础的规范伦理学理论都会面对"令人反感的结论"问题,我们需要将以行为者为基础的考量增进我们的道德"工具箱",转向对德性伦理学的关注和悦纳。① 但桑德勒（Ronald Sandler）对此有不同的看法。他既宣称环境伦理学家应当是以德性为导向的伦理学家,② 又认为环境哲学研究中的德性伦理方法,与功利主义、康德式道义论甚至契约主义的方法,不是相互排斥而是共生共容,德性伦理同其他主流的环境伦理学理论互补而非排他。③ 豪特（Paul Haught）的《休谟的无赖与非人类中心主义德性》借助休谟提出的无赖原则,挑战了当代非人类中心主义的环境德性伦理学。他指出,如同其他的非人类中心主义的环境伦理,非人类中心主义的环境德性伦理学会发现,它很难吸引那些倾向于人类中心主义德性的人。尽管如此,他相信,环境德性伦理学由于通过具体德性的解释而可以连接人类中心主义和非人类中心主义之间的动机裂缝,因此会更有优势。④

---

① Matt Zwolinski and David Schmidtz. "Virtue Ethics and Repugnant Conclusions", in: Ronald Sandler and Philip Cafaro (eds.). *Environmental Virtue Ethics*, Maryland: Rowman & Littlefield Publishers, Inc., 2005, pp. 107 – 120.

② Ronald Sandler. "Ethical Theory and the Problem of Inconsequentialism: Why Environmental Ethicists Should be Virtue-Oriented Ethicists", *Journal of Agricultural and Environmental Ethics*, 2010, Vol. 23, No. 1/2, pp. 167 – 183.

③ Ronald Sandler and Philip Cafaro (eds.). *Environmental Virtue Ethics*, Maryland: Rowman & Littlefield Publishers, Inc., 2005, p. 2.

④ Paul Haught. "Hume's Knave and Nonanthropocentric Virtues", *Journal of Agricultural and Environmental Ethics*, 2010, Vol. 23, No. 1/2, pp. 129 – 143.

## 2. 追溯环境德性伦理的资源

尽管1983年希尔发表《人类卓越的理想和自然环境保护》被认为是环境德性伦理的肇始，但是，卡法罗（Philip Cafaro）认为，那只是环境德性伦理引起人们广泛关注的转折点；事实上，环境德性伦理的思想资源更久远且丰富。卡法罗建议，环境德性伦理可以追溯到1853年梭罗《瓦尔登湖》的出版，甚至应该回归到亚里士多德的《政治学》和老子的《道德经》。[①] 泰列费罗（Charles Taliaferro）分析了宗教环境伦理学中的邪恶与德性。[②] 但是，针对佛教传达了环境德性伦理的观点，达迈恩（Keown Damien）提出了不同的看法。他认为，由于佛教所持有的创世说以及世界衰败论，因而它不可能关注生态环境。[③] 温斯维恩（Louke van Wensween）在《生态德性语言的显露》中考察了现代环境伦理学发展中隐含着的德性伦理表达，形成了环境德性伦理学的德性谱系学。[④] 斯万顿曾在《德性伦理学：一种多元的视野》中提出，欣赏自然和尊重非人存在物是重要的德性，但是，对之过分强调会使人陷入道德困境。一方面，为了公正地履行对环境的责任，重视自然本身的价值是必要的；另一方面，生存的需要似乎将人类推向一个更人类中心主义的方向。[⑤] 他在《海德格尔的环境德性伦理学》中提出，海德格尔的哲学为化解这种紧张提供了一种可行的方式。[⑥] 这就表明，环境德性伦理的理论资源，不但有着悠久的传统智慧，而且勾连着丰富的当代思想。

## 3. 呈现环境德性伦理的范例

德性伦理重视角色模范对行动者道德品质成长的示范作用。当代西方环境德性伦理秉承了德性伦理的这种传统，通过刻画典范人物合德性的生活，激发人们追求类似生活的愿望。《梭罗的生活伦理学：瓦尔登湖

---

[①] Philip Cafaro. "Environmental Virtue Ethics Special Issue: Introduction", *Journal of Agricultural and Environmental Ethics*, 2010, Vol. 23, No. 1/2, pp. 3 – 7.

[②] Charles Taliaferro. "Vices and Virtues in Religious Environmental Ethics", in: Ronald Sandler and Philip Cafaro (eds.). *Environmental Virtue Ethics*, Maryland: Rowman & Littlefield Publishers, Inc., 2005, pp. 159 – 172.

[③] Keown Damien. "Buddhism and Ecology: A Virtue Ethics Approach", *Contemporary Buddhism*, November 2007, Vol. 8, No. 2, pp. 97 – 112.

[④] Louke van Wensween. "The Emergence of Ecological Virtue Language", in: Ronald Sandler and Philip Cafaro (eds.). *Environmental Virtue Ethics*, Maryland: Rowman & Littlefield Publishers, Inc., 2005, pp. 15 – 30.

[⑤] Christine Swanton. *Virtue Ethics: A Pluralistic View*, Oxford: Oxford University Press, 2003.

[⑥] Christine Swanton. "Heideggerian Environmental Virtue Ethics", *Journal of Agricultural and Environmental Ethics*, 2010, Vol. 23, No. 1/2, pp. 145 – 166.

和德性的追求》通过集中分析自然作家亨利·大卫·梭罗（Henry David Thoreau）的《瓦尔登湖》，将梭罗描绘成实践环境德性伦理的历史范例。卡法罗认为，梭罗在《瓦尔登湖》中表达的对于善生活的理解，包括了关于健康、自由、快乐、友谊、丰富的知识，对自己、自然和上帝的知识，自我的文化以及个人的成就。① 梭罗的生活哲学涵盖了"人类的多样性、浪漫和人人平等主义的因素等，以及给这种生活伦理提供了自然主义的基础的正常的、内在的能力"②。卡法罗认为："《瓦尔登湖》描述了一个以追求自我和自然知识为中心的个人发展和丰富经验的生活。它提倡道德、智力和创造性的努力。梭罗时而斥责读者的惰性和对生活要求过高的失败，时而用公平的可能性、高尚的理想和对自己成功的描述来引诱他们前进：梭罗舒舒服服地待在他精心建造的小屋里，面对冬天的狂风暴雨；梭罗漂浮在瓦尔登湖夏季平静的水面上，手里拿着钓竿，象征着个人的平衡和与周围环境的和谐。"③ 因此，"以《瓦尔登湖》为整体，梭罗对美好生活的看法呈现出一幅清晰的画面，其中包括健康、自由、快乐、友谊、丰富的经验、知识（关于自我、自然、上帝）、自我修养和个人成就。他详细地说明了他对这些善事物的追求，通常是根据他与自然的关系。对于梭罗来说，自由不仅包括没有肉体上的强迫，还包括有时间去探索周围的环境，以及在不因非法闯入而被逮捕的情况下漫步于当地风景的特权"④。

卡法罗的论文《梭罗、利奥波德和卡尔逊：通往一种环境德性伦理学》（Thoreau, Leopold, and Carson: Toward and Environmental Virture Ethics）又将利奥波德（Aldo Leopold）和卡逊（Rachel Carson）作为环境德性伦理的历史范例，认为利奥波德的生活中展现了耐心、渴望、忍耐、坚持、敏锐的感知、精准的辨析以及恰如其分的描述等美德。《寂静的春天》显示了卡逊对包括人类和非人类在内的所有生命的关心，其中很多论证都明确地断言或含蓄地表示应该对非人类有机物给予道德关怀。⑤ 卡

---

① Philip Cafaro. "Thoreau, Leopold, and Carson: Toward An Environmental Virtue Ethics", *Environmental Ethics*, 2001, Vol. 22, No. 1, pp. 3 – 17.

② Philip Cafaro. *Thoreau's Living Ethics: Walden and the Pursuit of Virtue*, Athens, GA.: The University of Georgia Press, 2004, pp. 111 – 112.

③ Philip Cafaro. "Thoreau, Leopold, and Carson: Toward an Environmental Virtue Ethics", *Environmental Ethics*, Spring 2001, Vol. 22, pp. 3 – 17.

④ Philip Cafaro. "Thoreau, Leopold, and Carson: Toward an Environmental Virtue Ethics", *Environmental Ethics*, Spring 2001, Vol. 22, pp. 3 – 17.

⑤ Philip Cafaro. "Thoreau, Leopold, and Carson: Toward An Environmental Virtue Ethics", *Environmental Ethics*, 2001, Vol. 22, No. 1, pp. 3 – 17.

法罗提出,《寂静的春天》清楚地展示了卡逊对所有生命、人类和非人类的关注。一个完整的人是一个人性的人,对他人的痛苦感到同情;真正的文明不会主宰或毁灭非人类世界,它保护并试图理解非人类世界。她主张非人类的道德考虑能力,并断言我们的自私的人类利益实际上与它的承认相协调。我们的利益和非人类世界的利益基本上是一致的,有两个原因:首先,我们生活在同一个环境中。因此,我们不能在不毒害自己的情况下毒害其他动物。第二,保护自然有助于促进人类的幸福和快乐。卡法罗认为,非人类中心主义是卡逊道德哲学的关键,它包含了三个互补的、同样具有挑战性的禁言。这就是"尊重自然""了解大自然"和"把自己置于恰当的角度"。卡法罗分析指出,对卡逊来说,傲慢既是智力上的失败,也是道德上的失败。卡逊建议,那些对自然或自然的破坏没有感情的人是有问题的。她认为,情感依恋、审美鉴赏以及与特定地方的每一种联系都应该与对严谨科学的追求相辅相成,因为这些都促进了我们对自然的理解和欣赏,从而改善了我们的生活。①

比尔·肖指出,利奥波德的"大地德性"是诸种有助于生物群落"完整、稳定和美丽"的善的德性总称,不是废除或取代已有的社会或人际德性,而是或者为已有的社会或人际德性提供了新内容,或者与已有的社会或人际德性相适应相补充。比尔·肖提出了尊重(生态敏感性)、审慎和实践智慧这三个重要的大地德性。尊重生物群落及由此扩展的生态系统和终极生物圈,等同于尊重带有一种目的的事物。有目的的事物就其字面意义而言就是带有意图从而具有内在价值的事物。尊重生物群落及由此扩展的生态系统和终极生物圈的目的就是尊重其内在价值,也就是尊重其"完整、稳定和美丽"的善。审慎是一种古老的智慧,对生态系统的善有特殊的意义。它要求我们追求开明的、长远的幸福,而非狭隘的、短期的偏好,并为此培养"不急于判断"的习惯,而是应该深思熟虑和考虑周到,将生态系统的福祉与人类的利益联系起来。因此,基于审慎德性的行动过程可以表现出高度开明的利己主义,但不是自私。实践智慧要求对生态社会及其成员相互竞争的利益主张表现出"敏感性"。一个开明的决策者应该在多大程度上重视人类对食物、衣服和就业的实际需求,以及在多大程度上重视对这些生态系统的保护,这没有任何规则可以保证一个正确的答案。但是当一个人必须做出选择,而这些

---

① Philip Cafaro. "Thoreau, Leopold, and Carson: Toward an Environmental Virtue Ethics", *Environmental Ethics*, Spring 2001, Vol. 22, pp. 3–17.

选择的结果又具有不确定性时,那么,他/她必须使其决定建立在有助于生物群落的"完整、稳定和美丽"以及不以人类的"完整、稳定和美丽"为中心的前提下。

**4. 勾画环境德性伦理的德目**

既然环境德性伦理的核心问题是"我应当成为什么类型的人",那么,它就必须对这种人的特质或者性情做出理论上的描述。卡法罗的《暴食、自大、贪婪和冷漠:环境邪恶探究》提出,暴食不但扭曲了人类的品德,使我们无法经历深层的幸福,而且导致动植物生活环境的恶化和某些物种的消亡;过于冷漠或者自大以致不能欣赏这些价值的人的生活是赤贫的。① 他提出的环境德目还包括简朴(simplicity)和爱国主义(patriotism)。简朴不是思想或体验上的简单,而是对物质商品的克制态度。如果消费得更少,那么,我们会生活得更好;简朴的物质生活是一种德性,有助于人类和自然生态的繁荣。② 卡法罗希望将爱国主义作为环境欣赏和保护的一个重要德目,以此调和环境保护问题上自由主义和保守主义。③ 弗拉兹探究了环境德性伦理的仁慈德目,认为"如果仁慈是一种环境德性,那么,一位环境上的好人,对人类和非人类他者的幸福、繁荣、健康、利益或者福祉,具有一种积极和始终如一的关心。一位环境上的好人,对于提升构成大地的所有其他成员的繁荣,有着积极的兴趣。向非人类他者关心的范围的扩展,组成环境仁慈的首要特征"④。桑德勒提出的具体环境德性的德目主要有爱(love)、谨慎(consideration)、感恩(gratitude)、节制(temperance)、节俭(frugality)、和谐(attunement)、谦逊(humility)、开放(openness)、同情(compassion)、关心(care)、仁慈(benevolence)、诚实(honesty)等。⑤ 诺克(Kathryn J. Norlock)的《宽恕、悲观与环境公民》提出,宽

---

① Philip Cafaro. "Gluttony Arrogance Greed and Apathy: An Exploration of Environmental Vices", in: Ronald Sandler and Philip Cafaro (eds.). *Environmental Virtue Ethics*, Maryland: Rowman & Littlefield Publishers, Inc., 2005, pp. 135 – 158.

② Joshua Gambrel and Philip Cafaro. "The Virtue of Simplicity", *Journal of Agricultural and Environmental Ethics*, 2010, Vol. 23, No. 1/2, pp. 85 – 108.

③ Philip Cafaro. "Patriotism as an Environmental Virtue", *Journal of Agricultural and Environmental Ethics*, 2010, Vol. 23, No. 1/2, pp. 185 – 206.

④ Geoffrey Frasz. "Benevolence as Environmental Virtue", in: Ronald Sandler and Philip Cafaro (eds.). *Environmental Virtue Ethics*, Maryland: Rowman & Littlefield Publishers, Inc., 2005, pp. 125 – 126.

⑤ Ronald Sandler. *Character and Environment: A Virtue-Oriented Approach to Environmental Ethics*, New York: Columbia University Press, 2007.

恕是一种向前看的性情，拥有宽恕可以保护我们免受悲观和绝望的道德风险；论文也讨论了理性的悲观主义导致的严重挑战，反思了理性的悲观主义及随之而来的政治无为主义事实合理性的条件。① 切纳的《环境主义与公共德性》提出了既有的环境德性伦理聚焦于个人德性，而对德性政治学和公共德性缺乏关注；探究了公共德性及其在环境德性伦理中的地位，认为公共的和政治的德性是传统环境德性的重要补充。②

### 5. 探索环境德性伦理的应用

在规范伦理学看来，由于德性伦理学比后果论或者义务论更关注个体的内在品质，因此，它无法告诉我们应该怎么做，不能提供具体的行动指导。这种批评不但指向德性伦理本身，而且指向任何以德性伦理作为思想资源和理论方法的应用伦理学探索。如果环境德性伦理不能切实有效地回应这种批评，那么，就难以使人信服其理解和回应现实环境挑战的理论能力。因此，当代西方环境德性伦理努力返身观照客观的现实自然环境，以使其以实践为导向的学术追求和理论品质得以充分体现。例如，桑德勒在其《农作物基因改良的德性伦理视角》中，以农作物的基因改良为例，对德性伦理进入环境实践的可能提供了一种尝试性的方案。他认为，农作物基因改良的道德两难在于，行动者选择农作物的基因改良，则使自身陷入对环境的傲慢，缺乏对环境的关心（care）、照顾（considerateness）、同情（compassion）等尊重自然的美德（virtues of respect for nature）；而如果放弃农作物的基因改良，则意味着无视人类现存的饥饿和营养不良。但是，在桑德勒看来，这种道德困境的化解并不存在一个普遍的计算程序，而是必须根据现实中的具体个案而具体分析。他排查了所有农作物基因改良的方案后指出，只有"黄金大米"符合环境德性中尊重自然的美德，它不会对环境产生危害结果，而且有益于人类的长远利益；而其他类型的农作物基因改良之所以无法获得德性伦理层面的支持，根本原因在于，它们会对环境产生严重的长远的危害，而对人类只会产生有限的短期的收益。③

从已有研究文献的分析中可以发现，自从希尔开创性地将德性伦理

---

① Kathryn J. Norlock. "Forgivingness Pessimism and Environmental Citizenship", *Journal of Agricultural and Environmental Ethics*, 2010, Vol. 23, No. 1/2, pp. 29 – 42.

② Britain Treanor. "Environmentalism and Public Virtue", *Journal of Agricultural and Environmental Ethics*, 2010, Vol. 23, No. 1/2, pp. 9 – 28.

③ Ronald Sandler. "Virtue Ethics Perspective on Genetically Modified Crops", in: Ronald Sandler and Philip Cafaro (eds.). *Environmental Virtue Ethics*, Maryland: Rowman & Littlefield Publishers, Inc., 2005, pp. 215 – 232.

的思想资源和理论方法引入环境伦理研究以来,当代西方环境德性伦理研究日趋丰富和多样。尽管这些研究有不同的视角和路径,但也分享着基本的理论特质,卡法罗(Philip Cafaro)将之总结为:恰当地理解经济生活,使之成为舒适而体面的人类生活的物质支撑,而非更多索取和更多消费的无限动力引擎;既遵奉科学,又理性地辨识其有限性;非人类中心主义;欣赏荒野和支持荒野保护;人类与非人类对好生活的共享。①

## 第二节 环境德性的新发展

自从1983年美国学者托马斯·希尔发表《人类卓越的理想和自然环境保护》而揭开当代西方环境德性伦理研究的序幕以来,关于"什么样的人会倾向于破坏自然环境"以及"如果我们肆意破坏自然环境,那么我们将会变成什么样的人"② 的德性伦理反思,日益成为环境伦理学研究中一支重要的潮流。越来越多的研究者转向支持"任何完整的环境伦理都必须包括环境德性伦理"③ 的学术主张,提出了"不同版本的环境德性伦理类型"④,并主要使用环境范例方法(environmental exemplar approach)、扩展主义方法(extensionist approach)以及德性理论方法(virtue theory approach)⑤,发展了多元的环境德性。它们或者补充了传统德性的德目列表,或者丰富了传统德性的内涵解释等,展现出了"一种独特的、多样化的、辩证的、动态的和富有远见的道德语言"⑥。

### 一、个体德性的新阐释

尽管德性伦理学不是一种单独的伦理学方法类型,而是一种"方法

---

① Philip Cafaro. "Thoreau Leopold and Carson: Toward an Environmental Virtue Ethics", in: Ronald Sandler and Philip Cafaro (eds.). *Environmental Virtue Ethics*, Maryland: Rowman & Littlefield Publishers, Inc., 2005, p. 33.

② Thomas E. Hill, Jr.. "Ideals of Human Excellence and Preserving Natural Environments", *Environmental Ethics*, 1983, Vol. 5, No. 3, pp. 211–224.

③ Philip Cafaro. "Thoreau, Leopold, and Carson: Toward an Environmental Virtue Ethics", *Environmental Ethics*, Spring 2001, Vol. 22, pp. 3–17.

④ Robert Hull. "All about EVE: A Report on Environmental Virtue Ethics Today", *Ethics & the Environment*, Spring 2005, Vol. 10, No. 1, pp. 89–110.

⑤ Ronald Sandler. "A Theory of Environmental Virtue", *Environmental Ethics*, Summer 2006, Vol. 28, pp. 247–264.

⑥ Louke Van Wensveen. "*Dirty Virtues: The Emergence of Ecological Virtue Ethics*", New York: Prometheus Books, 2000, p. 5.

家族",它的理论结构可以是一元论的或者多元论的、幸福主义的或者非幸福主义的、基础主义的或者非基础主义的,其理论源泉可以是古希腊的柏拉图和亚里士多德或者古代中国儒家的孔子、孟子和荀子的学说,也可以是斯多亚、阿奎那、哈奇森、休谟甚至尼采的学说,但是,差异化德性伦理学研究对于德性基本内涵的理解有着普遍的传统性学术共识,认同德性是一个人稳定的品质特征或者倾向。这种品质特征或者倾向要么令人钦佩(斯洛特),要么为一个人兴旺繁荣或者实现福祉所必需(赫斯特豪斯)。因此,德性的根本主体是社会生活中的个体,其他的德性主体只能派生于个体。在对德性的这种理解思路中,当代西方环境德性伦理研究建构的德性首要的是个体德性,是对个体提出的品质特征或者倾向上的道德要求,诸如俭朴、爱国主义、仁慈、爱护、谨慎、感恩、节制、和谐、谦逊、开放、同情、体谅、关心和诚实等。当代西方环境德性伦理学研究赋予这些在名称上与传统人际关系德性相同或互异的环境德性更丰富或者更具针对性的新阐释。这尤其表现在爱国主义、开放、简朴和体谅等德性中。

爱国主义及其相近德性是自古以来就受到推崇的人类道德品质,不但维系着社会共同体的团结,构成了人类繁荣兴旺的基础,而且使个人具有归属感,给个人生活带来意义。当代西方环境伦理学者承接爱国主义德性的旗帜,并运用到环境伦理学的议题讨论中,明确提出"正确理解的环境保护主义就是爱国主义"①。卡法罗认为,"爱国主义"的拉丁词根是"patria",具有"祖国"或"故乡"的意思,反映了对国家的热爱、忠诚以及对国家的福祉或利益的奉献。这种热爱、忠诚和奉献的对象不但包括祖国的人民,而且包括祖国的土地及其环境。这种对生活于其间的土地和人民的热爱,会激发出行动者为了本代及其后代更长远利益的可持续发展,更加深入地去了解生态环境,并积极付诸行动。"当我们住得离这片土地更近的时候,努力更好地了解它,努力保护它所有的居民,人类和非人类——这就是爱国主义。"② 卡法罗提出,环境保护主义者致力于保护土地和包括非人类居民在内的所有居民,是最优秀的爱国主义者。他们实践着爱国主义德性,质疑并努力改变那些威胁生态环境的生活习惯和行为方式,提醒人们重新思考人类与生态环境的关系,

---

① Philip Cafaro. "Patriotism as an Environmental Virtue", *Journal of Agricultural and Environmental Ethics*, 2010, Vol. 23, No. 1/2, pp. 185–206.
② Philip Cafaro. "Patriotism as an Environmental Virtue", *Journal of Agricultural and Environmental Ethics*, 2010, Vol. 23, No. 1/2, pp. 185–206.

引导人们寻求个人主义、物质主义及消费主义同其他更可持续发展的价值观之间的平衡。卡法罗阐释爱国主义德性中尤其令人记忆深刻的是，他将爱国主义作为反对或者限制国家之间的占有或者侵略行为。卡法罗提出，有些战争精心掩盖了企业利润、现实政治和生态破坏之间永久化的组合。为了极具生态破坏性的生活方式与物质主义的经济增长模式而发动战争，应该受到环境爱国主义的彻底抛弃。这种生活方式与经济增长模式不但正在伤害战争当事国，而且损害了世界人民赖以生存的全球生态环境系统。因此，对国家利益真正的深思熟虑将证明，国际合作而非战争，才是解决争夺稀缺资源冲突及应对全球环境挑战的正道。卡法罗明确指出，自由主义和保守主义对爱国主义有着褒贬不一的评价，但是，他坚信，"爱国主义可以被很好地利用于环境议题，以弥合自由/保守的分歧，实现环境保护"①。

俭朴既是传统社会中物质匮乏时代的重要德性，又是物质生活日益丰盈的当代社会的基本德性。但是，随着时代的改变和人们物质生活的改善，俭朴保持其精神内核不变的同时，其外延必然发生相应改变。当代西方环境德性伦理研究将俭朴移介到环境伦理讨论中，就赋予了传统的俭朴德性更具时代性的延展，提出俭朴"促进了人类和非人类的繁荣"②。总而言之，俭朴对个人繁荣、社会繁荣、个人自由/自主权、获取知识（自知之明和生态知识）、有意义的生活以及非人类的繁荣可以做出重要的贡献。卡法罗等人认为："俭朴是一种对物质产品认真而克制的态度。它通常包括减少消费和更有意识的消费。因此，俭朴要求对消费者的决定进行更深入的考虑、更有针对性的生活、对物质商品以外的其他事物以及物质商品本身更大、更细致的欣赏。"③ 卡法罗等人进一步指出，俭朴的生活并不一定简单，而是需要深思熟虑我们的选择，根据我们的最佳判断行事；通常需要我们回到更简单的做事方式，使我们更有可能参与深思熟虑的活动，而不是被动的消费；不是"回归自然"，不反对新技术，而是有意识地开发和恰当地将技术融入生活；不是违背意愿的贫穷，而是有意识和自由选择的生活方式；是一个过程，而不是终点；尊重生命和生活方式的差异性，重视多样性而不是强求一致性。

---

① Philip Cafaro. "Patriotism as an Environmental Virtue", *Journal of Agricultural and Environmental Ethics*, 2010, Vol. 23, No. 1/2, pp. 185 – 206.
② Joshua Colt Gambrel, Philip Cafaro. "The Virtue of Simplicity", *Journal of Agricultural and Environmental Ethics*, 2010, Vol. 23, No. 1/2, pp. 58 – 108.
③ Joshua Colt Gambrel, Philip Cafaro. "The Virtue of Simplicity", *Journal of Agricultural and Environmental Ethics*, 2010, Vol. 23, No. 1/2, pp. 58 – 108.

在卡法罗看来，梭罗在《瓦尔登湖》中展现的德性既包括同情、诚实、公正和慷慨等道德德性，也包括好奇心、想象力、智慧和机敏等理智德性，甚至包括健康、美丽和勤奋等身体德性，但是，这些德性中对建构环境德性伦理学最重要的德性俭朴。"俭朴，借用生态学的概念，是梭罗德性的基石。"①

亚里士多德认为体谅是随着年龄而生长、自然获得的德性。"体谅，即我们说某个人善于体谅或原谅别人时所指的那种品质，也就是对于同公道相关的事情作出正确的区分。"② 挪洛克（Kathryn J. Norlock）创造性地提出"保护性体谅"（preservative forgiveness）的德性概念，以促进良好的生态公民关系，改善致力于环境保护和环境政策改革的生态公民行为。挪洛克认为，人类应该受到惩罚的行为过去是而且今后仍是环境退化的根源。我们对于人类在环境破坏上所应担负罪责的态度具有道德和情感上的重要性，影响着我们相互合作行动的可能性，并最终决定着环境修复前景的现实性。仅凭一种良好的意愿来实施单独的环境行为，不足以改变全局性的巨大环境破坏问题。它依赖于基本的合作框架。这就需要彼此信任的意愿。"保护性体谅"就是发展和维系这种信任意愿的重要品质特征。它承认人类环境错误的不可避免性并因此变得宽容；既防止过分原谅，又避免过度谴责，而是强调超越无助的和无所作为的相互指责的态度，正确定位自身责任的位置。它认识到人是脆弱的和情绪化的动物，需要从恰当的人际关系中获得信任和希望；它对人类本性持有乐观而现实的预设，认为虽然人类天生容易犯错，甚至容易偏离轨道，但是，正派和求善是人类的重要本质，有道德自我完善的能力，有能力看到自己的失误和错误，一旦偏离了轨道即能重新找回方向。因此，"保护性体谅"可以降低人类在环境问题上极端的生态厌世倾向及理性悲观主义情绪的风险，从而协调一致的集体行动和改变环境政策，为人类繁荣创造必要条件。"保护性体谅""是一种维持关系的承诺，一种确定责任、惩罚或纠正错误的特殊方法，一种要以犯错者的易错性、价值和能力为前提的方法，而这些犯错者是人们愿意继续与之生活的"。③ 和解是体谅的必然结果，它要求我们在能够选择其他居住地之前，必须与

---

① Philip Cafaro. "Thoreau, Leopold and Carson: Toward an Environmental Virtue Ethics", *Environmental Ethics*, 2001, Vol. 22, pp. 3 – 17.
② ［古希腊］亚里士多德：《尼各马可伦理学》，廖申白译，商务印书馆 2004 年版，第 184 页。
③ Kathryn J. Norlock. "Forgivingness, Pessimism, and Environmental Citizenship", *Journal of Agricultural and Environmental Ethics*, 2010, Vol. 23, No. 1/2, pp. 29 – 42.

地球上的其他居民和睦相处，这是美好生活的重要内容。保护性体谅是我们维系重要的人际关系以及获得信任和希望的重要条件。

开放是当代西方环境德性伦理研究提出的全新的德性。这并不是说"开放"这个概念是当代西方环境德性伦理研究的独创，事实上，"开放"早已经是日常生活中惯用的词汇。但是，日常语境中的"开放"难以严格地被当作德性，它既可能被理解成善好的品质特征，又可能被看成不当的性情或者倾向。以弗拉兹为代表的当代西方环境德性伦理研究者将开放视为重要的环境德性。弗拉兹认为，开放是傲慢和虚假的谦逊这两种极端的中道。傲慢的恶习仅仅将自然和他人视为满足的来源，以有限的视角和工具的态度来看待他人和自然，使个人无法获得任何本质上的价值体验。傲慢的人不可能超越自己，无法明晰对自己真正重要的东西，陷入自以为无所不知的"封闭心态"。一个对自然情感封闭的人，只是出于自身需要的目的把自然看作资源，过着一种有限的爱的肤浅生活，不能真正地完全地欣赏自然的事物，在精神上类似于已经被宣判死亡。虚假的谦逊是由于过度缺乏自我价值而造成，不仅极力降低人类在生态系统中的特殊价值，否认人类在生态系统中的特殊地位，甚至为了彻底贯彻平等物种主义的观点而极端地主张限制人类，隐含着强烈的环境主义厌世倾向。因此，弗拉兹主张培养开放德性以纠正人类因傲慢而导致的对自然实体的精神封闭，以化解人类因虚假的谦逊而产生的生态厌世的风险。"从积极的意义上说，开放是一种环境德性，它使人们意识到自己是自然环境的一部分，是众多自然事物中的一种。"[①] 弗拉兹认为，表现出开放德性的人"能够感觉到自然事件所引发的反应，他们能够让自然与他们对话。这是对自然实体的一种接受性，就像接受他们本身一样"[②]。弗拉兹提出，开放是一种受人尊敬的品质，培养了对他者的爱和欣赏。只有以开放德性为基础，才能培养出托马斯·希尔主张的"适当的"谦逊的环境德性。"尊重自然的概念需要更充分地与谦逊和开放联系起来。"[③]

---

[①] Geoffrey B. Frasz. "Environmental Virtue Ethics: A New Direction for Environmental Ethics", *Environmental Ethics*, 1993, Vol. 15, pp. 259-274.

[②] Geoffrey B. Frasz. "Environmental Virtue Ethics: A New Direction for Environmental Ethics", *Environmental Ethics*, 1993, Vol. 15, pp. 259-274.

[③] Geoffrey B. Frasz. "Environmental Virtue Ethics: A New Direction for Environmental Ethics", *Environmental Ethics*, 1993, Vol. 15, pp. 259-274.

## 二、公共德性的新使命

哈丁（Grarrett Hardin）关于"公用地悲剧"的案例说明，在几乎所有涉及公共资源的选择问题上，个人的理性选择是正效用大于负效用的，并且正效用为个人独得，负效用则为集体均摊。因此，即使单一个体的有害行为不会造成环境破坏，但随着个体数量的累积和单一个体有害行为的叠加，最终会造成环境破坏。所以，对于共享一块公共牧场的牧民们而言，尽可能扩大自己羊群的数量，似乎是一个理性的行为；但是，从群体而言，每一个个体看似理性的选择必然会造成牧场退化而导致群体无法养羊的不理性或者非理性后果。哈丁认为，这是一个没有"技术解决方案"[①]的问题。除非牧民们能够达成有力的道德共识，围绕养羊的数量规模形成制约性的道德边界，或者按照当代西方环境德性伦理学研究的建议，形成了一种新的人类兴旺繁荣的视野或者一种新的生活方式，否则，在人人皆看似理性地追求自我利益最大化的群体中，一个秉持着道德感行事而克制扩大羊群数量冲动的牧民必定是利益受损者。有德者止损的一种可靠方式就是理性地背叛自我的德性，选择一种从公共利益转向个人利益的"理性"的行为。"公用地悲剧"案例提出的尖锐的道德问题在于，个体德性不仅不是总能有效地解决社会冲突问题，反而可能造成有德者必有所失，社会或者集体的有序和谐更仰赖于公共德性。诚然，有些人出于包括德性在内的各种原因可能会抵制诱惑，出于对共同利益的关心而违背自己的个人利益。然而，哈丁否认了这种道德高尚的人的长期影响，以及他们树立的道德榜样的社会成效，警告人们在公用地自我牺牲的德性的后果可能是自我毁灭。

以切纳为代表的当代西方环境德性伦理学者重拾了个体德性与公共德性的命题，并将其应用到有关环境伦理学问题的讨论中。切纳（Britain Treanor）认为，尽管个体德性有利于个体行动者，但是，环境德性伦理研究不能只关注个体德性，而淡化了以社会利益为焦点的"公共德性"，忽视了公共德性作为环境德性基石的根本性地位。这种不恰当的研究焦点失衡使人们错误地把我们的环保英雄想象成在森林里的步行者或登山的徒步者，呈现的是个人卓越与野生（或接近野生）环境和谐共荣的个人道德形象。如果环境德性只关注个人德性，那么它就"像是上流

---

① G. Hardin, "The tragedy of the commons", Science, 1968, Vol. 162, No. 3859, pp. 1243-1248.

社会的优雅或特殊的书法，只对那些认为环境德性重要的人有价值"①，"当代的环境保护主义似乎是一种生活方式的选择，强调风格"②。切纳引用哈丁的观点批评当代西方环境德性伦理研究重视个人行为而忽视公共政策的个人主义倾向，"伦理文献几乎完全是个人主义的：它是针对个人行为而不是公共政策"③。切纳提出，个体德性对环境保护非常重要，也是繁荣所必不可少的品质特征。但是，环境德性不能仅仅被理解成个人偏好而不是人类繁荣昌盛的必要组成部分，也不能仅仅被理解成同社会参与隔离的个人行动问题。"原子论的个人无法解决环境危机。"④ 他认为，尽管通过培养个人德性以摆脱环境保护难题是一个充满了吸引力的论调，但是，"这终究是一个危险的幻想"⑤，仅凭个人德性无法切实解决环境保护难题。

　　切纳提出，通过道德榜样的力量来帮助解决环境危机，这是一个很有吸引力的观点。毫无疑问，环境道德范例确有其积极的道德示范效应，会对周边的人产生适当的道德影响，但是，这种道德影响不应该无限制地被夸大和放大。当环境危机是发生在小范围内时，环境道德范例也许可以凭借其道德示范相对有效地解决环境问题。但是，当代环境问题不仅是地方性的小事件，更是区域性甚至全球性的大危机。他提醒人们注意的重大社会事实是，"环境保护主义者需要承认，政治、经济、社会、文化和技术的发展，正朝着日益迅速地破坏全球公地的方向发展。个体令人钦佩的品德高尚的行为虽然在一定程度上是有效的，但不足以对抗我们面前的战争"⑥。因此，一个人或一小群人选择骑自行车而不是开汽车出行，都无法改善更大区域的空气污染。这个人或者这群人可以自觉地不乱扔垃圾，但是，他/她或者他们不能强制邻居必须向他/她或者他们学习。切纳悲观地提出，个人的或者少数群体的道德行为很难改变广

---

① Britain Treanor. "Environmentalism and Public Virtue", *Journal of Agricultural and Environmental Ethics*, 2010, Vol. 23, No. 1/2, pp. 9 – 28.

② Britain Treanor. "Environmentalism and Public Virtue", *Journal of Agricultural and Environmental Ethics*, 2010, Vol. 23, No. 1/2, pp. 9 – 28.

③ G. Hardin, "Who Cares for Posterity?", in: L. P. Pojman and P. Pojman (eds.). *Environmental Ethics: Readings in Theory and Application.* Belmont, CA: Thompson Wadsworth, 2008, p. 350.

④ Britain Treanor. "Environmentalism and Public Virtue", *Journal of Agricultural and Environmental Ethics*, 2010, Vol. 23, No. 1/2, pp. 9 – 28.

⑤ Britain Treanor. "Environmentalism and Public Virtue", *Journal of Agricultural and Environmental Ethics*, 2010, Vol. 23, No. 1/2, pp. 9 – 28.

⑥ Britain Treanor. "Environmentalism and Public Virtue", *Journal of Agricultural and Environmental Ethics*, 2010, Vol. 23, No. 1/2, pp. 9 – 28.

泛的社会问题。"确实,以德性为导向的论点和环境范例会影响一些人,但他们是否会影响到足够多的人?"① 切纳指出,环境问题往往是个别微不足道的行动集中的结果,因此,它们通常需要应对集体行动的解决办法。集体行动反过来又需要政治杠杆,而不仅仅是环境道德范例。因此,罗伯特·赫尔认为,环境德性伦理学一个迫在眉睫的问题是如何与政治哲学相协调。②

切纳从"纯粹的个人德性伦理与孤立主义者的政治计划一样不完整"③ 的判断出发,提出公共德性以回应个体德性在面对环境危机上的困难。他认为,个体德性是有利于个人行为者的个人行动、特点或倾向,公共德性是有利于共同体而不是个人的行动、特性或倾向。切纳提出,德性只被视为关心个人幸福的东西,是不明智的态度。国家不可避免地与其他国家有关系,因此,权利、义务和责任也不可避免。同样地,个人总是存在于共同体中——事实上,在许多重叠的共同体中——这些共同体塑造了他们的权利、义务和德性。这不是说,从德性伦理的角度来看,繁荣及其构成繁荣的德性在某种程度上是社会建构的。相反,切纳的重点是,有些德性是针对社会或社会团体的良好运作,而不是针对个人的繁荣(尽管个人可能会因为实践这些美德而繁荣)。公共德性和个人德性之间没有明显的区别。因为我们是社会性的人,所有的德性都有个人和公共的影响,它们之间的区别在于侧重点而非本质。公共德性主要是为社会的福祉做贡献,拥有这种德性可能会带来直接的个人利益,而且只要个人是社会的一员,至少总会有一些间接的个人利益。个人德性主要是对个人福祉的贡献,尽管它通常对社区的福祉有次要的或间接的影响。因此,根据德性的目的或者意图,当德性的主要目的是指向他人或社会时,这种德性是一种公共德性,即使它与个人利益相关。当德性的主要目的是指向个人的时候,这种德性是一种个人德性,即使他人或社会上有明显的利益。例如,在大多数情况下,节制是一种个人德性,因为它的直接目标是个人的繁荣,尽管有节制的人通过消耗适量的食物而有益于其社区(本地和全球)的环境、土地和贫困等公共问题的缓解。睦邻友好是一种公共德性,因为它的直接目标是社区邻里之间的友

---

① Britain Treanor. "Environmentalism and Public Virtue", *Journal of Agricultural and Environmental Ethics*, 2010, Vol. 23, No. 1/2, pp. 9-28.

② Robert Hull. "All about EVE: A Report on Environmental Virtue Ethics Today", *Ethics and the Environment*, 2005, Vol. 10, No. 1, pp. 89-110.

③ Robert Hull. "All about EVE: A Report on Environmental Virtue Ethics Today", *Ethics and the Environment*, 2005, Vol. 10, No. 1, pp. 89-110.

善、团结和凝聚，尽管睦邻友好的人会从和谐的邻里关系中受益。①

公共德性具有非常丰富的外延，但切纳重点关注的是其中的政治德性的子集。"解决环境危机需要有公共德性的人，尤其是政治德性，以及对这些德性采取行动的勇气。"②"虽然有许多公共德性应该在环境德性伦理中发挥突出的作用，但政治德性的子集尤其值得我们关注。"③"政治德性"不同于"德性政治"。"简而言之，政治德性是指一个人在政治生活中表现出来的、广义上的德性。相比之下，德性政治则是一种尝试，即从善恶的角度来看待公共政策和集体行动。"④ 切纳提出，政治德性是一类而不是单一的德性，并且由于所有公共德性在最广泛的意义上都具有某种程度的政治性，因此，政治德性有广义与狭义之分。切纳提出，广义的政治德性基本就是公共德性，而狭义的政治德性主要是政治参与的德性。切纳所提请关注的政治德性就是狭义的政治德性。"在当代环境背景下，政治参与至少和俭朴一样重要，可以说更重要。"⑤

这就必然存在一个疑问。由于政治参与往往被很多人理解为与己无关的活动，因此，狭义的政治德性似乎就成了少数成员才应该培养的德性，而不是每个社会成员必须拥有和培养的普遍德性。切纳反对这种观点。他认为："很明显，有些德性是特定于角色的；然而，政治生活不应该局限于少数精英，而是所有人都应该参与的事情。的确，不是每个人都能以同样的方式或同等程度参与。有些人会把毕生精力投入到政治中，充当政客、顾问或倡导者；对于这些人来说，政治德性将在幸福中发挥特别重要的作用，正如勇气对于士兵来说是一种特别重要的德性一样。然而，正如所有的人（不只是士兵）应该培养勇气，所有人也都应该培养政治德性。如果我们对政治和公民生活采取一种更为广泛的观点，即能够在不同的层次上（例如本地的、地区性的或国家的）适应政治参与的程度，这一点尤其正确。以这种方式构想，似乎每个人在一定程度上

---

① Britain Treanor. "Environmentalism and Public Virtue", *Journal of Agricultural and Environmental Ethics*, 2010, Vol. 23, No. 1/2, pp. 9–28.

② Britain Treanor. "Environmentalism and Public Virtue", *Journal of Agricultural and Environmental Ethics*, 2010, Vol. 23, No. 1/2, pp. 9–28.

③ Britain Treanor. "Environmentalism and Public Virtue", *Journal of Agricultural and Environmental Ethics*, 2010, Vol. 23, No. 1/2, pp. 9–28.

④ Britain Treanor. "Environmentalism and Public Virtue", *Journal of Agricultural and Environmental Ethics*, 2010, Vol. 23, No. 1/2, pp. 9–28.

⑤ Britain Treanor. "Environmentalism and Public Virtue", *Journal of Agricultural and Environmental Ethics*, 2010, Vol. 23, No. 1/2, pp. 9–28.

都应该参与政治和公民生活。"① 一个人政治参与的焦点可能是全球性的、国家的或地区性的，政治德性可以通过不同的方式表现出来。法律的通过需要积极活动家和政治家的政治德性。保护公地的法律必须以正确的方式制定和实施。在这里，我们需要有高度发展的政治德性的男人和女人。毫无疑问，我们都应该"寻找可持续的政治参与方式"，"找到我们喜欢的政治角色"②。切纳认为，托克维尔（Alexis de Tocqueville）的重要洞见是发现了美国民主（以及美国文化）的优势之一在于它提供了许多公民参与政治生活的机会。"没有一点政治德性的生活是贫乏的。"③

切纳提出，公共和政治德性不但是有效应对环境危机的必要组成部分，而且是个人自我发展的必要组成部分。虽然共同体确实是政治德性的意图中的对象，但这些德性也有助于个人的自我发展。那些表现出诸如政治参与等德性的人更有可能觉得自己对自身所属的共同体和环境有一定的控制力或影响力，有一种超越自身利益、无私奉献、为更大的事情做贡献而生的成就感，参与政治生活有助于丰富其人生意义。政治德性除了直接助益于政治参与之外，还培养和支持其他德性，而其他德性反过来又支持政治德性。"在目前的环境背景下，一个人如果不认真培养和锻炼公共和政治德性，就不能合法地自称为环境保护主义者，而这些德性对于迎接我们所面临的挑战是必不可少的。"④ 因此，切纳提出要反对政治恶习。狂热和冷漠是需要警惕的政治恶习。"一个有政治德性的人将会警惕对现状的狂热承诺，以及对不可能实现梦想的狂热坚持"，"一个政治冷漠的人是那种对自己的共同体漠不关心的人，要么是漠不关心（即冷漠），要么是不愿参与其中采取行动（即被动）"。⑤

---

① Britain Treanor. "Environmentalism and Public Virtue", *Journal of Agricultural and Environmental Ethics*, 2010, Vol. 23, No. 1/2, pp. 9 – 28.
② P. Cafaro. "Gluttony, Arrogance, Greed and Apathy: An Exploration of Environmental Vice", in: R. Sandler & P. Cafaro (eds.). *Environmental Virtue Ethics*. New York: Rowman and Littlefield, p. 153.
③ Britain Treanor. "Environmentalism and Public Virtue", *Journal of Agricultural and Environmental Ethics*, 2010, Vol. 23, No. 1/2, pp. 9 – 28.
④ Britain Treanor. "Environmentalism and Public Virtue", *Journal of Agricultural and Environmental Ethics*, 2010, Vol. 23, No. 1/2, pp. 9 – 28.
⑤ Britain Treanor. "Environmentalism and Public Virtue", *Journal of Agricultural and Environmental Ethics*, 2010, Vol. 23, No. 1/2, pp. 9 – 28.

## 三、德性认知的新要求

在亚里士多德的德性伦理传统中,理智德性是一种重要的德性。它可以被分为实践的理智与沉思的理智。在理智德性中,明智或实践智慧居于重要地位。"明智是一种同善恶相关的、合乎逻各斯的、求真的实践品质。"① "明智的人的特点就是善于考虑对于他自身是善的和有益的事情。"但这种善和有益,"这不是指在某个具体的方面善和有益","而是指对于一种好生活总体上有益"。② 因此,亚里士多德指出,伯利克里那样的人之所以被人们看作明智的人,正是因为他们能够分辨出自身就是善或者对于人类是善的事物。亚里士多德特别强调明智德性的情境性,也就是说明智所对应的不是普遍知识,而是具体知识,涉及知识所应用情境的具体判断,"明智同具体的事情相关的"③,"明智是同具体的东西相关的"。④ 这种对具体情境的判断同经验相关,而经验的获得需要时间上的日积月累,因此,亚里士多德断言,青年人可以学好数学和几何学,但是,不适合学习伦理学。对于明智的功能,亚里士多德明确提出,"明智与道德德性完善着活动。德性使得我们的目的正确,明智则使我们采取实现那个目的的正确的手段"⑤,"离开了明智我们的选择就不会正确"⑥。在区分自然德性与严格意义德性的基础上,亚里士多德指出,"严格意义的德性离开了明智就不可能产生"⑦,"离开了明智就没有严格意义的善"⑧。对于亚里士多德是否持有"德性统一论"的观点,当代西方德性伦理学者存在着不同的看法。但是,亚里士多德确实提出过,"一

---

① [古希腊]亚里士多德:《尼各马可伦理学》,廖申白译,商务印书馆2004年版,第173页。
② [古希腊]亚里士多德:《尼各马可伦理学》,廖申白译,商务印书馆2004年版,第172页。
③ [古希腊]亚里士多德:《尼各马可伦理学》,廖申白译,商务印书馆2004年版,第178页。
④ [古希腊]亚里士多德:《尼各马可伦理学》,廖申白译,商务印书馆2004年版,第179页。
⑤ [古希腊]亚里士多德:《尼各马可伦理学》,廖申白译,商务印书馆2004年版,第187页。
⑥ [古希腊]亚里士多德:《尼各马可伦理学》,廖申白译,商务印书馆2004年版,第190页。
⑦ [古希腊]亚里士多德:《尼各马可伦理学》,廖申白译,商务印书馆2004年版,第189页。
⑧ [古希腊]亚里士多德:《尼各马可伦理学》,廖申白译,商务印书馆2004年版,第190页。

个人如果有了明智，他就有了所有的道德德性"①。因此，在亚里士多德的德性目录中，明智具有非常重要的核心地位。

斯达福德（Sue P. Stafford）重申了环境德性伦理研究中理智德性的重要性，批评了当前环境德性伦理研究中忽视理智德性的倾向，"理智德性作为环境伦理的一个有价值的组成部分，一直以来被人们所忽视"②；提出理智德性是环境德性伦理的不可分割的部分，"理智德性对于充分发展和有效的环境伦理至关重要"③；认为理智德性是一种品格特征，调节认知活动，支持知识的获取和应用，可以促进人类对知识和真正信仰的追求，拥有这些品格特征可以提高我们的认知，"这些品格特征的贡献在于将会产生一个更详细的关于环境探索、鉴赏和决策的力量的描述"④。理智德性之下有很多德目。斯达福德只重点讨论五种德目，它们分别是彻底性（thoroughness）、时间/结构敏感性（temporal/structural sensitivity）、灵活性（flexibility）、理智信任（intellectual trust）和谦逊（humility）。斯达福德认为这五种理智德性很好地说明了理智德性的本质、力量以及与环境德性伦理之间的相关性。按照亚里士多德关于德性的本质是一种中道的论点，斯达福德指出，彻底性是"走捷径"和"过度分析"之间的中道，时间/结构敏感性是介于短期的、详细的思考和长期的、宏观的思考之间的中道，灵活性是介于刚性不足和懦弱过度之间的中道，理智信任是介于轻信和猜疑之间的中道，谦逊是介于不足（自我贬抑）和过度（傲慢）之间的中道。斯达福德提出："这些理智德性是激励的源泉，在知识的获取和应用中确保一定程度的成功；在某些情况下，这些德性会相互强化。综合这些德性将对我们关于环境的探索、欣赏和决策的认识论质量做出重大贡献。"⑤ 斯达福德指出，理智德性影响人类对环境的探索和欣赏，尤其是影响私人领域、公共领域和职业领域的环境决策。他虽然重视理智德性，但是并没有否认道德德性，而是合理地指出，在缺乏道德德性的情况下，理智德性可能会助长破坏环境的行为。

---

① ［古希腊］亚里士多德：《尼各马可伦理学》，廖申白译，商务印书馆2004年版，第190页。

② Sue P. Stafford, "Intellectual Virtue in Environmental Virtue Ethics", *Environmental Ethics*, 2010, Vol. 32, pp. 339–352.

③ Sue P. Stafford, "Intellectual Virtue in Environmental Virtue Ethics", *Environmental Ethics*, 2010, Vol. 32, pp. 339–352.

④ Sue P. Stafford, "Intellectual Virtue in Environmental Virtue Ethics", *Environmental Ethics*, 2010, Vol. 32, pp. 339–352.

⑤ Sue P. Stafford, "Intellectual Virtue in Environmental Virtue Ethics", *Environmental Ethics*, 2010, Vol. 32, pp. 339–352.

因此，斯达福德坚持将理智德性与道德德性相结合。理智德性"本身不会导致对其他物种的仁慈或同情。然而，理智德性对于充分发展有效的环境伦理是必不可少的"①，理智德性与道德德性"可以对具有环境意义的人类行为产生重大影响，引导其拥有者努力实现环境可持续的生活方式、政策和实践"②，道德德性"指引环境可持续性政策的前进方向"③，理智德性擘划"这些政策在实践中实现的可靠路径"④。

卡沃尔（Jason Kawall）在明智德性的基础上提出了环境德性认知，以解决无知者道德上作恶的问题。他提出，要想成为一个举止得体的好人，仅仅有良好愿望是远远不够的，还必须获取成为一个举止得体的好人的广泛信息。虽然一个人拥有了大量信息，仍可能成为一个道德败坏的人，但是，拥有大量信息是一个人成为举止得体的好人的必要条件。同理，"成为一个好的环境公民需要了解我们可能参与的各种活动的环境影响（积极的和消极的）等等。特别是考虑到问题的广泛性和复杂性，成为一名优秀的环境公民可能会特别需要认识论"⑤。"例如，为了避免贪婪（或贪婪的行为），我们需要对各种物质的价值和对获得它们的成本有一定的认识。"⑥卡沃尔提出了一个常识性却经常被忽视的重要问题——这就是人们道德上的错误有时候是源于无知，而不是出于故意。如果这些人对正确的道德判断所需要的信息能够正确理解且充分掌握，那么，也许他们就不会犯下道德错误。这种日常道德生活中无心犯错的道德现象，在环境保护领域并非罕见。环境保护比日常行为判断更为复杂和困难，有时候甚至需要专业知识。人们破坏环境的行为也许不是出自其本意，而是无心的道德过失。行为者并没有意识到其行为会产生环境破坏的恶果，比如农民世代相传的焚烧稻草的耕种经验。如果没有专业技术人员的教育，他们根本不会意识到焚烧稻草的行为会污染环境，

---

① Sue P. Stafford, "Intellectual Virtue in Environmental Virtue Ethics", *Environmental Ethics*, 2010, Vol. 32, pp. 339–352.
② Sue P. Stafford, "Intellectual Virtue in Environmental Virtue Ethics", *Environmental Ethics*, 2010, Vol. 32, pp. 339–352.
③ Sue P. Stafford, "Intellectual Virtue in Environmental Virtue Ethics", *Environmental Ethics*, 2010, Vol. 32, pp. 339–352.
④ Sue P. Stafford, "Intellectual Virtue in Environmental Virtue Ethics", *Environmental Ethics*, 2010, Vol. 32, pp. 339–352.
⑤ Jason Kawall. "The Epistemic Demands of Environmental Virtue", *Journal of Agricultural and Environmental Ethics*, 2010, Vol. 23, No. 1/2, pp. 109–128.
⑥ Jason Kawall. "The Epistemic Demands of Environmental Virtue", *Journal of Agricultural and Environmental Ethics*, 2010, Vol. 23, No. 1/2, pp. 109–128.

他们甚至不会意识到焚烧稻草产生的浓烟会危害人的身体。因此，他们焚烧稻草的行为即使会产生破坏环境的后果，也不是出于故意，而是出于无知。只要经过专业的教育和引导，使他们对焚烧稻草的行为与后果有了更完整和更详细的认知，那么，他们可能就会主动停止这种行为。卡沃尔将这种出于无知的道德过错称为道德过失。"在道德过失的典型案例中，我们出于无知，做了不道德的行为。"① 行动者没有意识到其行为违背了道德原则。

因此，行动具有道德合理性的重要前提是免于无知。从理论上来说，行动者掌握的信息越完整和全面，那么，他/她距离无知越远，距离行动的道德合理性就越近。但是，从实践中来看，让每一个人在每一个环境问题的抉择中，都尽可能掌握完整和全面的信息并不现实。卡沃尔指出，尽管为了成为优秀的环境公民，行动者至少应该花一些时间去调查和获取与道德选择相关的信息，但是，要求行动者对做出的每一个决定都进行高水平和大范围的调查是不合理且不可行的建议。行动者不可能阅读每一个环境组织发布的每一份报告，也不可能彻底调查购买的每一种食品的来源；否则，人类很可能永远不会采取行动，因为人类不断地试图变得更好而彻底评估各种商品或者各种选择。所以，尽管免于无知对于行为的道德合理性至关重要，但是并不意味着人类只有在全知的基础上才能做出道德选择，而是要在无知和全知之间找到一个合理的适度的标准，既能满足行为道德合理性的要求，又能充分考虑人类有限性（时间的有限性、理性的有限性等）的制约。卡沃尔指出，在德性认知上，"我们需要解决的问题是，必须满足什么样的调查和收集信息的标准，以使我们的行动在道德上是合理的，并避免受到谴责的无知"②。"评估我们应该寻找什么样的信息，评估什么样的信息才算是充足的信息。"③ 这个信息充足性的标准怎么定呢？为此，卡沃尔提出了"有德的理想观察者"的概念，以回应道德合理行动的充足信息的标准。"有德的理想观察者"被认为是无所不知的，也是有德的。如果行动者收集和调查的信息为有德的理想观察者所认可，那么，行动者以这些信息为基础的行动就具有道德合理性。

---

① Jason Kawall. "The Epistemic Demands of Environmental Virtue", *Journal of Agricultural and Environmental Ethics*, 2010, Vol. 23, No. 1/2, pp. 109 – 128.
② Jason Kawall. "The Epistemic Demands of Environmental Virtue", *Journal of Agricultural and Environmental Ethics*, 2010, Vol. 23, No. 1/2, pp. 109 – 128.
③ Jason Kawall. "The Epistemic Demands of Environmental Virtue", *Journal of Agricultural and Environmental Ethics*, 2010, Vol. 23, No. 1/2, pp. 109 – 128.

卡沃尔意识到，即使行动者有足够的信息，但这并不能保证行动者会以合乎道德原则的方式行事。行动者可能会以一种有偏见的方式忽视或贬低相关信息，即使在拥有这些信息的同时，他也可能以一种理性的方式去实现不道德的目标。反过来，即使行动者掌握了大量的信息，但是，这些信息可能失真，使得行动者做出了道德上具有合理性而不正确的行动。"假设我们从可靠的来源收集了大量证据，证明某个农场从事人道的畜牧业，但事实证明我们被欺骗了，而且农场小心地隐藏了可怕的动物福利和更广泛的环境侵害。在这样的情况下，我们从农场购买的货物将被证明是合理的，即使我们的行动最终不会是正确的。"① 卡沃尔认为，这种具有道德合理性而不正确的行动不应受到谴责。卡沃尔进一步区分了道德上正确的行为、道德上合理的行为和道德上不应受谴责的行为。道德上正确的行为是那些真正应该执行、直觉上客观正确的行为。道德上合理的行为是行动者在收集到适当的信息，并出于道德上的善意动机表现出来的行为。除非行动者被信息误导，一个道德上合理的行动通常也是一个道德上正确的行动。道德上不应受谴责的行为是行动者缺乏适当的信息以便理性地对某一问题采取行动，但这种缺乏信息的行为将会被有德的理想观察者所原谅。②

卡法罗等人（Philip Cafaro and Jashua Colt Gamberel）认为，德性不仅是有助于人类个体繁荣和社会繁荣的品格特征，而且是有助于生态繁荣的品格特征。这种理解将亚里士多德关于德性有助于个人和社会繁荣的界定，合理地拓展到了生态繁荣，因为个人和社会繁荣与生态繁荣密不可分，依赖于具有内在目的的生态繁荣，人类的生命因享受自然提供的生态服务和欣赏自然生态而更加丰富。"任何破坏这三种繁荣中的任何一种的人类品格特征都不能算作是真正的德性。同样，任何破坏这三种繁荣中的任何一种的人类制度都不能算作真正公正或完全智慧的制度。"③ 但是，环境变化深刻影响着人的德性，改变着人的德性，重塑着人的德性，它可能使得传统社会的德性有了新内容，也可能对人提出了德性新要求，更可能使传统社会的德性沦为受批判的恶习。因此，汤普森（Allen Thompson）指出，随着环境的变化，"从未来的角度来看，今

---

① Jason Kawall. "The Epistemic Demands of Environmental Virtue", *Journal of Agricultural and Environmental Ethics*, 2010, Vol. 23, No. 1/2, pp. 109 – 128.

② Jason Kawall. "The Epistemic Demands of Environmental Virtue", *Journal of Agricultural and Environmental Ethics*, 2010, Vol. 23, No. 1/2, pp. 109 – 128.

③ Joshua Colt Gambrel, Philip Cafaro. "The Virtue of Simplicity", *Journal of Agricultural and Environmental Ethics*, 2010, Vol. 23, No. 1/2, pp. 58 – 108.

天许多人使用水的方式可能会被认为是过度的,因此,一个人的品格就会被认为是恣意挥霍的,也许是卑鄙的、轻率的,甚至是不公正的"①。汤普森认为,随着全球气候发生根本性变化,世界主流文化及道德图景可能会发生重大改变,从而冲击人们根深蒂固的环境德性观念,使得在其他情形下可能算不上贪婪的品格特征,在全球环境下可能会被认为是贪婪的品格特征。这种变化使得环境德性的发展必定是一个"日日新"的话题。

## 第三节 环境德性伦理的反思

在人类悠久的伦理思想史中,环境德性伦理并不是一个全新的伦理问题。人类伦理文明早期对环境的关注,就不乏环境德性伦理的视角。这无论是在古代西方,还是古代中国,都可以找到翔实的史料和丰富的实践。人们破坏环境,即使不被认为是违反功利主义或者道义论,但有时候也会被认为是违反了做人的道德善良而成为一位坏人。因此,中国古代思想家主张按照时节伐木或者狩猎,不仅是为了让伐木或者狩猎具有可持续性,而是隐含着砍伐幼苗或者捕杀幼小禽兽时不忍的道德情感。这种道德情感虽然朴素,但不乏强大的规范性力量。现代西方环境德性伦理在某种意义上正是对人类古代环境伦理思想的再发掘和再利用。当然,毫无疑问,现代西方环境德性伦理的理论主张和思想方法既有传统的合理性和现实的针对性,有助于拓宽理解天人关系的视野,但也面临着理论上的疑难和挑战。

### 一、当代西方环境德性伦理的理论特色

作为应用伦理学的重要组成部分,西方环境伦理研究始终无法脱离功利主义和道义论的主导。罗尔斯顿的"自然价值论"和"人类对大自然的义务理论",纳什的"自然权利说"、汤姆·雷根的"动物权利说"、保罗·泰勒的"尊重自然"以及彼得·辛格的"动物解放论",就其表象而言,虽皆是西方环境伦理研究中兴起的重要而新颖且彼此内含冲突与张力的学术论断,但其本质仍是功利主义或者康德式道义论等西方规

---

① Allen Thompson. "Radical Hope for Living Well in a Warmer World", *Journal of Agricultural and Environmental Ethics*, 2010, Vol. 23, pp. 43 – 59.

范伦理学的衍生或者变种。

规范伦理在料理具体且相对孤立的环境问题争论以决定政策选择的道德和社会后果时，无疑有其成功之处。例如，关于工厂排放有毒废气的争论。这些类似案例的通性在于，行为或者事件所波及的主体具有可识别性，彼此间权利或者利益的相互冲突有着可甄别性。它使得规范伦理可以顺畅地被用以讨论、分析和处理这些问题。但是，当代人类对自然环境的探索、利用和破坏，已经跨越了族际和代际的限制，使得受影响的主体及其权利或者利益具有了模糊性。假设为修复一所因过渡捕捞而面临崩溃的国际渔场，当代人类将因此而失去在该渔场捕鱼的机会。那么，如何证明为了未来人的利益而限制当代人的权利的道德合理性？既然未来人只是可能的人或者潜在的人，那么，当代人的过渡捕捞就不能被说成是对他们自主或者权利的侵犯，功利主义或者康德式道义论就无法为当代人的利益牺牲提出引人入胜的道德说明，特别是这种论证的价值基点是人类中心主义。

生物中心主义、生态中心主义和生态共同体主义试图通过对非人类中心主义的接纳，"赋予"非人类的生物或者生态以内在价值，从而为人类保护环境提供终极的合理性解决方案。生物中心主义和生态中心主义声称，感知不是拥有内在价值的必然前提，即使没有感知，也可以拥有内在价值。这种论断的实质是，以存在的现实性推导价值的合理性，由"是"引申出"应该"。它不但无法科学地解释人类与自然之间的辩证关系，而且割裂了非人类的生物或者生态的外在价值与内在价值之间的联系。生态共同体主义，例如"大地伦理学"，尝试性地以类推的方法为人类保护生态提出了道德理由。它认为，既然在人类共同体内部，成员之间应该认识到相互合作的义务并据此行动，那么，作为更大的生态系统（生态共同体）的成员，人类共同体与其他非人类共同体之间也应该发展出相互合作的义务与行动。这种推论太过牵强。人类之间的相互合作乃是基于共同的实践和目标，而不是同属共同体的接近性。同时，人类之间的合作是相互的，但是，人类共同体与其他共同体之间的合作是单向的。尽管非人类中心主义存在哲学上的缺陷，但它仍然受到环境伦理学共同体的认可与接受。这就决定了新的环境伦理学研究只是非人类中心主义价值基点上的具体方式的改变。

环境伦理学家受复兴的德性伦理感召，反省了规范伦理以行动为中心的理论旨趣料理复杂的生态问题时的"单薄"（thin），批评规范伦理犯了思想策略简单化和单调化的错误，机械地将自然科学的研究方法用于环境伦理学,试图把纷繁复杂的伦理现象归结为几条纯粹抽象原则的"理论",然后将这些"理论"适用于所有理性的人的道德推理和道德实践中的所有事件;提出以德性伦理作为应对环境伦理难题更丰富和更有力的思想资源和方法指引,认为人们对自然的道德淡漠应该受到公开的道德谴责,因为它违反了基本而重要的品质德性;建议我们应该发展一种环境伦理学,其思考的中心不是试图证明自然的内在价值或者使非人类的权利合法化,也不是求证破坏环境的道德错误,而是反思"什么样的人会倾向于破坏自然环境"以及"如果我们肆意破坏自然环境,那么我们将会变成什么样的人"。这种思考方式为以功利主义和康德式道义论为理论传统的西方环境伦理研究带来了新的视角。

当代西方环境德性伦理研究主要面向包括环境德性伦理合理性的论证、具体环境德性构成性的说明,以及德性伦理在环境伦理学中价值性的挖掘。环境德性伦理合理性的论证主要从两个层面展开:一是通过学理分析传统规范伦理学应用于环境哲学时的瑕疵,引发朝向德性伦理的视野转换;二是通过具体环境事件或者环境人物的启发性反思,引导德性伦理分析环境难题的直觉正当性转向学术合理性。具体环境德性构成性的说明主要有两种方式:一是将传统德性创造性地应用到人与自然的关系之中;二是根据环境哲学的理论特色,提出新的德性德目。第一类德性德目容易为人接受,但是,削弱了环境德性伦理研究的独特性。而且"成为一个有道德的人是否足够成为一个完全有环境道德的人。因此,在这一概念上,行为主体可能有真正的德性,但缺乏环境德性"[①]。第二类德性德目独具风格,但是,其内涵不清晰;虽容易震撼人心而可亲,但有时难以经受学理的推敲而显得缺乏可信。德性伦理在环境伦理学中的价值性必须回应两个基本的问题:一是应该如何处理德性伦理与规范伦理在环境哲学研究中的关系,具体言之,环境哲学研究中的德性伦理方法,与功利主义、康德式道义论甚至契约主义的方法,是相互排斥还是共生共容?二是如何将德性伦理的方法具体应用于环境实践,以回应反对者对其无法提供行动指导的批评?应该说,当代西方环境德性伦理在这些方面都做了积极的探索。

环境德性伦理学秉承了环境伦理学以实践为导向的理论传统,它所提出的概念、命题和理论具有鲜明的现实针对性。例如卡法罗的《暴食、

---

[①] Ronald Sandler. "The External Goods Approach to Environmental Virtue Ethics", *Environmental Ethics*, 2003, Vol. 25, pp. 279–293.

自大、贪婪和冷漠：环境邪恶探究》就可以被视为当今商业化时代关于道德人心的有力批驳。他提出，暴食不但伤害环境，使物种消亡，而且扭曲了主体的品德，损伤主体体验深层的幸福，使之忽视了对真正重要的事情的理解，使人们很难体验更好的生活，引致"好生活的粗俗的观点"；傲慢使我们变得自私，败坏了我们的理性能力。① 自然为我们提供了无尽的惊叹、理解和自我实现的可能。冷漠或者傲慢以致不能欣赏这些价值的人的生活是赤贫的。我们伤害自然，"因为我们不理解对于他者或者我们自己自我利益的责任。我们错误地假设，我们可以分开对自然的伤害、对人类的伤害、对他人的伤害和对我们自己的伤害。我们不明白环境邪恶不只是伤害自然，他们也伤害我们和我们周围的人们"②。我们应当考察并最终改变我们对自然的态度。作为结果，不但人类，而且自然，都会变得更好。弗拉兹提出环境仁慈："如果仁慈是一种环境德性，那么，一位环境上的好人，对人类和非人类他者的幸福、繁荣、健康、利益或者福祉，具有一种积极和始终如一的关心。一位环境上的好人，对于提升构成大地的所有其他成员的繁荣，有着积极的兴趣。向非人类他者关心的范围的扩展，组成环境仁慈的首要特征。"③ 这些无疑都深刻地指向当今严酷的环境难题。

卡法罗对环境德性伦理的学术贡献做出过理论归纳："通过有效利用一套综合的德性和邪恶的概念，为我们同自然环境的关系与互动提供了一种丰富且具细微差别的描述性和规范性的语言。通过详细解释人类繁荣与自然之间的联系，它弥补了基于责任和基于恐惧以论证环境上的开明行为与政策的正当性的不足。通过对人类繁荣富有生态见识的说明，它为我们提供了以消费为导向的人类繁荣构想之外的替代性选择。通过人类和自然之间共同繁荣的积极的、令人向往的想象的刻画，它为那些人或者是蹂躏者或者是苦行者的人类—自然关系提供了替代性构想。通过详细说明倾向于环境欣赏和个人约束的品质类型，它有助于速描一个

---

① Philip Cafaro. "Gluttony Arrogance Greed and Apathy: An Exploration of Environmental Vices", in: Ronald Sandler and Philip Cafaro (eds.). *Environmental Virtue Ethics*, Maryland: Rowman & Littlefield Publishers, Inc., 2005, p. 146.

② Philip Cafaro. "Gluttony Arrogance Greed and Apathy: An Exploration of Environmental Vices", in: Ronald Sandler and Philip Cafaro (eds.). *Environmental Virtue Ethics*, Maryland: Rowman & Littlefield Publishers, Inc., 2005, p. 153.

③ Geoffrey B. Frasz. "Benevolence as Environmental Virtue", in: Ronald Sandler and Philip Cafaro (eds.). *Environmental Virtue Ethics*, Maryland: Rowman & Littlefield Publishers, Inc., 2005, pp. 125–126.

真正可持续社会的决定因素。通过聚焦实现持续的环境进步所必需品质状态，它提升了道德发展和环境伦理学教育的特色。"① 这种归纳虽比较中肯，但囿于环境伦理学研究的视野。

环境伦理学是应用伦理学的分支。环境德性伦理的精髓是探讨德性伦理进入环境伦理的可能性与理论路径。因此，如果从更广阔的应用伦理学的思想背景下反思德性伦理在应用伦理学研究中的意义与价值，那么，将会产生别样的理论风味。众所周知，在西方应用伦理学中，传统且主流的方式是将道德哲学理论（例如功利主义和康德式道义论）应用在具体的实践难题中，通过道德推理和道德论证，探寻具有道德合理性的行动方案，核心问题是"我应该如何行动"。这种应用伦理学研究以原则为基础，以行动为导向，其实质就是道德原则的实践应用，带有明显的简化论者的心态。由于关注的是道德主体行动的道德合理性，因此，道德主体的品质状态始终无法真正进入传统应用伦理学的视野。环境德性伦理研究的兴起，在某种程度了影响了人们对应用伦理学目标和方法的理解。例如，关于在应用伦理学中应用什么（只是普遍的法则或原则吗），道德法则与理论应用于什么主题（只是外在于道德主体的行为吗）。环境德性伦理通过对道德主体自身的独特聚焦，延展了应用伦理学的范围，使之扩展到包括直接与道德主体相关的问题，引导到对道德主体品质的关心，从"我应该怎么做"拓展到"我应该成为什么类型的人"。环境德性伦理所体现的对道德主体及其行动研究的历时性方法，寻求在将行动者的生活视作整体的境遇中去理解特定的行为和选择，从而使得它对道德主体的分析明显区别于以行动为基础的应用伦理视角。如果环境德性伦理所折射的对应用伦理学的质疑，乃是界定应用伦理学是什么和应该是什么的标准，那么，同以行动为导向的方法相比，环境德性伦理处于不利的地位。但是，如果我们承认，对德性伦理作为应用伦理学理论与方法资源的审慎悦纳，会转换和延展对于道德法则或原则应用的内涵以及其恰当应用的主题范围，那么，德性伦理在应用伦理学中的价值就应该得到更大的认可。②

---

① Philip Cafaro. "Environmental Virtue Ethics Special Issue: Introduction". *Journal of Agricultural and Environmental Ethics*, 2010, Vol. 23, No. 1/2, pp. 3 – 7.

② 关于如何理解德性伦理对应用伦理学研究的拓展，本文借鉴了 Guy Axtell 和 Philip Olson 的观点。请参阅 Guy Axtell and Philip Olson. "Recent Work in Applied Virtue Ethics", *American Philosophy Quarterly*, 2012, Vol. 49, No 3, pp. 183 – 204.

## 二、当代西方环境德性伦理的理论缺陷

"我们的环境决策使我们成为更好或更坏的人,创造出更好或更坏的社会:更健康或更病态,更富有或更贫穷,更博学或更无知。任何对我们的行为和生命的完整评价都必须包括德性伦理的内容,任何完整的环境伦理都必须包括环境德性伦理。"① 但是,环境德性伦理学也受到不少质疑和批评。有些批评来自环境德性伦理学共同体内部,这种批评可以看作环境德性伦理发展过程中的自我诊断和自我修复。它维护环境德性伦理研究时坚持的基本的德性伦理立场,但对一些具体的理论观点有着不同的理解。例如,弗拉兹的论文《环境德性伦理:环境伦理学的新方向》进一步拓展了德性伦理的洞见在环境伦理中的价值和意义,考察了以德性伦理作为思想资源和理论方法研究环境伦理的风险,特别是对希尔提出的"恰当的谦逊"做了富有启发性的补充。弗拉兹认为,希尔关于对人的谦逊的发展会导致对自然的谦逊的发展的观点,缺乏必要的合理论证,仅仅是一种断言;发展对自然的"恰当的谦逊"的德性的阻碍因素不仅有希尔提出的自负和缺乏"自我接受",还应该包括缺乏"其他接受"。缺乏"自我接受"表明的是人们未能正确理解自己在自然秩序中的位置,而缺乏"其他接受"反映的是人们未能依照自然本来面貌而去接受自然,而是表现出跟随自己的情感而曲解自然的一种倾向。因此,为了发展"恰当的谦逊",人们就不但应该正确地理解自己的本来地位,而且应该妥善地接受自然的本来面貌。② 弗拉兹批评希尔虽然提出了"恰当的谦逊",但是缺乏应有的分析。他认为,"恰当的谦逊"在道德上是一种令人钦佩的性情,是过度谦逊和谦逊不足的中道,因此,为了正确理解"恰当的谦逊",就必须考察它的两个极端。过度谦逊包括"奉承、错误的谦逊和有意贬低一个人的才能"③;谦逊不足包括傲慢和自我中心。

更尖锐的批评来自环境德性伦理学共同体外部。这种批评的视角主要有以下两个。

---

① Philip Cafaro. "Thoreau, Leopold, and Carson: Toward an Environmental Virtue Ethics", *Environmental Ethics*, 2001, Vol. 22, pp. 3–17.
② Geoffrey B. Frasz. "Environmental Virtue Ethics: A New Direction for Environmental Ethics", *Environmental Ethics*, 1993, Vol. 15, No. 3, pp. 259–274.
③ Geoffrey B. Frasz. "Environmental Virtue Ethics: A New Direction for Environmental Ethics", *Environmental Ethics*, 1993, Vol. 15, No. 3, pp. 259–274.

## 1. 颠覆环境德性伦理研究的理论基础，从根本上反对环境德性伦理

罗尔斯顿（Holmes Rolston）表达了对以品质为基础的环境德性伦理的担心，指责其歪曲了道德生活的重要事实。他认为，尊重自然的卓越应该是我们的目标，而我们个人的成熟只是追求这种目标过程中的一个副产品。这就是说，我们的动机应该是对生物及自然实体的内在价值的尊重，而不是为了个人的目标，例如获得德性。环境德性伦理只是关注"人类自身的发展，是不成熟的"[1]。因此，罗尔斯顿提出，与其说"环境德性伦理学"，不如说"环境价值/德性伦理学"；否则，我们就只有一半伦理学。为了自我感觉良好而尊重自然，不是恰当的目标。我们应该做的并不总是我们喜欢做的或能使我们品质更高尚的。我们对自然实体的关心，如果只是为了获得回报，而不是对自然实体内在价值的尊重，那么，我们就不能从这种关心中获得德性的成长。他认为，对任何真正的环境伦理学而言，对自然实体内在价值的尊重都是本质性的。如果我们只是视尊重自然为获得德性的手段，那么，就错失了尊重自然的核心问题；我们应该因自然自身的原因而重视自然，而不只是作为人类繁荣的一种手段。以"沙漠鱼"（desert fish）的保护为例，罗尔斯顿指出："人类卓越的品质的确起到关心沙漠鱼的作用，但是，如果这些卓越的品质只来自关注其他事物，那么为什么不是在野生自然中其他物种的价值优先呢？"[2] 事实上，防止鱼的种类受到进一步破坏的唯一途径就是尊重自然（鱼）的内在价值，进而实现卓越的可能性。在罗尔斯顿看来，梭罗并没有明显的尊重自然内在价值的思想，而是更多聚焦于自我发展。这就明显不同于卡法罗对梭罗的定位。罗尔斯顿认为，即便我们不能获得任何有关个人德性的回报，我们也希望动植物群繁荣。因为我们自己的命运同一个健康的生态系统的命运密切相关，人类的卓越只是我们应当努力赢取的一半。

罗尔斯顿的批评是有道理的。以品质为基础的环境德性伦理本质上仍是人类中心主义的。人类的环境德性之所以是必要的，是因为其内在的前提是人类的繁荣。因此，人类对于环境的德性只是作为人类繁荣的

---

[1] Holmes Rolston Ⅲ. "Environmental Virtue Ethics: Half the Truth but Dangerous as a Whole", in: Ronald Sandler and Philip Cafaro (eds.). *Environmental Virtue Ethics*, Maryland: Rowman & Littlefield Publishers, Inc., 2005, p. 70.

[2] Holmes Rolston Ⅲ. "Environmental Virtue Ethics: Half the Truth but Dangerous as a Whole", in: Ronald Sandler and Philip Cafaro (eds.). *Environmental Virtue Ethics*, Maryland: Rowman & Littlefield Publishers, Inc., 2005, p. 68.

一种手段。这就使它同康德式道义论和功利主义一样，无法合理解决"最后一代人"的道德难题。"最后一代人"是西方环境伦理研究中的一个思想实验，其中一个版本是，一个世纪以后，地球暴发疾病，导致全部有知觉能力的生物不育。最后一代人建造了复杂的核动力机器人做服务员，确保他们衰老的时候过得舒服。如果不完全关闭，这些为机器人提供动力的核工厂会产生一系列严重的核事故，从而破坏留存的生物圈。由此引发的道德难题是，这最后一代人应当做出牺牲，以确保在最后一个人死亡之后，安全关闭核工厂吗？康德式伦理学或者契约主义的答案无疑是否定的；而功利主义认为，牺牲最后一代人的舒适以保存无感知的动植物，是道德上错误的行为。从德性伦理的视角分析，为了自身的舒适而牺牲其他物种的生存的最后一代人是自私的，而自私在道德上是错误的，因为它损伤了人类繁荣。但是，问题在于，既然人类从此之后将不复存在了，那么，也就不会存在促进繁荣或者损伤繁荣的争论，因此，自私或者无私就是一个伪问题。

**2. 质疑环境德性伦理的实践价值或者走向实践的可能性**

赫利（Marilyn Holly）认为：第一，环境德性伦理不能为人们的环境行动提供确定性的指导。特别是当不同的德目发生冲突的时候，我们往往很难抉择，也难以找到一个环境上的有德者寻求帮助。因为这种有德者可能在我们这个社会不存在，或者他/她不会面对这种道德难题。而以规范伦理为基础的环境伦理学可以提供这种确定性。第二，环境德性伦理预设了一个固定的德性和邪恶的框架，人们由此可以确定善恶的内容和边界。这种框架背后的理论基础是对根本的、不变的人类本性的认同。但是，这种人类本性的确定性是可疑的。如果人类本性的构想不断变化，那么，关于人类德性与邪恶的认识也必然随之改变，这就使得环境德性伦理预设的框架是不确定的。第三，有些环境德性伦理学者提出，保护自然产生的快乐高于消费主义的快乐。这种论断的问题在于，存在更高和更低的快乐之分吗？即使存在，我们应该怎么区分呢？这种区分的标准能够获得广泛的认同吗？事实上，密尔（John Stuart Mill）的功利主义原则尝试性地解答了这个问题，但是这种解答遭到了人们的质疑。第四，环境德性伦理的目的在于环境实践，而这恰恰是他们的劣势。环境德性伦理缺乏相应的政治德性理论，以在公共政策中贯彻其主张；环境德性如何能够在人们的社会化中，被灌输成为他们的品质，也是一个没有合理回答的难题。①

  赫利的批评,特别是其对环境德性伦理走向实践可能性的担忧,确实是环境德性伦理研究面临的难题。环境德性伦理的正当性最终应当来自它对引导人类实践、提升常人福祉和保护自然环境的贡献。但是,不管是西方伦理思想还是东方道德智慧中,都不乏借由道德主体的品质或者人格而完成善待环境的真知灼见。问题在于,这些关于环境德性的真知灼见很少受到人们的认真实践。因此,环境德性伦理中真正的要害,不是人类需要重构环境德性,而是人类需要通过教育安排和制度设计,使这些德性内化为道德主体的意识。但是,当代西方环境德性伦理既没有提出相应的政治德性理论,以在公共政策中贯彻其主张;又没有合理地论证环境德性如何能够在人们的社会化中,被灌输成为他们的品质。

  当代西方环境德性伦理研究在梭罗等践履环境德性的历史范例身上,倾注了大量精力,试图激起人们效仿的道德热情。但是,梭罗受到瓦尔登湖的震撼,从而产生了回归自然的道德情感,并不是一个可以普遍化的精神现象。可能性的结果是,更多的人不会欣赏梭罗的这种善生活的理念,更无须谈受其震撼。而梭罗之所以受到震撼,也可能与他个人的气质或者性格相关。卡法罗对梭罗生活选择的充满激情的描绘,并没有充分证明在获取快乐的质和量上,消费主义的物质性低于自然主义的简单性。这就使得环境德性伦理由理论建构向实践转化的过程中,"动之以情"的成分远甚于"晓之以理"的色彩。如果情和理不能交融,情有余而理不足,那么,这势必使人产生可敬而不可信的质疑。他们建构具体环境德性主要有两种方式:一是将传统德目创造性地应用到人与自然的关系之中;二是根据既有的环境伦理研究,提出新的德目。这两种环境德性建构的方法各有优劣。第一类德目给人以熟悉感,第二类德目给人以新鲜感。但是,哪些传统德目可以创造性转化为环境德目,或者哪些德目何以成为环境德目,需要细致的论证。

  德性式微是现代社会难以摆脱的命定。这就使得以德性伦理作为理论资源和思想方法处理复杂的环境难题,就具有了某种文化乡愁的意蕴。它成为在剧烈变动的社会生活中,主体对历史文化传统的怀念和眷恋。对于伦理学而言,其本原近旁就是德性伦理学。无论是对于西方还是东方,发展最早也最成熟的伦理学理论形态无疑正是德性伦理学,而且这

---

① Marilyn Holly. "Environmental Virtue Ethics: A Review of Some Current Work", *Journal of Agricultural and Environmental Ethics*, 2006, Vol. 19, No. 4, pp. 391-424.

种古代的德性伦理学一直被描绘成造就了良善的社会道德秩序。因此，当现代社会的人们感困于道德的残败时，从情感上就更容易希望借由回溯伦理学的"文化故乡"，以回应现实道德困境；构成对现实社会道德不满的精神乌托邦的寄托，成就一种精神的归乡。但是，如果这种"文化乡愁"只是知识界部分人的精神运动，而不是社会中普遍的道德共识，它就难以触发广泛的相关的社会行动。

### 三、环境治理的德性伦理视角

环顾全球，环境污染和生态危机已然成为当代严重的道德话题。环境污染所影响的不但是经济持续、稳健增长是否可能，而且关系到政治稳定、和谐是否可能。因此，人类社会需要迫切地重建"美丽世界"。从表面上看，"美丽世界"是指向环境或者生态的存在；但是，其深层却是朝向人的内心。由此，"美丽世界"就不但是环境优美的世界，而且是人心"卓越"的世界；它不但指向自然物理，而且面向社会人文。只有当世界中人心"卓越"时，才能有持续的环境优美的世界。因此，"美丽世界"的逻辑起点就是人之卓越，就是人能够合德性地与自然生态和谐相处。从这种意义上来说，当代西方环境德性伦理从"我应该如何行动"到"我应该成为什么类型的人"的研究视角切换，正贴切回应了当代世界环境治理中的核心命题。"那些重视谦恭、感激……品质的人更有理由去热爱自然。"① 环境治理所应该着力的所在不是道德主体具体行为的规范，而是作为整体的德性。德性不包含人应当做什么、不做什么的具体指示，而以概括的形式说明和评价人的行为的一定方面。虽然德性不是纯粹的内在心理或意识，它与道德行为紧密相连，但德性毕竟是内化了的道德信念和道德情感的升华，因此它对道德行为的选择，表现出更强的自主自觉性及更多的自律性。同时，德性会帮助人们保持道德选择的合理性，从而获得更大的道德自由。人只要具备了德性，外在规范的作用已经消弭于无形，就能把握道德判断和选择的主动权，减少道德失控。

"传统是指从前辈继承下来的遗产，这应当是属于昔日的东西。但是今日既然还为人们所使用，那是因为它还能满足人们今日的需要，发生着作用，所以它曾属于昔，已属于今，成了今中之昔，至今还活着的昔，

---

① Thomas E. Hill, Jr.. "Ideals of Human Excellence and Preserving Natural Environments", *Environmental Ethics*, 1983, Vol. 5, No. 3, pp. 211－224.

活着的历史。"① 这种作用主要表现为对现实的人类生存和社会发展显现出的预制性。"预制"是一个形象的比拟。工匠们在建造桥墩时，总要先用木板和钢筋等材料做成桥墩的模型，然后注入混凝土，干涸后成为桥墩。那些桥墩的模型就是预制。只要预制模型不变，那么，其模塑出的构件就基本相同。昔日传统对今日生活的预制性，使得文化的发展主要地不是表征为普遍的和制造的，而是呈现出经由历史延续而培育的特征。②

人优于其他万物，是中国道德文化理解天人关系的重要传统。"水火有气而无生，草木有生而无知，禽兽有知而无义。人有气、有生、有知，亦且有义，故最为天下贵。"(《荀子·王制》)物我同一是人生最大的耻辱。生物中心主义、生态中心主义和生态共同体主义试图通过对非人类中心主义的接纳，"赋予"非人类的生物或者生态以内在价值，从而为人类保护环境提供终极的合理性解决方案。生物中心主义和生态中心主义声称，感知不是拥有内在价值的必然前提，即使是没有感知，也可以拥有内在价值。生态共同体主义认为，既然在人类共同体内部，成员之间应该认识到相互合作的义务并据此行动，那么，作为更大的生态系统(生态共同体)的成员，人类共同体与其他非人类共同体之间也应该发展出相互合作的义务并据此行动。这种非人类中心主义的理论构思虽然很精巧，但很难植根于中国既有的道德文化传统中。

在中国道德文化传统中，环境受到人类温情的善待，不是出自人类对环境内在价值或者天赋权利的尊重，而主要是出自人类的理智德性和道德德性。人类不应竭泽而渔，不能使用网眼细密的渔网捕鱼，不能砍伐林中幼小的苗木，不能射杀哺育幼崽的动物。这些道德教诲反映的是人类在天人关系中的明智德性或者实践智慧。亚里士多德称之为"一种同善恶相关的、合乎逻各斯的、求真的实践品质"③。它要求人类在使用环境和保护环境之间取得一种平衡或者维持恰当的度。这种实践智慧同原始宗教信仰的有灵论相结合后，产生出更强烈的威慑性力量。因此，在当代中国乡村社会中，古木受到人们的保护甚至祭拜，并不是古木的内在价值或者天赋权利得到尊重，而是人们为了通达美好生活而做出的

---

① 费孝通：《重读〈江村经济·序言〉》，载《北京大学学报（哲学社会科学版）》1996年第4期。
② 李萍、童建军：《公民教育定位的思考》，载《中国德育》2009年第2期。
③ [古希腊]亚里士多德：《尼各马可伦理学》，廖申白译，商务印书馆2003年版，第173页。

道德选择。"以羊易牛"的典故反映了人类对待环境的仁德或者广义的道德德性。"衅钟"是源自周朝的礼仪，凡新铸成的钟必以牛羊的鲜血祭祀之，以显示钟作为神器的独特。它本质上就是一套社会规范。因此，齐宣王必须遵守。但是，牛之"觳觫"又令齐宣王"不忍"。于是，作为一个化解道德困境的方案就是"以羊易牛"。齐宣王舍弃牛的选择不是出自对牛的权利的认识，而是对自身不忍的体认。这是他出于内在的德性情感而外化为德性的仁术。因此，孟子并没有因为齐宣王"以羊易牛"的选择而对他做出道德谴责，而是盛赞这种选择体现的是"仁术"。他关心的不是"衅钟"的对象究竟为牛或者羊，而是诱使齐宣王做出这种替代选择的道德心理——"不忍"。因此，天人关系的核心，是人的德性。

# 第四章 生命德性伦理

生命伦理的研究主题比较广泛。动物实验、人类生殖、生育控制、安乐死、器官移植和基因工程等,都是生命伦理研究已经深入探讨的领域。生命伦理研究及实践的四原则——有利、尊重、公正及互助,也取得了比较广泛的共识。生命伦理学诞生于 20 世纪 60 年代,功利主义和道义论及其变种一直以来在生命伦理学中扮演着主导性理论角色,德性伦理基本处于失语状态。这种不正常的状况不利于德性伦理与生命伦理学的发展。德性伦理复兴以来,以德性伦理作为理论资源和思想方法讨论生命伦理问题的学术探索日趋兴盛。例如,麦克杜格尔(R. McDougall)认为,德性伦理学提供了思考生殖伦理的最佳方式。父母德性是一种性格特征。鉴于有关人类生殖的自然事实,这些性格特征有助于儿童的茁壮成长;贤惠的父母拥有并实践父母的德性;如果一个生育行为是有德的父母愿意选择的,那么这个行为就是正确的。① 本章以堕胎及人类对动物的态度为例,阐释德性伦理在生命伦理学中可能的理论贡献甚至论证优势。

## 第一节 堕胎的德性伦理论证

在堕胎的伦理争论中,胎儿的地位与妇女的权利是争论中的两个核心议题。赫斯特豪斯开创性地从德性伦理的视角讨论了堕胎的道德问题。其论文《论德性理论与堕胎》(*On Virtue Theory and Abortion*)成为现代西方应用德性伦理研究中广泛引用和评述的重要文献,它是其著作《生命起始》(*Beginning Lives*)的缩略与少量修正。该著作对更广泛的与堕胎有关的许多争论进行了分析,而该论文主要是介绍德性伦理的结构,以证明德性伦理可以成为匹敌功利主义与义务论的道德哲学,堕胎只是

---

① R. McDougall. "Acting Parentally: An Argument Against Sex Selection", *J Med Ethics*, 2005, Vol. 31, pp. 601 – 605; "Parental Virtue: A New Way of Thinking about the Morality of Reproductive Actions", *Bioethics*, 2007, Vol. 21, No. 4, pp. 181 – 190.

作为德性伦理如何提高道德争论的一个例证。赫斯特豪斯提出,堕胎关系着对内在值得的生活的理解,成为母亲是一种内在的善,是兴旺繁荣的好生活的一个组成部分。妇女选择堕胎一般而言反映了她们缺乏有价值的道德品质。赫斯特豪斯帮助我们理解在堕胎中牺牲的善以及父母身份在一个真正完满的人类生活中的重要性。她注重具体情境的分析,反对以普遍抽象的原则指导堕胎。但是,赫斯特豪斯对堕胎的伦理正当性的论证并没有令人信服地认为,德性伦理可以成功地转换堕胎争论的问题。

## 一、规范伦理论证堕胎问题的不足

在堕胎的伦理争论中,西方的哲学家和神学家援引不同的思想资源,提出了不同的理论观点。在这些理论观点中,主张无条件堕胎的自由主义和否认任何堕胎的保守主义是两个极端的观点;在这两个相互对立的观点之间,更多人秉持着中间主张,赞成有条件和有限度的堕胎。① 尽管不同学者辩护或者反驳堕胎的伦理正当性的理由彼此之间存在差异,但是,毫无疑问的是,胎儿的地位和妇女的权利是堕胎的伦理争论中最核心的两个问题。在胎儿的地位这个问题上,最紧张的焦点是,胎儿是否具有完全生命权的个体,是否享有生命尊严不受侵犯的道德地位;在妇女的权利这个问题上,最激烈的对峙是,妇女是否具有自我身体的绝对控制权,胎儿的生命权能否超越妇女的自主权。

辛格(Peter Singer)在对堕胎的伦理正当性的辩护中,发展了否认胎儿地位的极端观点。他在《实践伦理学》中批评了基于宗教理由理解胎儿地位的传统观念。在传统基督教信仰中,人是上帝的摹本的特殊性,使得每一位个体,无论是成人还是胎儿,都拥有生命权这一神圣不可侵犯的权利。但是,根据宗教信仰去解释胎儿的地位,依赖的是有争议性的前提,并且这种解释只能在有限的受众中传播,无法形成一种具有普遍约束力的道德规范。因此,辛格认为,人的生命权论证不能来自宗教信仰。他提出要从"自我意识发展水平与理性程度"为人的生命权寻找新的理由。辛格将生命分成无意识的生命、有意识的生命和有自我意识的生命三类,认为只有那些有自我意识的生命才配享有生命权。辛格认为,胎儿是生命的一种形式,但只是有意识的生命而不是有自我意识的生命,并不比其他有意识的生命拥有更加特殊的地位。"如果理性、自我

---

① 参见王延光《人工流产的伦理辩护和应用问题探讨》,载《哲学动态》2009年第6期。

意识、知觉、自主、苦乐等与道德相关的特征进行公平的比较，那么，猪、牛，甚至很被看不起眼的鸡，都要领先于处于怀孕任一阶段上的胎儿——要是我们对不足三个月的胎儿进行这种比较，那么鱼都会显示出更多的知觉迹象。"① 因此，辛格提出，胎儿生命的价值并不大于其他非人动物的价值，不配享有自我意识的生命才配享的生命权，妇女即使在怀孕晚期出于最微不足道的理由而选择堕胎也不应受到谴责。

汤姆森（Judith Jarvis Thomson）在对堕胎的伦理正当性的辩护中，发展了肯定妇女权利的极端观点。不同于辛格否认胎儿的生命权，汤姆森承认，胎儿是一个人，由此具有生命的权利。由此，堕胎问题争议的核心就由胎儿是不是一个人，转化为母亲与胎儿权利的竞争。汤姆森的基本主张是，一个人的生命权并不自动产生一个相应的他者的义务，即他者没有为另一个人的生命维系提供手段的义务。因此，即使胎儿是一个人，具有相应的生命权，但该权利并不使其母亲负有以自己身体为其提供营养环境的义务；相反，母亲拥有控制她自己身体的权利，她可以合法地终止胎儿的需求，即使这样会导致胎儿死亡。生命权主要是一种不要被不公正地伤害的权利，而不是被给予维系生命任何所需的权利。② 汤姆森认为：一个人没有道德义务将其身体供给一个（无辜的）成年人使用。因此，同样，母亲没有义务为其不受欢迎的胎儿提供身体。母亲对其身体的控制是首要的。即使胎儿只使用其母亲一个小时的身体，汤姆森认为："我们并不应当认为，胎儿具有使用妇女身体的权利。我们应当认为，如果这位妇女拒绝，她是以自我为中心的、冷漠无情的、有伤风化的（不适当的），但不是不公正的。"③ 这就是说，存在两种行为，一种是冷酷无情的，一种是不公正的。任何一种我们都不应该做，任何一种都是同等严重的。但是，我们只要求不去做不公正的行动。④ 如果考虑到怀孕远比胎儿只使用一个小时的母体更为辛苦和复杂，那么，对于汤姆森而言，妇女选择堕胎就不会被认为是那么邪恶的了。

赫斯特豪斯发现："我们习惯于认为伦理学或者道德哲学同行动的正当性和错误有关。（所有的）堕胎都是错误的吗？流产一个正成长为婴

---

① ［美］彼得·辛格：《实践伦理学》，刘莘译，东方出版社2005年，第148页。
② Judith Jarvis, Thomson. "A Defense of Abortion", *Philosophy and Public Affairs*, 1971, Vol. 1, No. 1, pp. 47 – 66.
③ Judith Jarvis, Thomson. "A Defense of Abortion", *Philosophy and Public Affairs*, 1971, Vol. 1, No. 1, pp. 47 – 66.
④ Richter Duncan. "Is Abortion Vicious", *The Journal of Value Inquiry*, 1998, Vol. 32, pp. 318 – 392.

儿的胎儿，致其于极大的痛苦中，是正当的吗？（所有的）杀婴都是错误的吗？伦理学或者道德哲学被认为要为这些问题提供答案。"① 赫斯特豪斯指出，局限于从胎儿地位与妇女权利的角度，争论堕胎的伦理正当性的道德哲学家，很难认识到德性伦理在堕胎的道德问题上富有创见的认识。那些道德哲学家可能会误以为，从德性伦理的视野讨论堕胎的伦理正当性，就是阐述在堕胎的道德问题上有德者的行动方案；或者就是空洞地以正义或者仁慈等道德品质用于堕胎的道德争论。这些都是笨拙的模仿。"如果这就是德性论思考堕胎的方式，那么，人们认为其无用就很正常。"② 赫斯特豪斯提出，这种曲解使道德哲学家们无法深刻认识到德性伦理在堕胎的道德问题争论中的理论贡献，使他们无法欣赏到德性伦理对堕胎的道德问题的转移——从胎儿地位的争论中转移，消除对抽象的形而上学知识的依赖；从妇女权利的争辩中转移，纳入对人类好的生活与道德品质的关注。"这种转移消除了这两个熟悉的主导性的思考方式"③，使争论的焦点不再集中于胎儿的地位和妇女的权利。赫斯特豪斯认为，如果在德性伦理的框架内讨论堕胎的道德问题，那么，无论是胎儿的地位还是妇女的权利，都不具有重要的道德意义。

赫斯特豪斯认为，胎儿的地位是一个形而上的问题，以之作为堕胎的道德论争的一个前提条件，是不合理的。关于胎儿的知识不能是只有内行才懂的本体论，因为那将使多数人不具备这些资格。一个合理的判断应当以"熟悉的生物事实"为基础。这些"熟悉的生物事实"是大多数人类社会共享并熟悉的。"熟悉的生物事实"指的是，大多数人类社会熟悉怀孕是性行为的结果，它延续九个月，其间胎儿生长和发展，通常结束于一个活体婴儿的出生，这就是我们来到这个世界的方式。面对这些熟悉的生物事实，我们必须反思，它们如何影响我们的实践推理、行动、情感与思考；必须反思我们对这些熟悉的生物事实的正确态度以及错误的情感。"对这些生物事实的正确态度的标志是什么，什么显示对它们具有错误的态度？"④ 赫斯特豪斯指出，当前关于堕胎的讨论中，人

---

① Rosalind Hursthouse. *Beginning Lives*, Oxford: Basil Blackwell with the Open University, 1987, p. 221.
② Rosalind Hursthouse. "Virtue Theory and Abortion", *Philosophy and Public Affairs*, 1991, Vol. 20, No. 3, pp. 223 – 246.
③ Rosalind Hursthouse. "Virtue Theory and Abortion", *Philosophy and Public Affairs*, 1991, Vol. 20, No. 3, pp. 223 – 246.
④ Rosalind Hursthouse. "Virtue Theory and Abortion", *Philosophy and Public Affairs*, 1991, Vol. 20, No. 3, pp. 223 – 246.

们总是倾向于超越这些"熟悉的生物事实"而得出有损胎儿的权利或者人的资格的结论。这就使得堕胎的讨论已经偏离了作为独特的道德问题的意义。"当前关于堕胎的哲学研究严重地脱离了现实。"①

如果将堕胎的道德正当性讨论移置到德性伦理的框架中，决定于有德者依其德性的行动，而鉴于德性几乎可以为任何有理解和学习能力的、成熟的人，通过一种正当的培养及生活经验而获得，② 那么，有德者拥有的知识类型不被认为是深奥晦涩的。换言之，既然有德者能够在合理的共同知识的基础上做道德判断，那么，关于堕胎的道德判断就不能依赖一个隐晦的形而上的问题。"有德者拥有的明智不被认为是深奥的。它不要求哲学的复杂的想象，也不依靠学院哲学家的洞见。这将会得出如下结论：根据德性论，胎儿的地位确实与堕胎的正当或者错误无关。"③ 在这里，隐含着一个推论：①有德者不需要晦涩的知识做道德判断；②胎儿的地位依靠晦涩的知识；③因此，有德者不需要胎儿地位的知识。赫斯特豪斯提醒，聚焦于胎儿的地位会窄化堕胎的道德正当性的争论，忽视了妇女、胎儿及将成为母亲及孩子之间的生物、社会及情感联系。对于赫斯特豪斯而言，这些联系具有重要的道德意义。首先，成功怀孕的结果是一个新的、不可替代的人类生命，具有内在价值④；其次，养育一个孩子的过程是一个人内在善的创造⑤；最后，养育一个孩子很好地呈现了德性⑥。而且，如果妇女未能成功堕胎，她将承受着养育孩子的重责，或者将之托付给他人。但即便后者也很少结束妇女对孩子幸福的关心⑦。如果妇女养育孩子，通过一个自然的生命循环，她将会提高

---

① Rosalind Hursthouse. "Virtue Theory and Abortion", *Philosophy and Public Affairs*, 1991, Vol. 20, No. 3, pp. 223–246.

② Rosalind Hursthouse. *Beginning Lives*, Oxford: Basil Blackwell with the Open University, 1987, p. 232.

③ Rosalind Hursthouse. "Virtue Theory and Abortion", *Philosophy and Public Affairs*, 1991, Vol. 20, No. 3, pp. 223–246.

④ Rosalind Hursthouse. *Beginning Lives*, Oxford: Basil Blackwell with the Open University, 1987, pp. 309–310.

⑤ Rosalind Hursthouse. *Beginning Lives*, Oxford: Basil Blackwell with the Open University, 1987, pp. 312–315.

⑥ Rosalind Hursthouse. *Beginning Lives*, Oxford: Basil Blackwell with the Open University, 1987, pp. 300–303.

⑦ Rosalind Hursthouse. *Beginning Lives*, Oxford: Basil Blackwell with the Open University, 1987, pp. 210–212.

其情感发展，体验到充满激情的母爱，实现高价值的母子关系。①

赫斯特豪斯指出，如果根据妇女的权利，人们有时候会认为，"你们讨论的是她的生活，对于她自己的生活和自己的幸福，她拥有权利。"争论就因此戛然而止了。但是，这种生活是一个好的人类生活吗？一个人可以出于其权利而犯下道德上正当的邪恶，如自私或者残忍吗？赫斯特豪斯认为，爱和友谊无法幸免于对权利的持续坚持中。一个依据权利的行动，依然会是一个错误或者邪恶的行动。如果人们始终秉持依其权利行动的优先性，那么，他们就无法生活得更好，不仅可能伤害他人，更可能伤害自己。赫斯特豪斯认为，假设我们特别关注一个好的人类生活的构成，真实的幸福或者福祉的构成，那么，妇女的权利将不是讨论的终点，而应将妇女的权利问题转入对好的人类生活与道德品质的分析，由此进入德性伦理的视域。"在古代伦理学中，不存在道德义务概念，古代伦理学关注的是与好的人类生活有关的问题以及为了获得好生活而必需的品格特征的问题。"② 赫斯特豪斯指出，伦理学被普遍地理解成为行动的正当性提供答案，"但是，古老的希腊人从一个完全不同的问题开始。对我们每一个人而言，伦理学被认为应当回答的问题是'我怎样活得好'"。③ 在德性伦理的语境中，我们会继续问："她的这种生活是好的生活吗？她活得好吗？"④ 赫斯特豪斯认为，如果我们继续讨论人类的好生活，那么，在堕胎的伦理正当性的讨论中，我们就必须将爱和家庭生活的价值，以及通过一个自然的生命循环培育我们适当的情感发展的价值引入我们的思考中。⑤

## 二、德性伦理论证堕胎问题的优势

在证明行动的正当性上，功利主义提供了一种说明，即一种事物最适宜的状态。在这种状态中，实现了最大多数人的最大幸福。在抽象的层面上，功利主义的理由相当简单：道德善根据一种最适宜的结果来理

---

① Rosalind Hursthouse. *Beginning Lives*, Oxford: Basil Blackwell with the Open University, 1987, pp. 311 - 315.

② Daniel Statman. "Introduction to Virtue Ethics", in: Daniel Statman ( ed. ). *Virtue Ethics*, Edinburgh: Edinburgh University Press, 1997, p. 4.

③ Rosalind Hursthouse. *Beginning Lives*, Oxford: Basil Blackwell with the Open University, 1987, p. 221.

④ Rosalind Hursthouse. "Virtue Theory and Abortion", *Philosophy and Public Affairs*, 1991, Vol. 20, No. 3, pp. 223 - 246.

⑤ Rosalind Hursthouse. *Beginning Lives*, Oxford: Basil Blackwell with the Open University, 1987, p. 241.

解，正当的行动根据那个结果来检验；给定完整的信息，功利主义就有着非常明确的行动方向。正是这种巨大的明晰性及基本概念的简单性，使之引起了许多理论的追随。不同于功利主义，道义论不是聚焦于结果，而是聚焦于对一套规则的坚持，这些规则是道德主体必须履行的义务。道德义务平等地约束所有理性的道德主体，并且从人类共享的理性本质中获得其权威。反过来这产生了一种尊重的要求。由于每一个人都拥有这么一种理性的本质，因此，每一个理性的道德主体都应尊重其他理性的主体。道义论一个关键的公认的优势在于，它在理性自身发现了道德责任的约束性力量。赫斯特豪斯认为，无论是功利主义还是道义论，都包含了一种规范行动的简单公式。人们行动的正当性证明，就是检测行动是否符合那个公式。如果德性伦理也可以提出类似功利主义和道义论的公式，那么，这就足以说明在指引和评价行动上，它能够匹敌功利主义和道义论。

赫斯特豪斯提出，德性伦理可以提供类似的公式，以完成行动的正当性证明。"一个行动是正当的，当且仅当它是有德者在这种情境会采取的行动。"[1] 但是，在相关情境中，有德者采取的行动并不总是正当的行动。如果有德者的行动并非出自德性或有助于人类兴旺繁荣，或有德者在道德情境中并非有意这么做，或者是别无选择情况下的行为，这些行动很可能不是赫斯特豪斯所主张的正当行动。之后，在《论德性伦理学》中，赫斯特豪斯对这一解释进行了修正和完善，加上了"依其品质特征"（characteristically）作为限定，形成了一条关于行动正当性的德性伦理学的解释，"一个行动是正当的，当且仅当它是一个有德者在这种情境依其品质特征总会做出的行动"[2]。这条规定依然无法给人们的行动提供指导，必须进一步说明"有德者"。赫斯特豪斯提出，"一个有德者是拥有并实践德性的人"[3]。但是，如果不对"德性"做出进一步解释，那么，"有德者"的定义就是一种语义上的循环表述。"德性是人类兴旺繁荣或美好生活所需的品质特征。"[4] 这种品质特征，不但必须有益于其拥有者，而且必须使得拥有者成为一个好人（好的人类）。冷漠自私的品

---

[1] Rosalind Hursthouse. "Virtue Theory and Abortion", *Philosophy and Public Affairs*, 1991, Vol. 20, No. 3, pp. 223–246.

[2] Rosalind Hursthouse. *On Virtue Ethics*, Oxford: Oxford University Press, 1999, p. 28.

[3] Rosalind Hursthouse. "Virtue Theory and Abortion", *Philosophy and Public Affairs*, 1991, Vol. 20, No. 3, pp. 223–246.

[4] Rosalind Hursthouse. "Virtue Theory and Abortion", *Philosophy and Public Affairs*, 1991, Vol. 20, No. 3, pp. 223–246.

质特质虽然可能有利于其拥有者，却不能使拥有者成为一个好人，因此，冷漠自私不能被算作一种德性。经过具体分析后，我们可以总结出赫斯特豪斯关于行动正当性的判断标准。这就是，一个行动是正当的，当且仅当它是一个拥有并实践人类兴旺繁荣或美好生活所需的品质特征的人，在这种情境依其品质特征总会做出的行动。赫斯特豪斯由此断言，德性伦理学不但能够反思好的人类生活，而且能够为行动提供规范化指引，可以成为功利主义和道义论一种可能的竞争性道德哲学。

具体到堕胎的情境中，堕胎行为正当性的判定标准就依赖于有德者的选择。赫斯特豪斯认为，有德的妇女拥有的道德品质包括勇敢、独立、坚决、果断、自信、负责、谨慎和自决。妇女选择堕胎一般而言反映的正是因为她们缺乏上述一种或几种品质。有些堕胎体现了一种无情或者短视；有些堕胎折射出一种贪婪和愚蠢。即使在堕胎的决定正当的情况下，它依然折射了一种道德的失败。"不是因为决定本身是脆弱的、怯懦的或者不负责任的，而是因为母亲是有其内在价值的，成为一位母亲在女人的生命中是一个重要的目的；同样，成为一位父亲也是男人的生命中一个重要的目的。"① 因此，即使是基于正当决定的堕胎，我们也必须将它认定为错误，"因为由于一个生命被打断的事实，一些罪恶可能被引起，并且那种情形使得这个决定引起了罪恶"②。

有德者认识到，堕胎是一个新人类生命的结束，同我们关于人类生命和死亡、亲子和家庭关系相关，必须严肃对待。"认为堕胎只是切除无关紧要的事情，或者只是权利的实践，都是冷漠的和轻浮的，这都不是有德者和明智者会选择的。"③ 有德者会认识到，堕胎关系着对有内在价值的生活的理解，成为母亲是一种内在的善，它是兴旺繁荣生活的一个组成部分。"一般而言，父母身份，特别是母亲身份及分娩，是有内在价值的，它们属于那些被恰当地视为一种繁荣的人类生活的部分本质的事物。如果这是正确的，那么，一位妇女通过堕胎，选择不成为母亲，会由此表明她对于其应当生活的理解的一种瑕疵。"④ 因此，一位妇女选择

---

① Rosalind Hursthouse. "Virtue Theory and Abortion", *Philosophy and Public Affairs*, 1991, Vol. 20, No. 3, pp. 223 – 246.
② Rosalind Hursthouse. "Virtue Theory and Abortion", *Philosophy and Public Affairs*, 1991, Vol. 20, No. 3, pp. 223 – 246.
③ Rosalind Hursthouse. "Virtue Theory and Abortion", *Philosophy and Public Affairs*, 1991, Vol. 20, No. 3, pp. 223 – 246.
④ Rosalind Hursthouse. "Virtue Theory and Abortion", *Philosophy and Public Affairs*, 1991, Vol. 20, No. 3, pp. 223 – 246.

堕胎而不是成为母亲,会因此被认为是陷入幼稚、短视或者浅薄。① 赫斯特豪斯认为,通过选择而成为无儿女的人有时候被描绘成不负责任的、自私的、拒绝成熟、不理解生活的真谛。拥有孩子是有内在价值的。扮演父亲或者母亲的角色毫无疑问会占据一个成年人生活的许多时间和空间,使其他值得的追求没有发展空间。但是,有些妇女选择堕胎而不是生下他们的第一个孩子,以及一些男人鼓励他们的伴侣流产,不想为人父母,不是出于其他值得的追求而避免父母身份,而是为了毫无价值的'玩得高兴',或者是为了自由、自我实现的理念的虚幻的想象的追求"②。赫斯特豪斯提出,一些人会说"我还没有做好为人父母的准备"。这种错误在于误以为,一个人能够操纵其生活环境以满足所拥有的梦想。或许一个人的梦想是在一段完美的婚姻内,在一个财富安全的环境中,有两个完美的孩子(一个女儿和一个儿子),有着自己感兴趣的工作。但是,过多关注那个梦想,对生活给予太多要求,会被认为是贪婪的和愚蠢的,并且存在着完全错失幸福机会的风险。不但命运会使梦想不可能,或破坏它,而且一个人对梦想的执着会使梦想不可能。

既然母亲身份是一种内在善,那么,赫斯特豪斯就预设了妇女不堕胎的道德义务。但是,赫斯特豪斯认为,我们不能够得出一些抽象的原则并以之为指导,而是必须反思在"这个"具体的案例中,追求的善与堕胎中断的善是否相当。一个特定的堕胎决定之所以为正当,必须是基于真实善的追求及对邪恶的避免。当一位妇女做出堕胎的决定时,当完全知道母亲的身份是一种内在善的事实,并且当堕胎同这种内在善不冲突时,那么,堕胎在伦理上就似乎是被允许的。如果一个妇女对父母身份内在的善无知或者决定不理会它,并且选择了堕胎,那么,堕胎在伦理上就是不被允许的。同时,她认为决定堕胎的道德正当性最相关的问题是,"在这些情境中的堕胎,行为者是有德性地行动,还是邪恶地行动,或者两者都不是"③。这是德性伦理学方法中的境遇主义在堕胎讨论中的应用。赫斯特豪斯并不认为我们可以产生任何关于堕胎的道德正当性的绝对决定;相反,她认为,这取决于决定堕胎的妇女的情形。因此,当妇女处于身体虚弱的状态时,或者因生孩子而筋疲力尽时,或者被迫

---

① Rosalind Hursthouse. *Beginning Lives*, Oxford: Basil Blackwell with the Open University, 1987, p. 241.

② Rosalind Hursthouse. *Beginning Lives*, Oxford: Basil Blackwell with the Open University, 1987, p. 242.

③ Rosalind Hursthouse. "Virtue Theory and Abortion", *Philosophy and Public Affairs*, 1991, Vol. 20, No. 3, pp. 223–246.

从事重体力劳动时，如果她们选择堕胎，那么，她们不能被认为是自我放纵的、无情的、不负责任的或者轻浮的。她们并不因堕胎而显示出缺乏对人类生活的尊重，或者对母亲身份的浅薄的态度。那只能表明，她们的生活条件存在缺陷甚至陷入恐怖，使得难以认识到怀孕和生孩子是她们追求的内在善。"例如，一个妇女已经有了几个孩子，担心孩子的增加会影响到她成为一个做其他孩子的好妈妈的能力，这个能力在这几个孩子身上已经有了体现。那么，通过选择堕胎，她并没有显示出一种成为好父母的内在价值的理解的缺乏。同样的情况是，一个妇女已经成为了好妈妈，正达到了成为好祖母的年龄；一位妇女发现，她的怀孕将致她于死地，由此选择堕胎。一位妇女决定过一种其他值得的生活或者可与父母相媲美的活动。"①

赫斯特豪斯承认，当我们说在任何阶段人类生命的终结总是一项严肃的事情，这并不是否认胎儿逐步发展所引发的道德相关性。我们有关胎儿的情感和态度随其发展而改变。胎儿出生时体重增加，当他/她成长时更甚。因此，"在相同理由的情况下，后期的堕胎相比于早期的堕胎更令人震惊。因为仅仅这个事实：一个人与之生活了很长时间，意识到其存在，就足以造成差异"②。"导致一名胎儿的死亡，特别是在其早期阶段，并不像杀害一名普通的成年人。"③ 因为在怀孕早期，妇女很难完全意识到胎儿的存在，由此就很难意识到一次早期的堕胎是对生活的破坏。特别是对于年轻人和没有经验的人来说，意识到这些更难，因为对它的意识通常需要经验。

赫斯特豪斯承认，即使在她认为正确的堕胎中，也可能会产生一些邪恶。她承认，有时候一个人类生命的中断是深深的不幸，但依然是正当的。赫斯特豪斯认为，在一个生活艰苦的社会中，尽管人们对生子和家庭关系有着正确的态度，但是，生存的压力迫使社会大多数成员年幼时就必须自谋生计，或者迫使他们终生劳作。在生存环境如此艰辛的社会中，堕胎或者杀婴可能成为被迫无奈的选择。这些人不应被指责为冷漠和轻浮，而是揭示了他们生命中的重大缺陷。这使得对于他们而言，很好地生活成为不可能。

---

① Rosalind Hursthouse. "Virtue Theory and Abortion", *Philosophy and Public Affairs*, 1991, Vol. 20, No. 3, pp. 223 – 246.

② Rosalind Hursthouse. "Virtue Theory and Abortion", *Philosophy and Public Affairs*, 1991, Vol. 20, No. 3, pp. 223 – 246.

③ Rosalind Hursthouse. *Beginning Lives*, Oxford: Basil Blackwell with the Open University, 1987, p. 205.

### 三、对赫斯特豪斯理论尝试的反思

赫斯特豪斯讨论堕胎道德正当性的一个非常重要的理论背景，就是回应现代西方德性伦理复兴中遭遇到的非规范化的批评。伦理学被认为是为行动的正当性提供指南。但是，德性伦理作为聚焦品质的道德哲学，传递出的共通的理论旨趣似乎就是，主要关心的议题不是行动正当性的论证，而是拥有好的品质成为好人或追求好生活的反思。这正如赫斯特豪斯总结德性伦理学留给人们的理论形象时指出，德性伦理学总是被描述成采用特定德性的概念（善、优秀、德性）而不是义务的概念（正当、责任、义务）、以"行为者为中心"而不是以"行为为中心"的伦理学。① 这种理解的潜在危险是否认德性伦理为道德行动提供规范化指引的可能。如果这种理解成立，那么，德性伦理学"它如何能够名副其实地与功利主义和道义论相匹敌？无疑，伦理理论被认为是告诉我们正当的行动，即关于我们应当做什么样的行动。功利主义和道义论当然是那样。如果德性伦理学不是如此，那么，它就不能与它们形成真正的竞争"②。因此，赫斯特豪斯指出，德性伦理学关注个体的内在品质，但是，由此断定它无法为行动提供规范化指引，这是对德性伦理的严重误解。在堕胎的道德正当性的具体讨论情境中，赫斯特豪斯强调了堕胎之于生活的严肃性，因为它关系到"在某种意义上，一个新人类生命的中断"③。她帮助我们理解在堕胎中牺牲的善以及父母身份在一个真正完满的人类生活中的重要性。她警醒我们，因为完全不重要的原因而使一个胎儿被堕胎，胎儿是否被视作一个人，并不具有特别重要的道德意义。任何一个因自身完全微小的利益而准备牺牲胎儿生命的人，明显缺乏重要的德性。④

她注重具体情境的分析，反对以普遍抽象的原则指导堕胎。但是，赫斯特豪斯对堕胎的伦理正当性的论证并没有令人信服地认为，德性伦理可以成功地转换堕胎争论的问题。

赫斯特豪斯能够成功地抛开胎儿的地位而从"熟悉的生物事实"讨论堕胎的道德正当性问题吗？赫斯特豪斯承认，有关怀孕"熟悉的生物

---

① Rosalind Hursthouse. *On Virtue Ethics*, New York: Oxford University Press, 2001, p. 25.
② Rosalind Hursthouse. *On Virtue Ethics*, New York: Oxford University Press, 2001, p. 26.
③ Rosalind Hursthouse. "Virtue Theory and Abortion", *Philosophy and Public Affairs*, 1991, Vol. 20, No. 3, pp. 223 – 246.
④ Rosalind Hursthouse. "Virtue Theory and Abortion", *Philosophy and Public Affairs*, 1991, Vol. 20, No. 3, pp. 223 – 246.

事实"允许我们推导出关于流产的伦理正当性问题的规范性结论。按照赫斯特豪斯的理解，胎儿是性行为的产物，在母体中生长九个月后出生，成为一名婴儿，是人类一个新生命的开始。这种"熟悉的生物事实"产生了禁止母亲堕胎的义务性规范。这就是承认从事实性陈述推导出规范性主张。但是，这是一种有争议的理论方法，容易被批评为犯了"自然主义"的逻辑谬误，或者"是—应当"的谬误。它强调的是，我们不能从事实性的陈述推导出道德的或评价性的结论，从而产生事实判断与价值判断的分离，表现为"是"与"应该"的断裂。反对者认为，有关怀孕"熟悉的生物事实"不能推导出任何规范性结论，除非我们对怀孕中的胎儿地位有一种形而上的假设。在亚里士多德伦理学中，"人"不但被假设成一个核心的功能性概念，而且人的核心功能被假设成遵循或包含着逻各斯的活动。只有凭借这一种形而上的假设，才能从"人"的事实中推导出德性的主张。

科恩盖（R. Jo Kornegay）更加直接地认为，赫斯特豪斯不但未能抛开胎儿地位的形而上讨论，而且在胎儿地位上接受了更加具体的观点。科恩盖提出，对于赫斯特豪斯而言，胎儿的身份低于一个成人或者婴儿，否则，一次堕胎的正当化就是杀人或者杀婴的正当化。但是，赫斯特豪斯明确反对这种观点，"堕胎是野蛮的杀害，但不同于其他形式的杀害，是怀孕的终止"①。同时，赫斯特豪斯指出，"在相同理由的情况下，后期的堕胎相比于早期的堕胎更令人震惊"②。这表明，在赫斯特豪斯的理解中，受精卵—胚胎—胎儿并不拥有一名成人或者婴儿的道德地位。③科恩盖指出，赫斯特豪斯必定认为胎儿的地位低，以避免堕胎沦为一次不公正的杀害（即它侵犯了胎儿的生命权）。赫斯特豪斯愿意承认，一次堕胎意味着一个人类生命的中断，因此，是一种罪恶。由此，尽管受精卵—胚胎—胎儿的地位低于婴儿或者成人，但是，它确实拥有一些价值，因此，只能出于严重的理由而被杀害。④科恩盖认为，赫斯特豪斯的例子表明，她显然区分了后期堕胎与早期堕胎，并认为后期堕胎极端

---

① Rosalind Hursthouse. "Virtue Theory and Abortion", *Philosophy and Public Affairs*, 1991, Vol. 20, No. 3, pp. 223–246.
② Rosalind Hursthouse. "Virtue Theory and Abortion", *Philosophy and Public Affairs*, 1991, Vol. 20, No. 3, pp. 223–246.
③ R. Jo Kornegay. "Hursthouse's Virtue Ethics and Abortion: Abortion Ethics without Metaphysics?", *Ethics Theory and Moral Practice*, 2011, Vol. 14, pp. 51–71.
④ R. Jo Kornegay. "Hursthouse's Virtue Ethics and Abortion: Abortion Ethics without Metaphysics?", *Ethics Theory and Moral Practice*, 2011, Vol. 14, pp. 51–71.

地有问题。由此,科恩盖断定,赫斯特豪斯的观点应该是如下几个部分的内在联合:①受精卵—胚胎—早期胎儿是一个潜在的人,有着独特的且重要的道德地位;②后期胎儿(约从七个月开始)是一个真正的人,有着与一名婴儿同等的道德地位。这就允许赫斯特豪斯认为,一个早期的胎儿是一个"潜在"的人,有着足够的价值,因此,杀害它是一件严肃的事情,同时,早期的堕胎不等于谋杀。另外,后期堕胎对象是一个真正的人,因此,杀害它相当于杀婴。

赫斯特豪斯能够成功地抛开妇女的权利而从好的人类生活讨论堕胎的道德正当性问题吗?赫斯特豪斯论证堕胎道德正当性的基础是德性伦理学及其相关的兴旺繁荣或者值得的观念。亚里士多德在《尼各马可伦理学》中根本性的思想前提是,任何事物都有一个终极善,它具体到人类生活中就是幸福的实现。人类达成幸福的手段,就是去过一种德性的生活。赫斯特豪斯是"新亚里士多德主义者"。她承接了亚里士多德的幸福观念,并用于堕胎的道德正当性的讨论。赫斯特豪斯最核心的观点是,当身处怀孕时,一位有德的妇女应该知道,人类生活、父母身份及家庭生活诸种善是有内在价值的,她对怀孕、胎儿、母亲身份、爱、家庭的关系及好的生活,有了正确的态度,并在正当的情感、思考及行动中呈现了出来。赫斯特豪斯指出,"我声称,为人父母是有内在价值的,享受时光是没有价值的(整个生命中,而非在一个私人的场合);抛弃一个胎儿总是一项严肃的事情;死亡是一项罪恶"①。但是,赫斯特豪斯并没有清晰地论证为什么人类生活、父母身份及家庭生活诸种善是有内在价值的,为什么人在其整个生命中享受时光没有价值?赫斯特豪斯指出,在运用德性伦理学应对道德难题时,特别是德性之间的冲突时,不可避免地要引入"值得的"的概念。② 但是,赫斯特豪斯关于"值得的"内在善的论证恰是其最容易遭受攻击的弱点。

这种"值得的"关系的是人的生存和生活整体意义上的值得,它的本质是对生活价值的设定。但是,随着社会的转型,"值得的"内容与评定标准必然发生变化,并且这种变化不是单向发展,而是呈现出多维的发散式状态。在这种"值得的"变迁态势中,人们对于人的生存和生活整体意义上的关注产生了差异和例外,人们享有着各自不同的关于

---

① Rosalind Hursthouse. "Virtue Theory and Abortion", *Philosophy and Public Affairs*, 1991, Vol. 20, No. 3, pp. 223 – 246.

② Rosalind Hursthouse. "Virtue Theory and Abortion", *Philosophy and Public Affairs*, 1991, Vol. 20, No. 3, pp. 223 – 246.

"值得的"的理解。德性伦理学家建构的"值得的"生活如何可能拥有审视其他"值得的"人生路径的权力呢？古今中外的多数社会都可以被描述为或多或少多元的社会。这种多元来自两个层面：一种是外来文化的迁入；另一种是原有文化的变迁，特别是传统价值向现代价值的变迁。因此，多元的社会应该被视为社会正常的存在形态。但在古代多元的社会中，人们依然共享着公认的价值观念，它具有压制性的支配力量和影响能力。相反，一个多元主义的社会往往被理解为社会的理想。在这种社会中，不同的价值、文化等，拥有不受歧视地相互并存的权利。一个名副其实的多元主义的社会虽然既珍视其多样化也看重社会凝聚，但是在以何种价值凝聚社会的理解上，人们的理解是多样化的。因此，从根本意义上而言，在一个多元主义的社会中，国家及其法律不应该偏好或者强制任何单一的善的构想；只要公民相互尊重彼此的权利，他们可以追求他们自己的善的构想。[1] 但是，对于亚里士多德主义的德性伦理传统而言，"离开了法律和人的福祉来谈道德上的应当是没有意义的"[2]。在亚里士多德的德性伦理学中，城邦的重要功能就是为公民的德性成长提供指引。如果按照赫斯特豪斯的论断，堕胎总体上应该被视为邪恶，那么，人类社会就理应期待其被宣布为非法，以法律强制具有内在价值的善。这在20世纪60年代以来自由主义成为一种正统的法律观念的西方社会，会受到人们强烈的批评。如果按照赫斯特豪斯的建议，将堕胎的道德正当性与规范堕胎的法律正当性相互区别，努力消解这二者之间必然的联系，那么，这又必然背离德性伦理学的重要传统，从而削弱其理论的特色。

赫斯特豪斯的"有德者"能够为妇女的堕胎提供恰当的规范指引吗？"有德者"是赫斯特豪斯堕胎讨论中重要的人物。在德性可能性的途径上，自从亚里士多德以来，从未被超越的答案就是习惯，一种学习的过程。它首先习自父母、老师和更广的文化，然后自己学会理解和应用。对于赫斯特豪斯而言，有德者依其品质的行为就是有德性的行为。因此，对于一般人而言，去模仿有德者的行为，就是去做有德性的行为，这就是正当的行为。在赫斯特豪斯那里，行动的正当性不是出于道德义务，也不是基于最大幸福原则的计算，而是有德者在相关情势下依其性

---

[1] R. A. Duff. "The Limits of Virtue Jurisprudence", *Metaphilo-sophy*, January 2003, Vol. 34, No. 1/2, pp. 214–224.

[2] Daniel Statman. "Introduction to Virtue Ethics", in: Daniel Statman (ed.). *Virtue Ethics*, Edinburgh University Press, 1997, p. 4.

格而为的行动。但是，赫斯特豪斯以"有德者"论证行动的正当性，面临的一个基本的前提性疑难是，到底如何理解"有德者"？换言之，一个人要达到什么样的德性高度，才能够被恰当地称为"有德者"，即"有德者"的标准是什么？赫斯特豪斯本人对这个问题并没有十分清晰的说明，因此，就引起了其他学者关于"有德者"理解的两条不同思路。一条思路是以斯旺顿为代表，认为"有德者"只是一个"合格行动者"的概念。① 另一条思路是以约翰逊为代表，主张"有德者"只能是一个"完全有德者"的概念。② 如果有德者只是一个"合格行动者"，那么，在具体的情境中，有德者会由于相关专门性知识或者信息的缺乏，使得他/她依其品格的行动可能是不道德的，无法成为行动正当性的道德标准；如果有德者是一个"完全有德者"，那么，作为其根基的德性统一性的理念又容易遭受经验世界的挑战与批评，使得"完全有德者"成为遥不可及的梦想。在"有德者"的理解上可能出现的分歧，使得赫斯特豪斯的理论面临着两难。如果她的"有德者"只是一个"合格的行动者"，那么，就必然遭受斯旺顿的质疑；如果她的"有德者"是一个"完全的有德者"，那么，就会面临约翰逊的批评。

在德性伦理学中，下面两种互相矛盾的观念通常都被认为是德性伦理学的部分。一种观念声称，有德者的行为指明或设置了如何行动的标准，由此在这方面，德性伦理学可以为人们提供独立的指导，这可见于赫斯特豪斯；另一种观念认为，有德者的判断不能还原为规则的一种了解，因为没有一套规则足够覆盖任何可能的道德选择的情形，换言之，特有的情形要求切中案例的具体判断，这种判断拒斥法典化。有德者正是在这些案例中做出得体判断的人。③ 但是，这两种观念会彼此紧张。依据第一种观念，一个人应当模仿有德者的行动；依据第二种观念，只要有德者被认为只是在独特的情形中做出得体的判断，那么，在任何其他情形中模仿那些行动将会是一种错误。④ 在第一种观念中，有德者的行动并不总是具有道德正当性，因为那些行动可能不是依据有德者的品

---

① Christine Swanton. "A Virtue Ethical Account of Right Action", *Ethics*, 2001, Vol. 112, No. 1, pp. 32–52.

② Janna Thompson. "Discourse and Knowledge: A Defence of Collectivist Ethics", London: Routledge, 1988, p. 73.

③ Eric L. Hutton. "Han Feizi's Criticism of Confucianism and its Implications for Virtue Ethics", *Journal of Moral Philosophy*, 2008, No. 5, pp. 423–453.

④ Eric L. Hutton. "Han Feizi's Criticism of Confucianism and its Implications for Virtue Ethics", *Journal of Moral Philosophy*, 2008, No. 5, pp. 423–453.

格。那么，确切地分辨有德者的哪些行为应当模仿，哪些行为不应当模仿，是一个非常艰巨的任务。但是，相比第一种观念，第二种观念带来的挑战更为棘手。它涉及的是行动者的实践智慧。在亚里士多德主义的德性伦理中，实践智慧是一个重要概念。有德者在最根本的意义上能够熟练运用德性，是源自实践智慧。在《尼各马可伦理学》中，亚里士多德对实践智慧的使用有两种密切相关但在某种程度上也互相区别的观点：首先是指向审慎思考人类内在善的能力，其次是达至善生活的手段而非善目的本身。因此，实践或者努力实践道德德性自身需要一定程度的实践智慧。实践智慧要求一个人总是出于正确的理由，在正确的时间做正确的事。但是，实践智慧难以普遍化为一般的法则。在第二种观念中，有德者的具有道德正当性的行动源自实践智慧，这很难被模仿。实践智慧不是简单学习、模仿和应用普遍规则，而应充分考虑伦理主体自身及其所处环境的特殊条件，结合特殊的情况、结合自己的实际处境来处理问题。

## 第二节　动物保护的德性伦理解释

　　随着人们改善物质生活愿望的实现，动物肉食早已经不是极其稀缺的资源。但是，伴随着物质生活丰富而催生的人们生命意识的多样化，动物肉食日益成为容易引起争议的问题。如果说在是否应该奉行食肉这个问题上，人们普遍选择的是肯定性答案，以肉食作为生活质量改善的一个重要指标，那么，在肉食的来源及其使用方法上，人们的争议似乎呈现出日渐对立的趋势。这种争议体现了人们对待动物不同的道德态度，反映了人们不同的动物保护观。赫斯特豪斯指出，所有的争论都必须从某个地方开始，有些前提是没有理由的，当哲学家们使用不同的方法来处理实际的道德问题时，他们往往把这些理论问题放在一边。在功利主义的方法中，他们只是把它当作一个前提，即最大限度的利益是唯一重要的东西，并将他们的精力投入到"动物的利益也重要"的争论中。在以权利为基础的方法中，他们认同这样一个前提——我们都有不被实验的平等权利，然后把他们的精力投入到"动物确实拥有或没有同样权利"的争论上。[①] 同样地，在德性伦理方法上，他们视慈悲为德性，而

---

　　① Rosalind Hursthouse. *Ethics, Humans and Other Animals: An Introduction with Readings*, London; New York: Routledge, 2000, p.154.

视残忍和冷酷无情是恶习,并以此为前提,将他们的精力投入到论证我们对待动物的过程中是否表达或者呈现了德性。① 赫斯特豪斯从德性伦理的视角阐释了她对动物保护的态度,希望引起人们反思:在使用动物的行为没有涉及其他人的利益,反而有助于为人类提供更美味更廉价的食品或者促进人类医学发展的情况下,"动物解放论"和"动物权利论"合法性的根据在哪里?②

### 一、规范伦理论证动物保护的根本缺陷

赫斯特豪斯认为,以后果论和道义论为主导的规范伦理讨论动物保护的最基本和首要的前提是回答动物的道德地位。③ 辛格(Peter Singer)的"动物解放论"继承了边沁和密尔的功利主义学说,雷根(Tom Regan)的"动物权利论"扬弃了康德的道义论传统,是当前动物保护论争中最具影响力的两大规范性道德哲学。辛格和雷根的研究从不同的道德哲学出发,相互质疑对方的论点,批评对方的论证犯有前提错误或者不可信的谬误,但是又彼此同意对方的结论。他们认为,我们对待动物的很多方法都是错误的,特别是我们利用动物进行食物制作和科学实验的方式;他们试图改变我们对待动物的观点,从而最终改变我们社会的组织方式。

辛格将功利主义原则应用于人类保护动物问题的争论,认为功利主义不仅为人类平等提供了充分的道德基础,也为人与动物之间的平等提供了健全的道德前提。他提出了人类食用动物、捕猎动物和利用动物做科学实验的背后,隐含着当人类利益与动物利益相互冲突时,动物的利益根本不重要的假设。辛格指出,这种假设经不起不偏不倚的道德审查。人类没有任何理由拒绝将平等的基本道德观念的应用扩展到动物。显然,这种平等不是投票选举或者言论自由的平等,而是利益平等考虑的特殊类型的平等。无论是人类还是动物,他们的利益都应该被平等考虑。辛格提出,种族主义者违反平等原则,在他们的利益与其他种族的利益发生冲突时,更加重视他们本族成员的利益。物种主义类似于种族主义,

---

① Rosalind Hursthouse. *Ethics, Humans and Other Animals: An introduction with readings*, London; New York: Routledge, 2000, p. 155.

② Rosalind Hursthouse. *Ethics, Humans and Other Animals: An introduction with readings*, London; New York: Routledge, 2000, p. 1.

③ Rosalind Hursthouse. "Applying Virtue Ethics to Our Treatment of the Other Animals", in: Jennifer Welchman. *The Practice of Virtue: Classic and Contemporary Readings in Virtue Ethics*, Indianapolis: Hackett Publishing Company, 2006, p. 137.

错误地限制了平等原则的运用。其他动物不是人类成员的事实并不表明我们有权利使用它们,其他动物不如人类聪明的事实并不意味着它们的利益可以被忽视。人类没有道德上的重要特征,而是和许多其他动物一样有能力受苦和享受生活。人类使用动物而不是患有严重或不可逆转的脑损伤的孤儿做实验,表现出他们对于自身物种利益的偏爱。

边沁和密尔的古典功利主义将幸福理解成快乐的增加或者痛苦的减免。辛格特别发展了古典功利主义将幸福理解成痛苦的减免的部分,提出平等地考虑动物的利益就要求平等地考虑减免动物的痛苦。辛格赞同边沁的观点,认为痛苦的感受能力是一个人有权得到同等考虑的重要特征,是拥有利益的先决条件。因此,辛格提出,无论存在的性质如何,平等原则都要求对任何其他存在的痛苦平等地加以计算。辛格认为,爱斯基摩人必须杀死动物来获取食物以免于挨饿,他们可能有理由声称其生存凌驾于动物利益之上。但工业化社会的人类已经摆脱了爱斯基摩人的处境,动物肉食成为消遣品而不是必需品时,人类必须在相对较小的人类利益与所涉动物的重大生命和福利之间取得平衡。平等考虑利益的原则不允许为了较小利益而牺牲重大利益,尤其是不能为了人类不存在的或者不确定的利益,而造成其他动物肯定的和真实的痛苦。

雷根是倡导"动物权利论"的重要哲学家。他批评给予人类特殊价值的物种主义。雷根指出,间接责任论是处理对待动物问题上常见的观点。根据这种观点,人类不亏欠动物,对动物没有直接的责任,人类对动物的所有职责都是人与人之间的间接责任。因此,假设邻居踢了你的狗,不是邻居对狗做了错事,是损坏你的财产令你心烦意乱而对你做了错事。雷根提出,动物没有感觉到任何痛苦或者只有人类的痛苦才具有道德相关性,是间接责任论致命的两个理论缺陷。任何理性的人都无法接受间接责任论。疼痛无论发生在哪里,都是痛苦。如果邻居给你造成的痛苦是错误的,那我们就不能理性地忽视狗所感受到的痛苦的道德相关性。间接责任论的变种是契约主义。它主张道德犹如签署合同,由一套个人自愿同意遵守的规则组成,理解和接受合同条款的人享有合同所创造、承认和保护的权利,也享有为其他缺乏道德理解能力而无法亲自签署合同的人(如年幼儿童)提供保护的权利。动物看不懂合约,不能签署合约,不能承担合约的义务,不能享受合约的权利。

雷根认为,人类对待动物的"根本的错误","不是痛苦,不是遭难","虽然这些都是错误的,但根本的错误是我们把动物看作是我们的资源"。① 因此，他坚持认为其他动物具有内在价值，而不仅仅是工具价值，动物对于人类来说不应只是被视为一种"可再生资源"。无论人的生命抑或动物的生命都是同样有价值的生命。有自我意识的生命不因其抽象思维、规划未来和复杂交流等而比没有这些能力的生命更有价值。正如一个人的价值不应以他在促进他人利益方面的有用程度来衡量，动物的价值不应以其对我们的效用来衡量，它们的价值和尊严必须得到尊重，权利必须得到善待。雷根提出，当涉及处理人类不尊重动物内在价值的情形时，其动物权利观是绝对废除主义的哲学。因此，动物实验室需要的不是更大、更干净的笼子，而是空空如也的笼子；动物养殖场需要的不是更传统的商业农场，而是没有动物皮肉的商业；人类不是需要更人道的狩猎和诱捕，而是彻底根除这些野蛮的做法。

辛格的"动物解放论"和雷根的"动物权利论"引起了广泛的关注，成为动物保护主义的支持者或者反对者无法绕开的重要理论观点。赫斯特豪斯要建立其对于动物保护的德性伦理解释框架，也必须以对"动物解放论"和"动物权利论"的分析作为基本前提。赫斯特豪斯指出，动物保护的伦理争论同堕胎的伦理争论非常类似，都是从"胎儿的道德地位"或者"动物的道德地位"这个基本前提开始的。他们只有确立了"胎儿的道德地位"或者"动物的道德地位"之后，才能认为尊重或者平等地考虑胎儿或者动物的利益等道德规则或者原则具有正当性。② 但是，赫斯特豪斯明确指出，"与动物有关的正确和错误行为的问题出现在各种各样的背景下，太多了，无法通过全面分配道德地位来解决"③。因此，赫斯特豪斯从最基础和最根本的意义上反对辛格和雷根的论证思路。辛格和雷根要求平等地考虑动物的利益以及尊重动物的内在价值，这不但从事实上造成了人格道德地位的相对矮化，违反日常生活的道德常识或者道德直觉，而且混淆了动物之间的差异，简化了人类对宠物、家畜和野生动物不同的态度，而这种差异化的态度是道德生活实践中的正常现象。赫斯特豪斯举例指出，当猫和人被围困在燃烧的大楼需要营

---

① Tom Regan. "The Case for Animal Rights", in: Peter Singer (ed.). *In Defense of Animals*, Oxford: Basil Blackwell, 1985, p. 13.

② Rosalind Hursthouse. "Applying Virtue Ethics to Our Treatment of the Other Animals", in: Jennifer Welchman. *The Practice of Virtue: Classic and Contemporary Readings in Virtue Ethics*, Indianapolis: Hackett Publishing Company, 2006, p. 137.

③ Rosalind Hursthouse. "Applying Virtue Ethics to Our Treatment of the Other Animals", in: Jennifer Welchman. *The Practice of Virtue: Classic and Contemporary Readings in Virtue Ethics*, Indianapolis: Hackett Publishing Company, 2006, p. 140.

救时，首先需要被营救的是人，因为人是地位更高的存在；如果人逃走了，其他人不愿意冒着被烧伤的危险去营救猫，那么，这在道德上是无可谴责的行为。但是，如果这只猫是这个人的宠物，那么，即使被嘲笑为多愁善感的白痴，这个人也会冒着极大危险去营救猫，原因只在于他对这只宠物猫承担了责任。这是影响他的决策的重要因素。① 赫斯特豪斯的例证包含两个重要的信息：其一，人的道德地位比动物高；其二，尽管都是动物，但因其与人的关系的亲疏特征，因而具有不同的道德地位。因此，抽象地讨论动物的道德地位势必割裂了丰富和复杂的道德生活。

赫斯特豪斯的批评具有深刻的合理性。尽管辛格和雷根指责物种主义犹如种族主义，阻碍了平等的原则或者权利的观点在动物中的应用，但是，种族主义不同于物种主义。随着科学的发展，人们越来越认识到，种族之间的差异在很大程度上是虚构的，就其存在而言，是微不足道的。但是，人们普遍认为，人类和其他动物之间的差异是真实的，而且意义重大。这种关于人类与其他动物差异的思想在东西方思想及实践中有着悠久的传统，承认人与动物之间平等的主张容易遭致常识道德的质疑。关心少数族群的平等或者权利问题仍然是人类内部矛盾问题，而关心动物的平等问题已经超越了物种。"权利"是一个相当特殊且历史极其复杂的概念，从一开始就与法律制度密切相关。但是，法律制度是人类社会的独特特征。动物不能设计和同意与我们一起遵守法律和公约；它们无法理解关于获取、转让、放弃和放弃权利的规则。因此，雷根关于动物权利的结论错误地挑战了"权利"概念的本质。人们会普遍赞同不能为了娱乐而折磨猫，但是，不会赞同辛格和雷根提出的应该从根本上废除食用动物和以动物作为科学实验的对象的主张。人们有理由以更加仁慈的方式使用动物，既考虑到动物的痛苦，又不抹杀人与动物在道德地位上的差异。因此，肆意虐待动物应该受到禁止，但是，合理地使用动物应该受到鼓励。

赫斯特豪斯不但否认辛格和雷根的论证前提，而且批评了他们对具体问题的结论。她认为辛格和雷根虽努力避免物种主义，但没有避免动

---

① Rosalind Hursthouse. "Applying Virtue Ethics to Our Treatment of the Other Animals", in: Jennifer Welchman. *The Practice of Virtue*: *Classic and Contemporary Readings in Virtue Ethics*, Indianapolis: Hackett Publishing Company, 2006, p. 140.

物精英主义。① 她批评辛格和雷根对人们提出的素食主义的普遍道德要求，认为"动物解放论"和"动物权利论"运动的激进分子试图说服人们成为素食主义者，停止狩猎活动，放弃购买皮草服饰和经由动物实验研制的化妆品，减少甚至废除科学研究中使用动物的做法，会激起反对者极端的反应，使反对者坚决认为动物道德地位不是不如人类重要，而是其道德地位根本无关紧要，完全不属于道德范畴。② 她从德性伦理的立场出发，反对不加区分的素食主义，认为素食主义不是一种品格特征，因而不是一种德性，也可能不是表达或者呈现德性的做法。人们可以有很多成为素食主义者的理由，"如果我以健康为理由成为素食主义者，它很可能会表现出节制的德性，但如果我仅仅因为它是时髦的而去追求它，那将是愚蠢的标志"③。因此，普遍地反对食肉是不正确的。如果必须吃肉才能够生存，那么，吃肉是没有错的。同样，如果出于礼貌的德性，人们做客时必须吃摆在眼前的肉也是没有错的。但是，如果人们吃肉只是为了享受这种食物带来的快乐，那么，这就错了。因为这种对快乐的追求违反了节制的德性，节制要求人们不要追求这种快乐而去点亮其他德性。"追求肉食的乐趣，是单纯的贪婪和自我放纵。"④ 赫斯特豪斯对情境的强调反映了德性伦理在方法上的重要特色，这就是逐案法（case-by-case）⑤。当然，在一些重要问题的讨论上，赫斯特豪斯、辛格和雷根也会有共同的结论，比如，他们都反对为了人类微不足道的利益而以动物做试验品，牺牲动物的重大福利。但他们三个人论证的角度和方法不一样。辛格认为那种活动给动物施加了不必要的痛苦，雷根认为那种活动侵犯了动物的权利，赫斯特豪斯认为那种活动体现了行动者的残忍，

---

① Rosalind Hursthouse. "Applying Virtue Ethics to Our Treatment of the Other Animals", in: Jennifer Welchman. *The Practice of Virtue: Classic and Contemporary Readings in Virtue Ethics*, Indianapolis: Hackett Publishing Company, 2006, p. 138.

② Rosalind Hursthouse. *Ethics, Humans and Other Animals: An introduction with readings*, London; New York: Routledge, 2000, p. 2.

③ Rosalind Hursthouse. "Applying Virtue Ethics to Our Treatment of the Other Animals", in: Jennifer Welchman. *The Practice of Virtue: Classic and Contemporary Readings in Virtue Ethics*, Indianapolis: Hackett Publishing Company, 2006, p. 141.

④ Rosalind Hursthouse. "Applying Virtue Ethics to Our Treatment of the Other Animals", in: Jennifer Welchman. *The Practice of Virtue: Classic and Contemporary Readings in Virtue Ethics*, Indianapolis: Hackett Publishing Company, 2006, p. 142.

⑤ Rosalind Hursthouse. "Applying Virtue Ethics to Our Treatment of the Other Animals", in: Jennifer Welchman. *The Practice of Virtue: Classic and Contemporary Readings in Virtue Ethics*, Indianapolis: Hackett Publishing Company, 2006, p. 137.

而残忍是恶习。①

## 二、赫斯特豪斯论证动物保护的主要特色

赫斯特豪斯指出，如果道德或伦理只是有关人际的行为，那么，人们就失去了干涉以动物作为食物或者以动物作为试验品等使用动物行为的道德理由。承认道德或伦理并不仅仅与人际行为有关，而且人类对待动物的某些方式在道德上是错误的，这是讨论动物保护的一个基本前提。② 从德性伦理思考动物保护问题，无需以回答动物的道德地位问题作为基本前提，③ 德性伦理中"德性"及"有德者"的概念可以为动物保护提供更有价值的说明。"一个行动是正确的，当且仅当它是一位有德者在这情势中会依其品格行动（即根据品格行动）的行为"④，"一位有德者是一位德性地行动的人，也就是一个拥有和实践德性的人"⑤。赫斯特豪斯提出，德性是人兴旺繁荣（赫斯特豪斯以 flourishing 译亚里士多德的 Eudamonia）所需的品质特征。她援引柏拉图的观点指出，德性必须有益于其拥有者；德性必须使得拥有者成为一个好人（好的人类），上述两项关于德性的特征具有内在相关性。⑥

因此，赫斯特豪斯对动物保护的判断，主要不是来自平等的原则或者权利的观念以及与之相应的责任观念，而是来自人类德性的构想。虐待动物的行为是错的，不仅是因为它带给动物痛苦，或者对动物权利的剥夺，更在于这种行为显示了冷酷无情或者粗心大意等恶习。日常生活中以德性伦理的术语表达对具体道德问题的理解，既直截了当，又非常

---

① Rosalind Hursthouse. "Applying Virtue Ethics to Our Treatment of the Other Animals", in: Jennifer Welchman. *The Practice of Virtue: Classic and Contemporary Readings in Virtue Ethics*, Indianapolis: Hackett Publishing Company, 2006, p. 144.

② Rosalind Hursthouse. *Ethics, Humans and Other Animals: An introduction with readings*, London; New York: Routledge, 2000, p. 2.

③ Rosalind Hursthouse. "Applying Virtue Ethics to Our Treatment of the Other Animals", in: Jennifer Welchman. *The Practice of Virtue: Classic and Contemporary Readings in Virtue Ethics*, Indianapolis: Hackett Publishing Company, 2006, p. 137.

④ Rosalind Hursthouse. "Normative Ethics", in: Russ Shafer-Landau (ed.). *Ethical Theory: An Anthology* (Second Edition), New York: John Wiley & Sons, Inc., 2013, p. 646.

⑤ Rosalind Hursthouse. "Normative Ethics", in: Russ Shafer-Landau (ed.). *Ethical Theory: An Anthology* (Second Edition), New York: John Wiley & Sons, Inc., 2013, p. 647.

⑥ Rosalind Hursthouse. *On Virtue Ethics*. Oxford: Oxford University Press, 1999, p. 167.

简单。比如，我们经常会以"残酷"等德性概念表达道德批评。① 即使是对于主张道德只处理人际行为的观点的人而言，他们大多数人都会反对残忍地虐待和肆意地屠杀动物；尽管他们中有人努力捍卫狩猎运动的正当性，但是仍然会明确区分出狩猎和肆意杀戮。② 赫斯特豪斯认为，如果狩猎是为了娱乐或展示勇气，动物的痛苦只是不可避免的副产品，那么，以行动者的乐趣证明动物承受痛苦的正当性，这是一个残忍的选择；即使行动者不享受动物承受痛苦的乐趣，行动者不是残忍的，但仍可能是冷酷无情的。因为行动者无视动物遭受的苦难，岂不是冷酷无情？

有德者拥有和践行德性，是仁慈的、慷慨的、富有同情心的、善良的或者诚实的人，以仁慈的、慷慨的、富有同情心的、诚实的、公正的等独特的方式行事。他们是好友，如好友般行动，不是以自我为中心的、自私的、冷酷无情的、残忍的或者不诚实的人，反对以朋友不愿意的方式行事。总而言之，"有德者是有德地行动的人"③。这种有德者无论是道德生活中客观真实的存在，抑或人类观念中高大美妙的理想，他/她都为人类的行动方式设定了标准。行为功利主义关注行动是否会产生利益最大化的结果，道义论考虑行动是否遵循了相应的权责，而德性伦理指引人们应该效仿有德者在相似情境中依其品格的方式行事。这就是同情的、诚实的或者忠诚的等方式，而不是冷酷无情的、不诚实的或者不忠诚的等方式。德性伦理提醒人们反省特殊情境中的行为方式是否表现得亲切或冷酷无情、诚实或不诚实等。④

如果德性伦理认为猎狐是绝对错误的，或者更确切地说，在目前的情况下，在英国猎狐是绝对错误的，那就必须以没有有德者会从事猎狐运动为理由。如果根据具体情况，德性伦理允许猎狐有时是错误的，有时是正确的，那么，当行动者在某些情况下，出于某种原因，以某种感情猎狐时，猎狐的行动有可能是被允许的。但即使在这种情况中，行动者也必须反思，他/她对被猎杀的狐狸有同情心吗？当看到血淋淋的狐狸

---

① Rosalind Hursthouse. "Applying Virtue Ethics to Our Treatment of the Other Animals", in: Jennifer Welchman. *The Practice of Virtue: Classic and Contemporary Readings in Virtue Ethics*, Indianapolis: Hackett Publishing Company, 2006, p. 136.
② Rosalind Hursthouse. *Ethics, Humans and Other Animals: An Introduction with Readings*, London; New York: Routledge, 2000, p. 2.
③ Rosalind Hursthouse. *Ethics, Humans and Other Animals: An Introduction with Readings*, London; New York: Routledge, 2000, p. 148.
④ Rosalind Hursthouse. *Ethics, Humans and Other Animals: An Introduction with Readings*, London; New York: Routledge, 2000, p. 148.

尸体时，他/她会有什么样的感觉？他/她会认为猎狐时表现出勇气，并通过猎狐鼓励这种德性吗？他/她猎狐的行为有助益于保存人类德性吗？他/她是在像一位有德者般行事吗？① 那些涉及危险的狩猎常常被认为是勇敢之举，面对危险而没有恐惧或者克服恐惧。但是，赫斯特豪斯指出，德性伦理中的"勇气"并不仅仅意味着面对危险，还是为了一个美好的理由或者一个有价值的目标而面对危险。因此，一般而言，行动者在停车场驾驶摩托车飞跃汽车的行为不是勇敢而是鲁莽，一位有德者不会为了好玩或者刺激而像鲁莽的青少年那样行事。但在一些特殊情况下，例如为了挽救处于险境的人的生命而飞跃汽车的行为，才具有勇敢的德性。② 赫斯特豪斯提出，关于猎狐显示并鼓励勇敢德性的主张，就如不谙世事的青少年误认鲁莽为勇敢那样，明显犯了困惑的虚荣和自欺欺人的错误。③

赫斯特豪斯指出，由于有德者的行动具有情境性，因此，尽管德性伦理以"有德者"概念为行动方式提供了普遍标准，但是，这个普遍标准并不能使行动者的道德决定变得容易或者直接，它在具体实践中的应用往往很困难。一般而言，减少动物的痛苦是富有同情和仁慈的反应。因此，行动者赴约途中为救助受伤的动物而违背了按约定时间赶到叔叔家做客的情况下，同情和仁慈需要他/她关心减轻受伤动物的痛苦，而正义要求行动者尊重他人的权利而准时赴约。在这种冲突的特殊情境中，违背诺言或不遵守诺言并不是不公正或者不光彩的。如果行动者只是在这样的特殊情境中才违背诺言或不遵守诺言，那么，他/她就不会被描述成不公正、不光彩甚至不可靠的人。但是，在其他不同的情况下，例如只有造成动物的痛苦才能拯救其生命时，减少动物的痛苦却是没有同情心或仁慈的表现。有德者必须根据情境决定其具体的有德的行动方式。德性不能简单地被定义为遵循"尽量减少痛苦""尊重他人的权利""信守承诺""说实话"或者"为朋友挺身而出"等特殊规则的行为。④ 任何体面的、明智的有德者会因情境之需打破这些看似可靠的规则或原则。

---

① Rosalind Hursthouse. *Ethics, Humans and Other Animals: An Introduction with Readings*, London; New York: Routledge, 2000, p. 160.
② Rosalind Hursthouse. *Ethics, Humans and Other Animals: An Introduction with Readings*, London; New York: Routledge, 2000, p. 161.
③ Rosalind Hursthouse. *Ethics, Humans and Other Animals: An Introduction with Readings*, London; New York: Routledge, 2000, p. 161.
④ Rosalind Hursthouse. *Ethics, Humans and Other Animals: An Introduction with Readings*, London; New York: Routledge, 2000, p. 149.

因此，德性伦理提供的行动标准"非常微妙，但绝非无可救药的模糊"①。故意造成痛苦并为了享受他者承受痛苦的乐趣是残忍的，因此是错误的。但是，如果痛苦是达成其他有价值目的的手段，那么，造成痛苦的行为就不一定是残忍或者冷酷无情的。如果动物实验给猫带来了可怕的痛苦，只是为了研究猫在被杀死之前能够承受痛苦的程度，那么，这种实验就是残酷和无情的，所获得的知识微不足道，不足以证明实验的合理性。②

赫斯特豪斯指出，德性伦理作为行动标准的微妙，不仅在于其德性或者恶习的概念应用，还在于它对行动的动机及其伴随的情感提出了比较高的要求。如果行动者保护狐狸生存的森林环境的动机只是为了日后能够更惬意地猎杀狐狸，并在猎狐运动中享受虐待的乐趣，那么，这种纯粹利己主义动机驱使下的保护狐狸生存环境的行为确实拥有虔诚或者同情的外衣，这也是一位有虔诚德性或者有同情心的有德者应该做的行为。因此，从表象上看，这种行为是正确的行为。但是，由于行动者保护狐狸生存环境的动机只是为了寻求满足虐待和猎杀快乐，这是一个残忍的和具有虐待狂病态品格的人才会做的行为而不是道德的行为。德性伦理不但要求行动者以有德者依其品格的行为方式行事，而且要求行动者以有德者依其品格的行为动机行事。因此，为了表现出慈悲和虔诚，行动者不但必须做表面上看来是富有同情心和虔诚的行为，而且必须出于正确的理由和动机去做这种行为。保护狐狸生存环境的行动者由于完全没有做到这一点，没有按照有德者那样以仁慈和虔诚的动机行事，他们不是为了保护狐狸，而是为了其邪恶的乐趣，因此，他们在德性伦理的意义上做错了。

赫斯特豪斯提出，行动者的情感是德性伦理强调的重要内容，直接反映了德性作为品格特征的重要事实。"做一个特定类型或者拥有一套特定性格特征的人，诸如慷慨、诚实、公开、忠诚、负责任、富有同情心、公正等，不仅是出于特定的原因以特定的方式而倾向于采取行动，而且是倾向于以某种方式去感受。这不仅限于当你行动的时候你的感觉，而是当你看到别人的行为，或者当你了解已经发生的事情时你的感觉。"③

---

① Rosalind Hursthouse. *Ethics, Humans and Other Animals: An Introduction with Readings*, London; New York: Routledge, 2000, p. 149.
② Rosalind Hursthouse. *Ethics, Humans and Other Animals: An Introduction with Readings*, London; New York: Routledge, 2000, p. 157.
③ Rosalind Hursthouse. *Ethics, Humans and Other Animals: An Introduction with Readings*, London; New York: Routledge, 2000, p. 151.

以有德者的方式行动，不但要求行动者出于有德的动机做有德的行动，而且要求行动者以合适的方式感觉到正在做的行动。因此，"正义者对遥远的侵犯权利行为感到悲伤和愤怒；诚实的人在撒谎者面前感到不舒服；仁慈和富有同情心的人为他人受益的消息感到高兴，被遥远的苦难的消息所困扰"①。赫斯特豪斯指出，从德性伦理的角度来看，城市的行动者将一条大狗关押在笼中饲养的行为，从表面上看，即使不是残忍的，也至少不是富有同情心的行为，更近似自私的行为。但是，如果这条狗是行动者病逝的母亲遗留的宠物，行动者富有同情心，具有无私和负责任的情感，也一直努力在乡村为它找到一个更宽敞、更适合散养的家，那么，德性伦理就不会对这个行动有太多苛责。② 赫斯特豪斯提醒，情感与动机密切相关，在某种意义上，动机是否正确决定了情感是否恰当。如果宠物猫能够从治疗中受益，那么，行动者带猫去看兽医并不可避免地造成猫的痛苦的行为仍不失为仁慈，但是，如果行动者带猫去看兽医只是为了显得他/她有爱心和负责任，甚至喜欢猫生病或者猫依赖行动者，而不是喜欢猫的健康和独立，那么，行动者的行动就算不上是仁慈的行为。一位有同情心的猫主人只有在必要的时候才会带猫去看兽医，并且会因未能照顾好猫而悔恨，更不喜欢猫因生病而依赖行动者的需要。③

可见，赫斯特豪斯不是如辛格和雷根那样论证"动物为什么应该受到保护"，而是论证"我们为什么要保护动物"。辛格和雷根赋予动物平等的利益考量和内在价值的道德地位，我们保护动物只是履行人类应尽的职责，是动物的道德地位决定了人类的道德作为。但是，赫斯特豪斯告诉人们，我们保护动物是为了表达和展示人类的德性，拥有和实践这些德性是人类兴旺繁荣最可靠的保证，是人类自我完善的追求决定了人类保护动物的道德作为。这就使得人类保护动物的思考方式实现了从以动物为中心向以人为中心的转换，也使动物伦理真正回归到人本身。赫斯特豪斯指出，在思考堕胎问题时，她曾一直纠结围绕胎儿的道德地位，冥思苦想德性伦理学家对这个问题的回答，或者德性伦理对这个问题的

---

① Rosalind Hursthouse. *Ethics, Humans and Other Animals: An Introduction with Readings*, London; New York: Routledge, 2000, p. 151.

② Rosalind Hursthouse. *Ethics, Humans and Other Animals: An Introduction with Readings*, London; New York: Routledge, 2000, p. 153.

③ Rosalind Hursthouse. *Ethics, Humans and Other Animals: An Introduction with Readings*, London; New York: Routledge, 2000, p. 150.

看法，或者有德者对这个问题的回答，或者这个问题有德的答案，① 但是，她都未能找出合理的答案。直到她发现，功利主义或者道义论需要从胎儿的道德地位引申出人的道德义务，因此，他们必须确定胎儿是否拥有属人的道德地位。但是，德性伦理根本不需要回答这个问题，因为出于完全不重要的原因而堕胎，胎儿是否被视作一个人，并不具有特别重要的道德意义。任何一个因自身完全微小的利益而准备牺牲胎儿生命的人，明显缺乏重要的品质德性。②

### 三、赫斯特豪斯论证动物保护的重要反思

无论是讨论生态环境、堕胎还是动物保护，赫斯特豪斯希望达成的学术目标非常明确。那就是通过对功利主义和道义论及其变种的理论形态占主导地位的社会议题的介入，打破关于德性伦理无法为行动提供指引的刻画，从而令人信服地在功利主义和道义论之外建立具有竞争性的独立的规范德性伦理学，使德性伦理学在为行动提供指引上能够成为功利主义和道义论的真正对手。赫斯特豪斯规范德性伦理的构想及其在生态环境、堕胎及动物保护议题中的常识，重新唤起了古典道德哲学重视道德榜样的传统，使人们再次反思道德榜样、小说和电影通过改变我们看待事物的方式，可以起到与理性论证同样的作用，以使人们在道德上变得更好。因此，尽管德性伦理坚信理性论证的作用，但是，它反对理性论证能够决定性地确立任何东西的观点。这是功利主义和道义论无法接受的劝告。因为功利主义和道义论认为，正是因为人们产生了以功利主义或权利为基础的理性论证观，人类社会才取得了19世纪以来的巨大道德进步。但是，德性伦理带来的深层思考在于，理性论证能彻底解决道德分歧吗？道德哲学是否必须如德性伦理所造就般复杂，还是应该如功利主义或道义论所建构般简单？③ 这些问题背后最根本的疑问在于，哪种伦理学才反映了人类道德生活的本真？赫斯特豪斯清楚地意识到，以德性伦理论证动物保护，必定会受到质疑和批评。这些批评中有些是针对她总体的规范德性伦理的学术追求的一般性批评，有些是针对她关于动物保护论证的专门性批评。

---

① Rosalind Hursthouse. *Ethics, Humans and Other Animals: An Introduction with Readings*, London; New York: Routledge, 2000, p. 136.

② Rosalind Hursthouse. "Virtue Theory and Abortion", *Philosophy and Public Affairs*, 1991, Vol. 20, No. 3, pp. 223-246.

③ Rosalind Hursthouse. *Ethics, Humans and Other Animals: An Introduction with Readings*, London; New York: Routledge, 2000, p. 157.

**1. 关于德性伦理丧失独立性的批评与反驳**

赫斯特豪斯反对以功利主义立场理解动物保护,但是,批评者认为,她给出的有德者行动方案却容易被解释成功利主义的派生物。一位行动者如果将平等地考虑动物的痛苦作为其稳定的行为倾向及追求最大多数的最大幸福原则,那么,这种行为不能说没有体现行动者对动物的仁慈或者同情等德性。换言之,按照功利主义道德原则,这些德性之所以可以作为一个人的品格特征,根本原因在于它们能够产生最大化的幸福后果。德性由此就成为附属于幸福原则的次级概念,德性伦理就失去解释动物保护的独立性和优先性。赫斯特豪斯指出,功利主义之所以不可接受,是因为即使是在其他动物对行动者的慈悲有直接要求的情况下,行动者的功利主义原则仍然在冷酷无情地计算,哪怕这种计算的结果是对行动者提出了慈悲的要求。但是,德性伦理之所以重视仁慈或者同情,不是因为遵循"利益最大化"计算原则的结果,恰恰是因为行动本身是仁慈或者富有同情的行动,是善的行为,因而也是有德者依其品格会做的行动。① 关于德性伦理丧失独立性的批评涉及"德性功利主义"与"功利主义德性"之间的关系。德性功利主义认为一种品格特征成为德性的根本原因是产生功利主义的结果,而功利主义德性认为功利主义原则可以成为一种德性。批评者以德性功利主义反对赫斯特豪斯,而赫斯特豪斯亦可以功利主义德性反驳批评者,以此说明功利主义丧失独立性以及批评者的批评没有针对性。赫斯特豪斯指出,德性伦理学家总是和结果主义者分享一种反绝对主义的形式,他们同意许多行为类型,例如撒谎、杀戮和食肉等,在某些情况下是正确的,在另一些情况下是错误的。但是,德性伦理学补充说"取决于情况",而后果主义补充说"根据结果"。② 这会令赫斯特豪斯陷入批评者设置的德性伦理丧失独立性的批评的圈套。人们有理由追问"取决于情况"是否意味着要取决于功利主义计算后的情况?为了避免这种责难,赫斯特豪斯以"取决于有德者依其品格的选择"取代"取决于情况",更能保持德性伦理的完整性,而以"有德者"解释动物保护也是其理论的重要特色。

**2. 关于德性只是个人意见的批评与反驳**

赫斯特豪斯认为,从最根本的意义上来说,这个批评涉及对道德或

---

① Rosalind Hursthouse. *Ethics, Humans and Other Animals: An Introduction with Readings*, London; New York: Routledge, 2000, p. 149.

② Rosalind Hursthouse. "Applying Virtue Ethics to Our Treatment of the Other Animals", in: Jennifer Welchman. *The Practice of Virtue: Classic and Contemporary Readings in Virtue Ethics*, Indianapolis: Hackett Publishing Company, 2006, p. 151.

者伦理是否客观的认识。这不但与德性伦理有关，而且与功利主义和道义论有关。如果德性只是个人意见，那么，人们也可以说功利主义的幸福最大化原则和道义论的平等对待原则也只是个人意见。大量的哲学文献和大多数道德哲学家已经否认了道德或者伦理只是个人意见的观点。人们可以对道德观点提出合理的论据，也可以提出反对的理由。但是，这并不说明道德只是个人意见。在德性是否只是个人意见的问题上，自从柏拉图和亚里士多德以来，德性伦理学家就有了一种标准的方法来支持或反对一种特殊的品格特征是一种德性的观点。他们指出，德性是人类要想活得好或做得好而必须学习和锻炼的那些品格特征。因此，正义之所以是一种德性，乃在于唯有依赖正义，人类才能和谐地共同生活，否则，人类生命如霍布斯的名言"肮脏、野蛮和短小"。① 赫斯特豪斯指出，在实际的道德生活中，即使许多人认为"道德是主观的"或"德性只是个人意见的问题"，但是，他们仍然努力把自己的孩子培养得很好，谴责报纸上报道的邪恶的行为，防止他们的孩子误入歧途。这些人戴着"哲学帽子"进行抽象的道德争论，捍卫"道德是主观的"或"德性只是个人意见的问题"，甚至可能会认为残忍、不负责任、不诚实或刻薄的行为是高尚的；同时，这些人戴着"生活帽子"进行具体的社会生活，告诉他们的孩子不要残忍和不负责任，谴责政客们的不诚实和贪婪，并在意我们是否按照我们所敬佩或渴望成为的人的方式行事。② 既然如此，我们就可以给出一份共同认可的德性与恶习的清单，并作为应用德性伦理方法的前提。

### 3. 关于德性概念模糊性的批评与反驳

批评者认为赫斯特豪斯以德性伦理解释动物伦理时，必然涉及德性和恶习等概念的应用，这些概念非常模糊，"有德者"的概念也是不明确的。赫斯特豪斯认为，这些概念的应用很微妙，但绝对不是模糊。诚然，亚里士多德明确指出，伦理学无法像数学那样精确，青年人不适合学习伦理学；儒家有"致广大而尽精微，极高明而道中庸"的高远道德训诫。他们揭示了德性的复杂和微妙。但是，近代以来，道德哲学发展的一条重要思路就是借鉴自然科学的启示，努力发展出简洁而有效的行为规范的道德科学。事实上，对于德性的初习者而言，他/她所需要的恰

---

① Rosalind Hursthouse. *Ethics, Humans and Other Animals: An Introduction with Readings*, London; New York: Routledge, 2000, p. 154.

② Rosalind Hursthouse. *Ethics, Humans and Other Animals: An Introduction with Readings*, London; New York: Routledge, 2000, p. 155.

恰不是微妙的指导，而是直接明了的行为规范。德性伦理认为，德性术语的正确运用取决于人们的实践智慧。这种智慧只有在有经验的人身上才能找到。如果一个行动者拥有实践智慧，能够理解并运用德性概念的微妙，那么，他/她就已经是有德者了；但是，他/她之所以为初习者，正在于他/她缺乏实践智慧，不能灵活自如地运用这些德性词汇。正因为德性概念的应用很微妙，所以，赫斯特豪斯承认，她无法对"一位德性伦理学者怎么说这些行动是错误的"给出正确的答案，因为这将取决于德性伦理学者认为哪些性格特征是德性和恶习，她如何运用德性和恶习的词汇，以及在所描述的情况下她注意到和认为与之相关的是什么。①这是德性伦理学与功利主义和道义论的重要区别。它关注具体道德情境、特殊性和差异性，而不是依据普遍性法则做出推理和判断，遵循的是一种具体的而非抽象的道德思考模式，强调道德行为不是建立原则和对原则的逻辑演绎，而是一个人依其品格对具体而复杂的情况做出的反应。因此，承认德性概念在实践中应用的困难，并不必然会削弱德性伦理的理论魅力，因为本真的道德生活就具有复杂性，功利主义和道义论恰恰简化了道德生活的复杂，从而削减了道德生活的丰富性。

**4. 关于利己主义的批评与反驳**

在赫斯特豪斯对动物保护的论证中，人们保护动物的行为表达或者呈现了一种德性，而德性有益于其拥有者并使得拥有者成为一个好人。②因此，保护动物的最根本追求是行动者自身的善好。这就必然引起批评者的追问："当我们关心保护动物的利益时，我们关心的是什么？"③它隐含的批评是，赫斯特豪斯保护动物的德性伦理就其本质而言是利己主义的翻版。因此，为了回答这种疑问，有些德性伦理学者就提出，应该从人类自身的善好转向动物的善好生活。一位有德者必须关心动物的善好生活。"我们关心的一个重要部分是，这些动物是否过着对同类动物有益的生活。我认为，正是这种担忧使我们对北极熊和大猩猩的处境感到

---

① Rosalind Hursthouse. *Ethics, Humans and Other Animals: An Introduction with Readings*, London; New York: Routledge, 2000, p. 153.
② Rosalind Hursthouse. *On Virtue Ethics*, Oxford: Oxford University Press, 1999, p. 167.
③ Rebecca L. Walker. "The Good Life for Non-Human Animals: What Virtue Requires of Humans", in: Rebecca L. Walker and Philip J. Ivanhoe. *Working Virtue*, Oxford: Oxford University Press, 2007, p. 174.

不安。"① 赫斯特豪斯指出，德性伦理学（至少亚里士多德主义或者幸福主义德性伦理学）通常被描画成为有问题的利己主义的道德哲学，因为人们认为"它将人类的兴旺繁荣或者人类的善好生活（幸福）或者人类的德性视为基本的或者最高的价值"②。但赫斯特豪斯明确指出，"这是一种误解"③。只有当古希腊的幸福主义德性伦理学只以快乐作为生活的目的时，它才确实采取了利己主义的形式。但是，当我们将幸福视为德性的生活时，德性伦理学不是利己主义，没有赋予人类兴旺繁荣或者人类生活的价值以特权。"我"要思考"我"该如何生活，如何塑造它，仅仅是因为只有"我"才能过自己的生活，而不是因为"我"认为"我"的生活更有价值。④ 人类实践的德性如仁慈、慷慨、正义等，不但关注行动者自身，而且关注他人的权利、利益和善好，因此，人类实践慈悲的德性和避免恶习，都意味着把其他动物的善好作为一种值得追求和保护的价值。⑤

## 第三节 "以羊易牛"的德性伦理分析

越是在紧张的极端道德情势中，越是能显现人类对待动物的道德态度。杀生就是这种紧张的极端道德情势。广义上的杀生泛指一切有意剥夺生命的行为。佛教戒条中关于禁止杀生的规定，用的就是广义的杀生。狭义上的杀生特指为了人类需要而宰杀动物的行为。本节仅限于讨论狭义的杀生。当代西方德性伦理讨论杀生的一个重要特征是"新亚里士多

---

① Rebecca L. Walker. "The Good Life for Non-Human Animals: What Virtue Requires of Humans", in: Rebecca L. Walker and Philip J. Ivanhoe. *Working Virtue*, Oxford: Oxford University Press, 2007, p. 174.

② Rosalind Hursthouse. "Applying Virtue Ethics to Our Treatment of the Other Animals", in: Jennifer Welchman. *The Practice of Virtue: Classic and Contemporary Readings in Virtue Ethics*, London; New York: Hackett Publishing Company, 2006, p. 152.

③ Rosalind Hursthouse. "Applying Virtue Ethics to Our Treatment of the Other Animals", in: Jennifer Welchman. *The Practice of Virtue: Classic and Contemporary Readings in Virtue Ethics*, London; New York: Hackett Publishing Company, 2006, p. 152.

④ Rosalind Hursthouse. "Applying Virtue Ethics to Our Treatment of the Other Animals", in: Jennifer Welchman. *The Practice of Virtue: Classic and Contemporary Readings in Virtue Ethics*, London; New York: Hackett Publishing Company, 2006, p. 153.

⑤ Rosalind Hursthouse. "Applying Virtue Ethics to Our Treatment of the Other Animals", in: Jennifer Welchman. *The Practice of Virtue: Classic and Contemporary Readings in Virtue Ethics*, London; New York: Hackett Publishing Company, 2006, p. 153.

德主义"倾向，主要通过回归亚里士多德的幸福主义，来确立德性中心论的动物伦理研究范式。不过，由于亚里士多德式的幸福主义解释有着浓郁的精英主义取向，因此，它并不能完全有效揭示普通社会成员真实的德性动力。相反，孟子通过"以羊易牛"的对话，以看似普通的"不忍"概念解释杀生，显得更加贴近普通社会成员真实的德性生活，可以弥补当代西方德性伦理对杀生的讨论；同时，这也将有助于我们从一个更宽广的思想史视野去理解孟子不禁止杀生的主张的学术价值。①

史怀泽称赞孟子"以感人的语言谈到了对动物的同情"②，但是，孟子绝对不是"动物解放论"和"动物权利论"的拥护者，不但不主张素食，而且毫不掩饰对肉食的偏爱。他对"以羊易牛"的讨论显示了完全不同于辛格和雷根的思路，说明杀生不但不危及仁，而且仁就体现在杀生的选择中。

（齐宣王）曰："若寡人者，可以保民乎哉？"曰："可。"曰："何由知吾可也？"曰："臣闻之胡龁曰：'王坐于堂上，有牵牛而过堂下者，王见之，曰："牛何之？"对曰："将以衅钟。"王曰："舍之！吾不忍其觳觫，若无罪而就死地。"对曰："然则废衅钟与？"曰："何可废也？以羊易之。"'不识有诸？"曰："有之。"曰："是心足以王矣。百姓皆以王为爱也，臣固知王之不忍也。"王曰："然。诚有百姓者。齐国虽褊小，吾何爱一牛？即不忍其觳觫，若无罪而就死地，故以羊易之也。"曰："王无异于百姓之以王为爱也。以小易大，彼恶知之？王若隐其无罪而就死地，则牛羊何择焉？"王笑曰："是诚何心哉？我非爱其财而易之以羊也。——宜乎百姓之谓我爱也。"曰："无伤也，是乃仁术也，见牛未见羊也。君子之于禽兽也，见其生，不忍见其死；闻其声，不忍食其肉。是以'君子远庖厨'也。"（《孟子·梁惠王上》）

## 一、"衅钟"与人类中心

衅钟是从周朝流传下来的祭祀礼仪。由于钟在古代被视为神器，因此，凡新铸成的钟，必须宰杀牛羊等动物并以其鲜血涂抹，以显示钟的独特性。无论是在周朝还是在战国，尽管衅钟在王朝政制中的地位可能会有所变化，但是，它作为一种社会规范的本质没有改变，依然是对社

---

① 方旭东通过"以羊易牛"论证了孟子不禁止杀生的主张。参见方旭东《为何儒家不禁止杀生——从孟子的辩护谈起》，载《哲学动态》2011年第10期。

② [法]阿尔贝特·史怀泽：《敬畏生命》，陈泽环译，上海社会科学院出版社1995年版，第72页。

会成员具有强制约束性和普遍权威性的法。按照法社会学的理解，一切社会的法不但包括权力机构制定的正式的成文法或实在法，而且包括流行于社会的风俗、习惯和礼仪等非权力机构形成的非正式的不成文法。当亚里士多德在最广泛的意义上说一个正义的人是守法者时，他所使用的古希腊语中的"法"（nomos）不是实在法，而是泛指协调人类交往的社会规范。守法不限于遵守制定法或者成文法，还要遵守更广泛的社会规范。①

齐宣王认同并遵守衅钟的社会规范。当他看见牛"觳觫"从堂下经过并提出"舍之"的命令时，牵牛者疑惑地询问是否需要停止衅钟。牵牛者的疑惑是一个非常合理且朴素的常人反应。但是，齐宣王的回答是："何可废也？"他用的修辞术是语气更强烈的反问句而不是陈述句。这隐含着对牵牛者所抱有的疑惑的不满和批评，并传递着齐宣王毫不动摇地坚持衅钟的坚定态度。这就表明，在齐宣王的道德观念中，衅钟更具优先性和根本性。既然衅钟是周朝以来普遍的社会规范，关系着社会秩序和人们生活，那么，齐宣王对衅钟优先性和根本性的坚守就隐喻着对人类中心的挚爱。齐宣王"以羊易牛"的决定，改变的是牛和羊被宰杀的命运。但这种改变背后潜藏着两种不变。那就是牛和羊相对于人类的工具性地位没有变，人类中心的价值立场没有变。因此，孟子就必然提出"牛羊何择焉"的疑问。

人类中心的价值立场不但使齐宣王视牛羊仅为人类需要的工具，而且形成了根据以己为中心的道德距离往外推的道德判断。距离是一个关乎长短远近的物理概念，也是一个隐含着道德责任的伦理概念。② 尽管一屋之损毁远甚一镜之破坏，但是，"家中摔破一面镜子，比千百里外一所房子着了火，更能引起我们的关切"③。这不但是因为镜子为主人所拥有，而且是因为镜子同主人在空间上更为接近。因此，近在咫尺的悲剧比遥远的不幸更能激发出行为者的悲天悯人之心。距离关系着行为者对他人、他物和他事的道德敏感性、道德义务感和道德行动力。

牛和羊同为人之外的生命，且同属传统社会中的六畜。因此，如果它们相对于人类而言具有道德地位或者道德意义，那么，它们的道德地位或者道德意义原则上就该具有同等性。但是，牛之独特之处在于它为齐宣王所见，而羊则为齐宣王所未见。"见牛未见羊也"这种视觉上的

---

① 李萍、童建军：《德性法理学视野中的道德治理》，载《哲学研究》2014年第8期。
② 刘曙辉：《论道德距离》，载《哲学动态》2012年第1期。
③ ［英］休谟：《人性论》（下），关文运译，商务印书馆1983年版，第467页。

差异产生的重要道德结果是，齐宣王与牛之间的距离比他与羊之间的距离更近，牛由此成为特殊化了的和具体化了的牛，它在恐惧颤抖，正被牵向"衅钟"，是活生生的当下的具体生命存在，而羊只是普遍化的和一般化的羊。牛和羊由此就有着分明的道德级差，牛更能激发齐宣王的道德敏感性和道德义务感，并可能转换成道德行动力。朱熹曾对"见牛未见羊"所引发的道德影响做出过非常有意思的解释。"曰：所谓'见牛未见羊'者，岂必见之而后有是心耶？曰：心体浑然，无内外动静始终之间。未见之时，此心固自若也，但未感而无自以发耳。然齐王之不忍，施于见闻之所及，又正合乎爱物浅深之宜，若仁民之心则岂为其不见之故而忍以无罪杀之哉！"①

孟子没有批评而是称赞齐宣王"以羊易牛"的举动，表明了他对人类中心的价值立场的认同。这也是孟子动物伦理的主线。孟子主张等级仁爱论，"君子之于物也，爱之而弗仁；于民也，仁之而弗亲。亲亲而仁民，仁民而爱物"（《孟子·尽心上》）。"谷与鱼鳖不可胜食""七十者可以食肉矣"（《孟子·梁惠王上》），是他设想的美好社会的重要内容。他批评"狗彘食人食而不知检"（《孟子·梁惠王上》）。当公孙丑问他"脍炙与羊枣孰美"时，他毫不掩饰对肉食的偏好，"脍炙哉"（《孟子·尽心下》）。他主张善待动物以获取更丰厚的收获，"数罟不入污池，鱼鳖不可胜食也"（《孟子·梁惠王上》）。孟子人类中心的价值立场被王阳明视为不证自明的真理。"惟是道理，自有厚薄。比如身是一体，把手足捍头目，岂是偏要薄手足，其道理合如此。禽兽与草木同是爱的，把草木去养禽兽，又忍得。人与禽兽同是爱的，宰禽兽以养亲，与供祭祀，燕宾客，心又忍得。至亲与路人同是爱的，如箪食豆羹，得则生，不得则死，不能两全，宁救至亲，不救路人，心又忍得。这是道理合该如此。……大学所谓厚薄，是良知上自然的条理，不可逾越。"② 王阳明其实没有分析爱的厚薄之分的内在原因，而只是通过例证和类比的方式告诉弟子，手足生来就是要捍卫头目，禽兽养来就是要供人食用，这是类似于自然科学的第一原理、定理和公理的"自然的条理"，"合该如此"。这种爱的厚薄之分是天生的良知体现，既是人的本性和天性，又是社会的根性和理性。在人类中心的价值立场上，孟子一定是辛格的"动物解放论"和雷根的"动物权利论"的坚定反对者。

---

① ［宋］朱熹：《孟子或问》卷一，见《朱子全书》第六册，上海古籍出版社、安徽教育出版社2002年版，第925页。

② ［明］王阳明：《王阳明全集》，上海古籍出版社1992年版，第108页。

齐宣王"以羊易牛"的仁慈不但延缓了牛的生命历程，而且抚慰了内心的不安。① 这就必然引出何者为根本和首要的问题。对这个问题的不同回答，往往被认为会影响齐宣王仁慈的性质和道德价值。这就引发出关于仁慈的本质是他者导向的美德还是自我导向的美德的争论。如果齐宣王仁慈的首要动机是解除牛的痛苦，而心安的实现是他"以羊易牛"的附带结果，那么，人们基本上不会否认其对牛仁慈的道德属性。他"以羊易牛"的行为是仁慈的行为。如果这只是其习惯性仁慈行动中的一桩个案，那么，齐宣王就可以被认为具有仁慈的品质特征，是一个有德性的人。在这种情景中，仁慈指向的对象是他者。自我虽然可能因仁慈的行为而获益，但是，它不是有意追求的结果，而是附带的产物。这就好似一件纯粹的礼物，既不受习俗化了的仪式所管制，也不受道德义务所控制。它没有限制，否则，它就不再是礼物。因为一旦礼物包含着回馈的期望，它就是借贷和信用。即使渴望得到神的肯定的期待，也与礼物的纯粹性相冲突。但是，不包含着回馈的期望，并不意味着拒绝回馈。因此，无论行动者获益与否，都没有违背其主观意志。我们日常生活对仁慈的理解基本都是他者导向，是有助于他者的利益，而自我利益只是附带的产品。

当代德性伦理学者斯洛特在区分关注自我（self-regarding）的德性和关注他人（other-regarding）的德性时指出，当人们谈论有德者的德性时，首先想到的就是，这个人是一个对他人和善或者公正的人。这是因为人们习惯于将有德者与行为道德很自然地联系起来。而在人们关于行为道德的普通想象中，它主要是做对他人正当的事情。他批评康德主义、功利主义和日常直觉道德以不同的方式将对他人幸福的关注看作比自身福祉或利益更重要，指出"对自身利益的关心和机敏当然应该被认为是德性，而在处理自身事务方面缺乏关心和愚蠢倾向都应该被视为罪恶。尽管它似乎很少被谴责或过时地称为反德性。因此，我们认为正当或错误的，我们崇敬或者谴责的，不仅在于他们怎样对待别人，而且在于他们怎样引导自身的生命和促进自身的利益"②。

斯洛特对关注自我德性的强调，也是对古典德性观的回归。亚里士多德提出，人类的最高善是幸福，它是灵魂合乎德性的实现活动。德性

---

① 朱熹在《四书章句集注》对《论语·阳货》"问三年之丧章"的解释中，将不安理解为"不忍"。但在日常道德生活中，无论是不忍还是忍，都会引发不安。
② Michael Slote. "Self-regarding and other-regarding virtues", in: David Carr and Jan Steutel. *Virtue Ethics and Moral Education*, London: Routledge, 1999, p. 95.

不是有助于幸福,而是幸福的内在要素。人类欲求幸福,联结着德性,外化为德行。为此,麦金太尔认为,在古希腊伦理学中,道德词汇同欲望的词汇保持着勾连。例如只有依据后者,才可能理解职责的概念。职责意味着履行一定的角色,而角色的履行服务于某个目的;"这个目的完全可以理解为正常的人类欲望(例如一个父亲、一个海员,或者一个医生的欲望)的表达"。① 因此,在古典德性伦理学的视野中,德性的本质是对自我的关注。这在古希腊伦理学中,是自我幸福的实现;在中国古代道德文化中,是自我君子人格的达成。为了实现自我的最终或者最高目的,人需要并践行德性,并由此产生可能有益于他者的结果。因此,古典的德性观同日常生活对德性的理解恰巧颠倒过来。

即使我们不是完全退回到古典的德性观,而是折中地承认德性具有自我关注的合法性,我们对于齐宣王"以羊易牛"的解读也会出现另外的可能。如果齐宣王因牛"就死地"而不忍,因牛被"舍之"而心安;他"以羊易牛"首要且根本的动机在于舒缓其"不忍",而"以羊易牛"只是便宜的手段,那么,从日常生活的视角看,齐宣王的行为不会被视为对牛的仁慈。但是,从德性的本义来看,齐宣王的仁慈即使是自我导向,是对自我生命的引导和自我利益的促进,这也不失为一种自我关注的德性,或具体称之为自爱。

自爱是行动者对自身完整存在状态愿望或者目标的追求,其实质是自利。自利(self-interest)和自私(selfishness)是伦理学中经常被提及的概念。自利的要义是,寻求自我愿望的满足或者目标的达成,是关注自我(self-regard)。它强调行为对自我愿望或者目标的满足,关注行动者自身而不是他者。不但经济利益或者感性愉悦,而且道德愿望或道德目标,都可以成为自我欲求的对象,因此,自利不仅可以用来刻画追求利益满足或者快乐实现的理性经济人,还可以用作描绘甘于自我牺牲的道德圣人。尽管自爱作为美德冲击着人们的直觉,但是,先秦儒家给予了自爱很高的道德地位。"子路入。子曰:'由,知者若何?仁者若何?'子路对曰:'知者使人知己,仁者使人爱己。'子曰:'可谓士矣。'子贡入。子曰:'赐,知者若何?仁者若何?'子贡对曰:'知者知人,仁者爱人。'子曰:'可谓士君子矣。'颜渊入。子曰:'知者若何?仁者若何?'颜渊对曰:'知者自知,仁者自爱。'子曰:'可谓明君子矣。'"(《荀子·子道》)在这段对话中,孔子通过对弟子关于'仁者若何'的

---

① [美] A. 麦金太尔:《伦理学简史》,龚群译,商务印书馆2004年版,第128页。

回答及评论，将仁者分为使人爱己、爱人和自爱，三者之中以自爱为最高。这与儒家"推己及人"的思维非常吻合。人由自爱外推至对亲人的爱，延展至对家族共同体和社会群体的爱。

以自爱解释仁慈又可以区分出两种截然不同的思路。一种思路认为，不管是仁慈还是自爱，其实质都是爱的具体表现，自我通过对他者的仁慈，锤炼了爱的能力，可以更好地自爱；在仁慈中经受了爱的体验，可以更好地享受自爱的愉悦。一个不懂自爱的人，就没有理解和领会爱的本质与精髓，从而就难以发展出仁慈；而行动者在仁慈中，促进和完善了自爱的能力、品质和艺术。在这种思路中，仁慈与自爱互为手段和目的。例如，18世纪中期，哲学家约瑟夫·巴特勒提出，仁慈与自爱具有互通性。"人身上有一个自然的仁慈原则，它在某种程度上指向社会，自爱指向个人。"① 他在这里区分的是仁慈与自爱所指对象的差异，提出了仁慈的先天特性。"然而，我必须提醒你们，尽管仁慈和自爱不同，尽管仁慈主要倾向于公共善，而自爱倾向于私人善，但它们也是非常一致。对我们自己的最大满足依赖于在一定的应有程度上的仁慈。自爱是我们对社会正当行为的一个主要保证。"② 巴特勒这段话就深刻而明确地指出了自爱与仁慈之间的一致性关系。仁慈可以满足自我，成为自爱的一种方式；自爱的人出于对自身的爱惜，必定会行为正当。"每一次特别的爱，即使是对我们邻居的爱，像自爱一样，真正地是对我们自己的爱；从这种特别的爱中获得的喜悦，像自爱带来的愉悦一样，是我自己的愉悦。"③行动者通过仁慈获得的愉悦，与自爱所收获的愉悦，是相同的积极的情感体验，且其主体都是行动者自身。尽管爱的对象有差异，但是，承受爱的愉悦情感体验的主体同为行动者自身。因此，对他者的仁慈，其实质就是自爱。弗洛姆在论述爱的时候也强调，对别人的爱必然同对自己的关怀、尊敬、责任以及了解相互关联。"我"自己和别人一样必须同样成为"我"爱的目标。只有爱和尊敬自己的人，爱别人才是可能的。如果一个人的爱是多产的，那么，他/她也爱他自己；如果他/她只爱别人，那么，他/她根本不会爱。

但这种思路显然不是孟子的追求。《孟子·梁惠王上》整篇讨论的

---

① 转引自 Nathaniel Lawrence. "Benevolence and Self-Interest", *The Journal of Philosophy*, 1948, Vol. 45, No. 17, p. 458.
② 转引自 Nathaniel Lawrence. "Benevolence and Self-Interest", *The Journal of Philosophy*, 1948, Vol. 45, No. 17, p. 458.
③ 转引自 Nathaniel Lawrence. "Benevolence and Self-Interest", *The Journal of Philosophy*, 1948, Vol. 45, No. 17, p. 458.

是王天下的合法性问题，而不是分析仁慈与自爱在爱的本质上的同构互通性。孟子的思路显然不是巴特勒式的将仁慈和自爱视为爱的不同具体呈现，而是点明仁慈是自爱的明智途径。这就成为理解自爱作为仁慈本质的第二种思路。在这种思路中，仁慈是手段，自爱是目的。我们再回到孟子与齐宣王的对话场景，就可以更清晰地理解这种思路下的仁慈的自爱本质。面对齐宣王遭受的吝啬的指责，孟子以其点睛之语宽慰，指出故事的核心不是"以羊易牛"，不是以小牺牲换取大利益，而是其背后所折射的齐宣王的"仁术"，"此乃仁术也"。既然齐宣王对牛都可以行仁，那么，就理应推己及人。但是，"今恩足以及禽兽，而功不至于百姓者，独何与？"（《孟子·梁惠王上》）当探知齐宣王"兴甲兵，危士臣，构怨于诸侯"（《孟子·梁惠王上》）的不仁慈之举，是为了满足"辟土地，朝秦楚，莅中国而抚四夷"（《孟子·梁惠王上》）的最大愿望时，孟子提出，这无异于"缘木而求鱼"（《孟子·梁惠王上》）。孟子开出的对策是，"今王发政施仁，使天下仕者皆欲立于王之朝，耕者皆欲耕于王之野，商贾皆欲藏于王之市，行旅皆欲出于王之途，天下之欲疾其君者皆欲赴诉于王。其若是，孰能御之？"（《孟子·梁惠王上》）在孟子看来，齐宣王为了达到满足自身最大愿望的目的，而采取不仁慈之举动，非但不能促成愿望的实现，反而会引发更大的祸害，因此，自爱不能以不仁慈的手段达成。相反，如果齐宣王能够推行仁政，遍布仁慈，那么，必然可以做到天下归心，从而实现自身的愿望。因此，真正的自爱必须经由对他者的仁慈而实现。我们再回到《孟子·梁惠王上》的开篇之语。面对梁惠王"不远千里而来，亦将有以利吾国乎"的质疑，孟子回答的是，"何必曰利？亦有仁义而已矣"。以利求利，未必能真得利，反而遭致祸端；而以仁得利，可获大利。因此，真正明智的自爱，必定伴随着对他者的仁慈。

## 二、"不忍"与道德情感

齐宣王的困惑在于他"以羊易牛"的选择被齐国老百姓误解为吝啬惜财。我们固然无法还原齐宣王当时的真实心理，但是，根据朱熹的解释，"然战国之时，举世没于功利，而不知仁义之固有，齐之百姓又未见王之所以及民之功，是以疑其贪一牛之利"[1]。如果朱熹的解释不是主观

---

[1] [宋]朱熹：《孟子或问》卷一，见《朱子全书》第六册，上海古籍出版社、安徽教育出版社2002年版，第924页。

臆测，而是有着充足的史料根据，符合历史的真实，那么，我们可以认为老百姓对齐宣王的误解有其相应的合理性。当然，我们也可以认为，即使齐宣王平时呈现的都是吝啬的形象，但其"以羊易牛"的选择恰巧是其人生中罕见的闪耀道德光辉的时刻，老百姓的怀疑宜属"诛心"之论。这些都是无法考证的猜测。我们需要重点考察的是孟子道德赞赏齐宣王的理由。既然衅钟是当时社会必须遵循的社会规范，那么，齐宣王遵从这种社会规范，绝不会得到孟子的道德赞赏。孟子既然属于春秋战国时代以授礼为始业的儒家群体，就断然不会同意齐宣王违犯衅钟的社会规范；反之，齐宣王衅钟只是完成了儒家眼中本该践履的职责，理应受到肯定，但谈不上赞赏。齐宣王无论是宰牛还是杀羊，都意味着牛或者羊在工具意义上生命的消逝，在孟子的人类中心的价值立场看来没有分别，因此，"以羊易牛"的选择也绝不会得到孟子的道德赞赏。孟子对齐宣王的道德赞赏来自一个心理上的事实，这就是齐宣王目睹牛之"觳觫"时以"不忍"为内容的道德情感。换言之，齐宣王对牛的同情得到了孟子的肯定。

同情是行动者对他者痛苦感知的主观情感想象，不必然与他者经历的痛苦共属同类。① 牛之"觳觫"触发了齐宣王的不忍之心。"觳觫"本意是形容牛之恐惧发抖状，其可客观测量的标准是牛之四肢颤动。但是，齐宣王不直接用四肢颤动来描述牛的体态，而是冠以"觳觫"，显然不纯粹是追求文字表达之优雅，而是在以看似客观化的措辞无形无意中表达了他自身的主观情感想象。他从牛之四肢颤动的体态中，读到的是牛之恐惧。但事实上，牛之四肢颤动也可能是疯牛病所致。正如赖尔在其眨眼睛的例子中提出，对于两个都在猛眨右眼皮的男孩子，旁观者很难区分生理性抽搐的眨眼和捣鬼的眨眼；而即使是捣鬼的眨眼，也可能因递眼色捣鬼、戏拟递眼色、排演递眼色、假装递眼色和假装戏拟而代表了不同的精致的交流和特殊的本义。但是，如果纯用完全照相式的观察来判别，他们都只是"右眼皮迅速抽动"。② 因此，齐宣王对牛的体态的描述是以客观情势为基础的主观化想象。它可能与真实的情感相吻合，也可能相背离。但是，如果联系到牛的命运是"将以衅钟"，从生命的消逝延伸到对生命的敬畏，那么，齐宣王的主观化情感想象，即使与真

---

① John P. Reeder Jr.. "Extensive Benevolence", *The Journal of Religious Ethics*, 1998, Vol. 26, No. 1, pp. 47 – 70.
② ［美］克利福德·吉尔兹：《地方性知识——阐释人类学论文集·导读二》，王海龙等译，中央编译出版社 2000 年版，第 47 – 48 页。

实的情感相背离，它也仍然是虽不合理但合德的想象。这也正是中国伦理文化中极富价值的道德情怀。圣人修德不是仅仅停留在人伦日用之中，而是攀凌于天地万物之间，从无情的草木中读出了道德真情。我们再假设，牛此时不但有痛苦感知能力，而且有正常的理性思维，且其四肢颤动是源于痛苦。但是，即便如此，齐宣王对牛之痛苦的主观化情感想象也可能与牛之情感真实之间相互背离。例如，牛的痛苦可能来源于同小牛犊的分别，而齐宣王却将之想象为被宰杀的悲伤。但这种司空见惯的同感现象并不能削弱同感在仁慈结构中的基础性地位。同情的要义在于，行动者赋予他者的情感以痛苦的意义。

当同情被视为行动者对他者痛苦感知的主观情感想象时，它只是建立了同情与他者痛苦之间的关联，尚未刻画出同情的意向体验。现象学家耿宁批评了休谟、斯密和胡塞尔对同情的意向体验刻画。他认为，休谟将同情理解为"将他们的感受注入"我们自己之中，斯密把同情在根本上视为"与受苦者设身处地"，胡塞尔将同情刻画成"为他在受苦而苦，因他在受苦而苦"，这些都是不成功的。恰恰相反，"我们这样担惊受怕，不是因为这个处境被体验为对我们是危险的，而是因为它是对另外一个人而言是危险的，我们是为他者担惊受怕，我们倾向于做某事不是针对自己，而是针对那另外一个人而言的危险处境"①。因此，"孺子将入于井"所激发的"恻隐"，根源于"将入于井"的危险处境，而不是源于"孺子"的苦难。事实上，懵懂未知的"孺子"可能从"将入于井"的危险处境中，体验的不是苦难，而是新奇与快乐。耿宁对同情意向体验的刻画，在"以羊易牛"的解释中，无疑具有合理性。"将以衅钟"之牛"觳觫"的体态，并没有明确告诉齐宣王，它正在遭受死亡前的痛苦。因而，齐宣王的同情意向体验，就不是"将他们的感受注入"或者"与受苦者设身处地"或者"为他在受苦而苦，因他在受苦而苦"。齐宣王对牛之痛苦感知的主观化想象，来自牛所面临的危险处境，"若无罪而就死地"。尽管这种消殒生命的处境对于牛而言，痛苦是未定的，但是，对于齐宣王而言，充满了痛苦。因此，从根本上说，正是牛的处境而非牛可能存在的真实的痛苦体验，激发了齐宣王的同情。

"心动"不一定要"行动"，因为可能存在着其他主观或者客观的难以克服的限制或者不可逾越的障碍。因此，即使齐宣王对牛动了"不

---

① ［瑞士］耿宁著，陈立胜译：《孟子、斯密与胡塞尔论同情与良知》，载《世界哲学》2011年第1期。

忍"之情,也不一定会发展出减缓其痛苦的尝试,而可能会有其他的替代之法,例如逃避。从情感而言,行动者对他者痛苦的拒斥,隐含着渴望减缓他者痛苦的愿望和行动;但是,从态度而言,如果糅合进风险或者成本的考虑,乃至对更大善或者他者善的服从,行动者会默许或者促成他者痛苦的延续,不会采取减缓他者痛苦的善举。因此,即使牵牛从堂下过者对牛也动了"不忍"之心,但是,他所处的社会地位以及擅自"以羊易牛"所招致的风险,决定了他只能忍痛依循惯例,以牛"衅钟"。而齐宣王之所以能够完成仁慈的完整结构,最终做出行善的尝试,正得益于其特殊的社会地位,使之不因此而承担受惩罚的风险。牵牛者的内心可以被称为善良,其行动可以被称为明智,但不是仁慈。反之,即使行动者有行善的尝试,但不受"不忍"的驱使,那么,这种尝试只是助人,而非仁慈;尤其是当助人的首要行为动机出自不可告人的邪恶目的时,它距离仁慈更远。弗兰克纳认为,仁慈(benevolence)与行善(beneficence)之间的一个主要区别在于,仁慈者的行动源自对他者的关心,而行善者的动机不夹杂情感。①

行善不但指积极的善的给予或者恶的阻止,而且包括消极的恶的不作为或者善的不阻止。弗兰克纳提出,仁慈作为一种倾向或者性情(disposition),包括:不向他人加诸罪恶或伤害;使他人受益或对之行善;阻止袭向他人的罪恶或者伤害;祛除或补救已发生的罪恶或者伤害。②但这种分类被批评犯了涵盖不足和过度的错误。涵盖不足主要表现在,弗兰克纳排除了不阻止朝向他人的善和不祛除已达致他人的善。涵盖过度主要体现为,弗兰克纳的"不作为"(不向他人加诸伤害)事实上是"不作恶",而不是"行善";为使这种"不作为"被视作"行善"和潜在的仁慈而必须限定,不加诸伤害的人有权利做伤害的行为,以及避免履行伤害行为导致不加诸伤害的人可辨识的不适(recognizable discomfort)。③ 同时,"使他人受益或对之行善"如果是来自法律义务或者先前行为所引发的道德报偿或者道德感激,那么,这种行为也不能被看作仁慈。不过,尽管仁慈的结构蕴含着减缓他者痛苦的尝试,但这并不要求它事实上实现了减缓他者痛苦的结果。虽然母亲对孩子的溺爱产生了危

---

① William Frankena. "Beneficence/Benevolence". *Social Philosophy and Policy*, 1987, Vol. 4, No. 2, pp. 1–20.
② William Frankena. "Beneficence/Benevolence". *Social Philosophy and Policy*, 1987, Vol. 4, No. 2, pp. 1–20.
③ Yuval Livnat. "On the Nature of Benevolence", *Journal of Social Philosophy*, 2004, Vol. 35, No. 2, pp. 305–307.

害孩子的痛苦结果，但是，"败子"丝毫不能减损"慈母"仁慈固有的道德价值。

即使"行动"变得遥不可及，但是，如果一个人对他者的痛苦熟视无睹，特别是这种痛苦是因他/她而起或者由他/她造成时，这就说明这个人的道德敏感性和道德感受力比较迟钝。这就是汉语言中的"麻木不仁"。这不但是生理病，而且是伦理病。"人之一肢病，不知痛痒谓之不仁，人之不仁亦犹是也。"① "仁是四肢不仁之仁，不仁是不识痛痒，仁是识痛痒。"②

在孟子看来，宰牛或者杀羊以衅钟，不是道德错误，不应该受到道德谴责。但是，牛或者羊的生命的消逝毕竟意味着最深的痛苦和最大的不幸。面对痛苦或者不幸而无动于衷的道德态度和道德心理，应该受到道德谴责。孟子讲"仁，人心也"（《孟子·告子上》）。它在积极的意义上意味着努力表达爱的情感和实践爱的行为，在消极的意义上意味着对痛苦和不幸必须保持恻隐或者不忍。齐宣王必须遵守衅钟的社会规范，这是来自社会传统的外在命令，因此，宰杀动物就成了不可逃避的选择。这不能算是道德错误，而是必须完成的且具有道德正当性的社会安排和历史命定。宰杀由此就具有了裹挟着残忍性的强制性和正当性的特质。因其强制性和正当性，齐宣王不能放弃宰杀，他只是完成衅钟这个社会规范的手段；因其残忍性，齐宣王会心有不忍，这才是他实现人之为人的道德主体自觉的标志。孟子人类中心的价值立场不会将为了满足人类需要而宰杀动物的举止看作道德失败。但是，即使无法减缓动物的痛苦和无法避免动物的死亡，一位仁慈的人不会以冷酷无情的方式去面对眼前的痛苦和死亡。肆意屠杀动物，将自身不必要的乐趣或者享受建立在动物的痛苦和死亡之上，这当然是残忍的；无视被正当宰杀动物的痛苦和死亡而心安理得，则是冷酷无情的。因此，一个有道德的人，既不会肆意屠杀动物，又不会目睹被宰杀动物的痛苦和死亡而体态心安。他/她即使无法做到"仁"积极意义上的"爱"，也应该做到"仁"消极意义上的"不忍"。

"不忍"的对立面是"心安"。我们日常俗语中经常讲"心安理得"，指的是行动者因其作为符合道理而内心坦然。因此，按照这种表述逻辑，"不忍"的原因来自"理失"。但是，无论是"不忍"还是"心安"，它

---

① ［宋］程颢、［宋］程颐著：《二程集》，中华书局2004年版，第366页。
② ［宋］朱熹：《上蔡先生语录》，中华书局1985年版，第19页。

们只是客观的心理状态的描述，真正具有道德意义的是其后的"理"。行动者因何"理得"而"心安"或者因何"理失"而"不忍"，反映了他/她不同的道德立场。面对动物被宰杀，辛格、雷根和孟子都会"不忍"，但是，他们依据的"理"不同。辛格的"理"是动物权利，雷根的"理"是动物内在价值，孟子的"理"是人之为人的资格或者人的德性。借鉴赫斯特豪斯的说法，那就是它表达或者呈现了一种德性，而德性有益于其拥有者并使得拥有者成为一个好人。①

因此，孟子对齐宣王的道德赞赏，不是来自现代社会平等的原则或者权利的观念以及与之相应的责任观念，而是来自人类德性的构想。无论是杀牛还是宰羊以衅钟，这当然都是一个残忍的选择。如果面对动物的痛苦和死亡，人表现出默然甚至喜悦，那么，它显示了人的冷酷无情等恶习。所以，面对牛羊被宰杀，仁慈的人会感到不忍。但是，不忍的原因不是动物的权利受到忽视，不是违犯了上帝或神的旨意，不是侵犯了动物的内在价值，而是源于一个简单的心理事实，这就是宰杀行为即使是正当的，也是残忍的，而残忍是一种恶。

孟子评价齐宣王因为"不忍"而"以羊易牛"的行为属于"无伤"，这说明"不忍"在孟子的心目中具有特别重要的道德意义。诚然，一个仁慈的人面对动物的痛苦和死亡会心生不忍，但不能由此倒过来认为，一个面对动物的痛苦和死亡而心生不忍的人就是仁慈的人。一个人面对动物的痛苦和死亡而心生不忍，并不就足以证明他/她是一个仁慈的人。但是，这种不忍的道德情感在他/她成为仁慈的人的过程中发挥着重要作用。因为不忍是一种关联着德性的痛苦情感。亚里士多德指出，德性与快乐和痛苦相关，追求或躲避不应该追求或躲避的快乐或痛苦，是品质变坏的原因，"我们必须把伴随着活动的快乐与痛苦看作是品质的表征"②，"对快乐与痛苦运用得好就使一个人成为好人，运用得不好就使一个人成为坏人"③，因此，"是正确地还是错误地感觉到快乐或痛苦对于行为至关重要"④。显然，面对牛"若无罪而就死地"的道德想象，齐宣王像有道德的人那样正确地感受到了痛苦，"无伤"仁德。这才是孟子赞赏齐宣王的深层道德理由。

---

① Rosalind Hursthouse. *On Virtue Ethics*. Oxford：Oxford University Press，1999，p. 167.
② ［古希腊］亚里士多德：《尼各马可伦理学》，廖申白译，商务印书馆2003年版，第39页。
③ ［古希腊］亚里士多德：《尼各马可伦理学》，廖申白译，商务印书馆2003年版，第41页。
④ ［古希腊］亚里士多德：《尼各马可伦理学》，廖申白译，商务印书馆2003年版，第41页。

### 三、"易牛"与实践智慧

衅钟不可废,牛不忍杀。齐宣王化解道德困境的办法是,通过"以羊易牛"的替代性方案既舒缓内心不忍以求得心安,又完成衅钟的社会规范。孟子称之为"术"。朱熹进一步解释了齐宣王运用"术"的心理机制。"当齐王见牛之时,恻隐之心已发乎中。又见衅钟事大,似住不得,只得以所不见者而易之,乃是他既用旋得那事,又不抑遏了这不忍之心,此心乃得流行。若当时无个措置,便抑遏了这不忍之心,遂不得而流行矣。此乃所谓术也。"① 在朱熹看来,齐宣王亲见牛以后,就激发了其恻隐之心。但是,衅钟事大,关系到国家社稷,不能随意废止,因此,只能以未见之羊替代。这样做的效果是,既完成了衅钟,又没有抑制不忍之心;如果当时没有"以羊易牛",那么,不忍之心就会被抑制。朱熹认为,这种变通就是"术"。它使得衅钟和不忍之心得以两全。

"术"在春秋战国时代不是一个陌生的概念。法家韩非子特别推崇"术"。他清晰地意识到,法的实施具有双重性。它既可能通过落实君王的意志而加强王权,又可能因为坐大执法官吏的权力而限制甚至瓦解王权。因此,韩非子提出,如果"主无术以知奸"(《韩非子·定法》),必然会导致"战胜则大臣尊,益地则私封立"(《韩非子·定法》),只有"法""术""势"结合,才能"身处佚乐之地,又致帝王之功也"(《韩非子·外储说右下》)。韩非子所论之"术",不同于"编著之于图籍,设之于官府,而布之于百姓"(《韩非子·五蠹》)之"法",是"藏于胸中,以偶众端、而潜御群臣者也"(《韩非子·难三》)的阴谋。后世所用之"术"多采用韩非子对"术"的理解,贬义远甚于褒义。但是,孟子所用之"术"不是韩非子所论之阴"术",而是更强调其积极的内涵,因此,他称赞齐宣王"以羊易牛"之举"无伤,是乃仁术也"。朱熹解释道,"术,谓法之巧者。盖杀牛既所不忍,衅钟又不可废。于此无以处之,则此心虽发而终不得施矣。然见牛则此心已发而不可遏,未见羊则其理未形而无所妨。故以羊易牛,则二者得以两全而无害,此所以为仁之术也"②。朱熹此处所谓的"法"不但指狭义的法令,而且包括广义的社会规范。在朱熹看来,社会规范不能轻易废止,但是,其执行可以因时因地因势变通,既保持遵循社会规范所体现的基本原理,又能兼

---

① 《朱子语类》卷五十一,中华书局1986年版,第1223页。
② [宋]朱熹:《孟子集注》卷一,见《朱子全书》第六册,上海古籍出版社、安徽教育出版社2002年版,第254–255页。

顾具体情势,这就是"法之巧者"或者"术"。

孟子不但以"仁术"解释齐宣王"以羊易牛"的正当性,而且以"仁术"论证君子食用动物的道德合理性。"君子之于禽兽也,见其生,不忍见其死;闻其声,不忍食其肉。是以'君子远庖厨'也。"(《孟子·梁惠王上》)君子虽为"仁义礼智信"的极大成就者,但其生物属性决定了不能不吃肉,这是人的生活需要。因此,当动物生命与君子生活发生冲突时,动物生命就不那么重要了。辛格当然会批评这种主张无法经受住不偏不倚性的道德审查。但是,辛格的问题在于,即使承认动物同人一样可以感受到痛苦和快乐,这也并不必然推出动物的痛苦和快乐应该受到不偏不倚性对待的道德结论。孟子不会这么认为,而是主张动物生命从属于人类生活。但是,"见其生""闻其声"拉近了君子与被宰杀动物之间的道德距离,使君子对它们的道德敏感性和道德义务感更强,不忍之心更加剧烈。如果看着活生生的禽兽被宰杀而吃得心安理得,那么,就损伤了君子基本的仁慈之心。庖厨是屠宰禽兽之地,因此,既要吃肉,又要吃得心安,"君子远庖厨"就成为当然的"仁术"。这既不影响吃肉,又不伤害不忍之心流布。朱熹对"君子远庖厨"所蕴含的"仁术"的解释是,禽兽虽与人不同,但是,它们"悦生恶死之大情"与人无异。但朱熹并没有因此得出禁止杀生的结论,相反,他批评佛教"止杀"的行为是"仁之过矣",主张君子"于物则爱之而已,食之以时,用之以礼,不身翦,不暴殄,而既足以尽于吾心矣。其爱之者仁也,其杀之者义也。人物异等,仁义不偏,此先王之道所以为正,非异端之比也"①。这种对待动物的道德思维是中国道德文化的重要传统。

孟子所推崇的"术",其实质就是实践智慧。道德知识不能类比自然知识。"如果德性是品质,那么仅仅知道德性就并不能使我们做事情更有德性。这与健康和强壮的情形一样。健康和强壮这两个词并不能带来健康和强壮,而恰恰产生于健康和强壮。仅仅知道什么是健康和强壮不等于做有益健康和健壮的事情。因为懂得医学和运动学并不能使我们更能从事有益健康和强壮的活动。"② 道德实践不是明确的数字计算,具有模糊性、变化性与多样性,不是法典化的明确答案,不能被视为一套清晰及无可辩驳的规则。近代以来的伦理学走上了科学理性指引的发展道路,希冀通过制定普遍的道德原则一劳永逸地解决人类面临的道德问题。

---

① [宋] 朱熹:《孟子或问》卷一,见《朱子全书》第六册,上海古籍出版社、安徽教育出版社2002年版,第924–925页。
② [古希腊] 亚里士多德:《尼各马可伦理学》,廖申白译,商务印书馆2003年版,第186页。

但是，古代伦理学走的是实践理性的发展道路。实践理性的对象是人类行为可改变的事物。实践理性的德性就是实践智慧。亚里士多德称之为"一种同善恶相关的、合乎逻各斯的、求真的实践品质"①。根据实践理性及实践智慧，当人们实际做出道德决定的时候，并不是诉诸普遍的规则来解决面临的问题。普遍性的确是需要的，但更重要的是结合特殊的情况、结合自己的实际处境来处理问题，强调出于正确的理由、在正确的时间、以正确的方式去做正确的事情。因此，实践智慧是一种使个人在特定情形中使用正确的手段并能做出正确选择的德性。拥有实践智慧的人知道哪种特定的目的值得追求，并且哪种手段最适宜于达成这些目的。

因此，实践智慧强调在不同的情况下，道德的具体要求不一样。它不能简单地被定义为遵循"尽量减少痛苦""信守诺言"等特殊规则的行为。任何拥有实践智慧的人会因情境之需打破这些看似可靠的规则或原则。明代焦竑在其《戒杀生论》中提出，"圣人不得已，有故而杀，曰祭，曰养，曰宾，三事而已"②。这里的"不得已"就是一种运用实践智慧的"术"。仁慈的人并不必然就要成为素食主义者。相反，不加区分的素食主义不是一种品格特征，因而不是一种德性，也可能不是表达德性的做法。因此，普遍地反对食肉在道德上并不必然就有正当性。如果必须吃肉才能够生存，那么，吃肉不能被看作道德错误。反过来，如果人们吃肉只是为了享受这种食物带来的快乐，那么，这在道德上就错了。因为这种对快乐的追求违反了节制的德性。这就要求根据具体情势而不是普遍的单一原则去解决道德疑难。道德不是简单学习、模仿和应用普遍规则，而是充分考虑伦理主体自身及其所处环境的特殊条件，结合特殊的情况、结合自己的实际处境来处理问题。

孟子以"术"这种实践智慧解决道德冲突，包括仁慈与公正之间的冲突以及特殊仁慈与普遍仁慈之间的冲突。

"衅钟"是源自周朝的礼仪，本质上就是一套社会规范，是社会公正的隐喻。齐宣王对不可"废衅钟"的坚持表明，在齐宣王的道德观念中，代表社会公正的"衅钟"更具优先性。在"衅钟"不可废止的前提下，对牛的仁慈必定就是对羊的残忍。兼具仁慈和公正的美德，是成为有德者的重要内容。但是，仁慈和公正之间的紧张，使得它们并非可以

---

① [古希腊]亚里士多德：《尼各马可伦理学》，廖申白译，商务印书馆2003年版，第173页。

② [明]焦竑：《焦氏笔乘》卷二，上海古籍出版社1986年版，第71页。

轻易相互吻合。在道德实践中，行动者为了公正地履行义务，有时候不可避免地要伤害他人，侵蚀仁慈。这种处境对于仁慈的有德者而言，往往是一种无奈的痛苦。生活总是充满了矛盾和选择，公正和仁慈的冲突由此也成为常见的现象。这是德性伦理学无解的困惑。无论是亚里士多德和孟子的古典德性伦理学，还是赫斯特豪斯、斯洛特和斯旺顿的现代规范德性伦理学，最出色的解决方案不是消解仁慈与公正的冲突，而是凭实践智慧最大限度化解仁慈与公正冲突所引发的灾难、不幸或者痛苦。规范伦理学批评德性伦理学无力为社会道德实践提供指引时，所经常援引的例证就是仁慈与公正的冲突。但这并不表明，规范伦理学就已经妥善地解决了仁慈与公正的分歧。无论是按照康德式的道德法则而行动，还是依据功利主义的原则去选择，表面上找到了最终解决问题的途径，但实质上只是给行动者或者旁观者一个看似合理的自我慰藉，仁慈与公正的冲突依旧，不是牺牲该仁慈对待的对象，就是伤害该公正面对的客体。

在齐宣王的道德视野中，牛是活生生的当下的具体生命存在，而羊只是一种概念或者抽象的道德想象。齐宣王对牛的仁慈，其实质成为一种特殊的仁慈，是对此牛的仁慈，而非对所有牛的普遍仁慈。而齐宣王即使对羊有仁慈，也是普遍仁慈。齐宣王"以羊易牛"体现的是特殊仁慈的优先性。孟子对齐宣王"以羊易牛"的升华，突显了特殊仁慈。特殊仁慈优先于普遍仁慈，是中国道德文化的重要特色。费孝通称中国社会是以自己为中心向外推的差序格局，其实质就是坚持特殊主义的优先性。人们生活在密匝的关系网络结构中，以自己为中心，由近及远，从最简单的家庭关系进至社区邻里关系，再推延至复杂的社会关系和国家关系。不同的关系属性，具有不同的角色期待和权责要求。儒家主张亲亲、仁民、爱物，就是一种特殊仁慈向普遍仁慈不断扩展的过程和结果。仁慈的道德教育往往从最切近的关系圈开始，然后渐渐过渡到关系圈的最远端，使小爱化作大爱，使"小我"和"私我"提升至"大我"和"公我"。但这种由小渐大、由私化公的过程，是特殊仁慈推延到普遍仁慈的过程。但这种过程不是对小爱小我的泯灭，也不意味着特殊仁慈和普遍仁慈在行动者的道德现象中应该具有相同的道德重要性。因此，即使普遍仁慈得以激发，也会以以下几种方式显得不足。首先，它不会是平均分配；其次，即使平均分配，也是反复任意或者具多变性；再次，即使它是稳定的，也是脆弱的。①

重视特殊仁慈是中国道德文化的特色，但不是"专利"。当诺丁斯谈到关心陌生人的时候提出，陌生者对于"我"而言已经成为一个特别的和具体的人。当"我"展现出对他人的同情和仁慈，而他人又不是"我"的亲属或者朋友时，事实上，"我"是将他者转换成与自己有关系的一个特殊的人。"我"渴望的是减缓一个特定人的痛苦。"我"像爱自己的朋友、兄弟和姐妹般爱陌生人的前提是，这个陌生人必须"不是以分子式（formula）而是以个体被接受"。诺丁斯解释"我"对陌生人仁慈的模式固然存在问题，因为道德现实揭示，只要陷于苦难之中的他者是人甚至一般的生命形式，"我"也会给予安慰和帮助，而不取决于他者是否被"我"想象为一个特定的人。但是，诺丁斯的解释却从另一个侧面揭示了特殊仁慈要强于普遍仁慈。犹太哲学家马丁·布伯提出了关怀关系对实现人格同一性的决定意义。人格同一性首要的不是指自我人格的同一性，而是每位个体相互之间的人格同一性或者交互主体性。我们都是处在相互联系中的人。因此，如果"你"是"我"并且"我"是"你"——我们的同一性是关联的——那么，在"我"对"你"的善（good，利益）的渴望和对自己善的渴望间就不存在裂痕需要缝合。因为我们是具有共同的同一性，共享一个共同的善。这个观点的困境在于：人格同一性在本质上是关系的观点，即使这在形而上学的意义上是真实的，但是，这也不意味着"我"应该当如重视"我"的价值般重视"你"的价值，以及我们的善事实上是一个整体，并不意味着彼此之间的善是无法区分的。自我的"关系"或"社会"属性不足以支撑这些。②

孟子对杀生合理性的道德辩护具有鲜明的德性伦理特色。他关注的不是行动者的杀生行为，而是杀生行为背后的德性，聚焦的是行动者而不是行动，是"以行为者为中心"而不是"以行动为中心"；他不是论证行动者对动物的责任或者义务，而是要行动者反思杀生行为背后是否体现了善（恶）的品格，指向的是"我应该是什么人"。他主张人类中心的价值立场。面对"当我们关心保护动物的利益时，我们关心的是什

---

① John P. Reeder Jr. ."Extensive Benevolence", *The Journal of Religious Ethics*, 1998, Vol. 26, No. 1, p.60.

② John P. Reeder Jr. ."Extensive Benevolence", *The Journal of Religious Ethics*, 1998, Vol. 26, No. 1, p.60.

么"①  这种理论挑战,孟子会毫不退缩地将人类利益放置在最优先的位置。他既肯定人们杀生的正当性,又要求人们对动物的生命特别是痛苦和死亡保持不忍之心,并以之作为道德判断的一个重要标准;强调不忍之心的实践要结合特定境遇,而不是凭借普遍的道德原则。他不同于当代西方"新亚里士多德主义"德性伦理讨论杀生相关问题的重要方面在于,不需要从人类自身的幸福生活转向动物的繁荣兴旺,始终坚持人与动物之间有等级的仁爱次序论。在具体实践中,由于德性伦理不以普遍的道德原则为重点,而是更加重视实践智慧,这就使得它的应用更加"精细",但也不可避免地带来"模糊性"和"不确定性"。但这正是伦理学的特色。亚里士多德在《尼各马可伦理学》中就明确指出了伦理学的不确定性,并以此为基础主张"在每种事物中只寻求那种题材的本性所容有的确切性"② 和"得出基本为真的结论"③。

---

① Rebecca L. Walker. "The Good Life for Non-Human Animals: What Virtue Requires of Humans", in: Rebecca L. Walker and Philip J. Ivanhoe. *Working Virtue*, Oxford: Oxford University Press, 2007, p. 174.
② [古希腊] 亚里士多德:《尼各马可伦理学》,廖申白译,商务印书馆2003年版,第7页。
③ [古希腊] 亚里士多德:《尼各马可伦理学》,廖申白译,商务印书馆2003年版,第7页。

# 第五章 法律德性伦理

法律与道德的关系问题在思想史上不是全新的话题。围绕法律与道德的关系问题，西方法律思想史上形成了自然法学和分析实证主义法学两派对立的观点。自然法学从道德出发，认为法律应当是合乎道德的良法，不合道德的恶法不应叫作法律，即"恶法非法"。分析实证主义法学从法律事实出发，认为法律就是国家制定的实在法，不道德的法律只要合法制定就具有法律效力，即"恶法亦法"。受当代西方德性伦理学复兴所提供的思想资源的启发，以索伦为代表的法理学者尝试融合德性伦理学、德性认识论和德性政治学，力图对当代法律理论的重大问题做出更深刻的回答，创造性地提出了"德性法理学"（Virtue Jurisprudence）的概念，在亚洲、欧洲和北美引起了哲学和法学研究学者们的关注。

## 第一节 德性法理学的当代复兴

西方德性法理学的思想萌芽可以追溯至古希腊的伦理学、政治学及其自然法本质的构想中。柏拉图对智慧、勇敢、节制与正义四种基本美德做出了解释，并声称城邦必须致力于在相应的阶层中培育这些美德。但更为人熟知的是亚里士多德。索伦编辑并出版了德性法理学上的第一本论文集《德性法理学》；其《亚里士多德式法律理论导论》《衡平与法治的一种德性中心论阐释》《自然正义：守法德性的一种亚里士多德式的阐释》收录于该论文集，论文《德性法理学：一种德性中心论的审判理论》（发表于期刊《元哲学》）、《儒家美德法理学论纲》[合作发表于《浙江大学学报（人文社会科学版）》]、《美德法理学、新形式主义与法治》（发表于《南京大学法律评论》）上的访谈，及《德性法理学：一种亚里士多德式的法律理论》（未刊稿），表达了他对德性法理学的基本学术主张。

### 一、古希腊德性法理学萌芽

亚里士多德主张，以法律的形式与途径向民众灌输美德就应该是家庭与城邦的基本政治目标。在亚里士多德的美德—政治设计中，对优良美德的激励是城邦存在的重要合法性理由。否则，一个政治联合就会沦为一种纯粹的联盟，只是在空间上有所限制。一个美好的城邦，在其构成上应是一种家庭及氏族的扩展，它内在地追求一种完善和自足。因此，使城邦公民富有美德，被亚里士多德理解为真实政治共同体的核心功能。"斯巴达似乎是立法者关心公民的哺育与训练的唯一城邦或少数城邦之一。在大多数其他城邦，它们受到忽略。每个人想怎么生活就怎么生活，像库克洛普斯那样，每个人'给自己的孩子与妻子立法'。所以，最好是有一个共同的制度来正确地关心公民的成长。"① "共同的关心总要通过法律来建立制度，有好的法律才能产生好的制度。"② 亚里士多德认为，在培养公民美德上，法律之所以是必要的，其根本原因在于，多数人缺乏崇德向善的自觉，"逻各斯虽然似乎能够影响和鼓励心胸开阔的青年，使那些生性道德优越、热爱正确行为的青年获得一种对于德性的意识，它却无力使多数人去追求高尚（高贵）和善。因为，多数人都只知道恐惧而不顾及荣誉，他们不去做坏事不是出于羞耻，而是因为惧怕惩罚"③。

亚里士多德断言，"如果一个人不是在健全的法律下成长的，就很难使他接受正确的德性。因为多数人，尤其青年人，都觉得过节制的、忍耐的生活不快乐。所以，青年人的哺育与教育要在法律指导下进行。这种生活一经成为习惯，便不再是痛苦的。但是，只在青年时期受到正确的哺育和训练还不够，人在成年后还要继续这种学习并养成习惯。所以，我们也需要这方面的，总之，有关人的整个一生的法律。因为，多数人服从的是法律而不是逻各斯，接受的是惩罚而不是高尚（高贵）的事物"④。"所以有些人认为，一个立法者必须鼓励趋向德性、追求高尚（高贵）的人，期望那些受过良好教育的公道的人们会接受这种鼓励；惩罚、管束那些不服从者和没有受到良好教育的人；并完全驱逐那些不可救药的人。"⑤ "假如有人希望通过他的关照使其他人（许多人或少数

---

① [古希腊] 亚里士多德：《尼各马可伦理学》，廖申白译，商务印书馆2003年版，第314页。
② [古希腊] 亚里士多德：《尼各马可伦理学》，廖申白译，商务印书馆2003年版，第315页。
③ [古希腊] 亚里士多德：《尼各马可伦理学》，廖申白译，商务印书馆2003年版，第312页。
④ [古希腊] 亚里士多德：《尼各马可伦理学》，廖申白译，商务印书馆2003年版，第312-313页。
⑤ [古希腊] 亚里士多德：《尼各马可伦理学》，廖申白译，商务印书馆2003年版，第312-313页。

几个人）变得更好，他就应当努力懂得立法学。因为，法律可以使人变好。"① 罗伯特·P·乔治（Robert P. George）批评亚里士多德没有意识到强制人们做正当之事不会使之德性更好，而只是对道德规范外在的遵从，而道德必在于其内在，是出于正当的理由而做正确的事情。② 但是，德性作为一种心灵的习性，往往与外在的强制或者胁迫有关。这是将外在规范内在化的过程，是社会习得的阶段。"因为经验表明：如果所采用的力量并不直接触及感官，又不经常映现于头脑之中以抗衡违反普遍利益的强烈私欲，那么，群众就接受不了稳定的品行准则，也背弃不了物质和精神世界所共有的涣散原则。任何雄辩，任何说教，任何不那么卓越的真理，都不足以长久地约束活生生的物质刺激所诱发的欲望。"③

亚里士多德关于城邦目的之设想，直接影响了托马斯·阿奎那（St. Thomas Aquinas）关于法律本质的理解。托马斯·阿奎那在《法律条约》中提出，法律是共同善的法令，由关心此共同体的人公布和传播。这种法律会创造出政府需要的好人，因为法律的真正功能就是引导公民培育真正的美德。只有通过法律的正当影响，才能培育公民的美德；只有培育出公民美德，才能造就好的公民；只有拥有好的公民，才能实现共同体追求的共同善。阿奎那与亚里士多德共同的观点是，立法者应当灌输或者培育社会成员的美德，以美德养成作为法律的重要目的。得益于托马斯·阿奎那的学术贡献，以人类美德繁荣作为政治目标，及以此政治目标设计政治安排，再次成为中世纪严肃对待的理论问题。当然，必须值得注意的是，尽管亚里士多德与阿奎那都主张法律的目标是培育公民的美德，但是，他们并不认为法律应当禁止任何恶或者灌输任何美德。德性法理学思想虽然从柏拉图延续至当代，历经修改，但是其关于法律的目标是培养公民美德这则核心信条依然稳固。当代西方一位法理学家罗伯特·乔治重申了亚里士多德式的政治主张。他认为，善政良法不但应有助于人们的安全、舒适及繁荣，而且需有助于使他们富于美德，使人们过合美德的生活。法律和政治直接关系到政治共同体成员的道德福祉。一个好的政治社会可以公平地承受强制性的公共权威的权力，以

---

① ［古希腊］亚里士多德：《尼各马可伦理学》，廖申白译，商务印书馆2003年版，第315页。
② Robert P. George. "The Central Tradition-Its Value and Limits", in: C. Farrelly and L. Solum（eds.）. *Virtue Jurisprudence*, New York: Palgrave Macmillan, 2008, p. 25.
③ ［意大利］贝卡利亚：《论犯罪与刑罚》，黄风译，中国大百科全书出版社1993年，第9页。

保证人们免于邪恶的侵害。①

除了上述关于美德与法律之直接关系的论述外，通过对"合法者"的解释，亚里士多德更深刻而具体地表达了美德与法律之间隐蔽的联系。亚里士多德在《尼各马克伦理学》中将正义理解为合法。亚里士多德在表达这个观点时，使用的是古希腊词"nomos"（译为"法"，单数）。现代社会将"nomos"翻译为"法律"，显然窄化了这个词本应涵盖的内容。在古希腊用语中，"nomos"的内涵比现代英语中的"法律"更为丰富。在古希腊词汇中，表达有关"法"的词汇既有"nomos"（其复数形式为nomoi），又有"psēphismata"（译为"法令"）。但是，这两个词汇有着迥异的内涵。"法令"虽然由立法者颁布，但是存在适用时间上的限制，只能适用法令颁布当时的情境，不能运用于之后的案件；"法"的适用范围则广泛得多，能运用于将来发生的一般类型的案件。当亚里士多德在最广泛的意义上说一个正义的人是合法者时，他所使用的是古希腊语中的"法"（nomos）而不是"法令"（psēphismata）。按照现代法律知识，亚里士多德的"法令"（psēphismata）实质就是国家在特定时期颁布的实在法或者制定法，而"法"（nomos）则是泛指协调社群交往的共享规范，它比实在法或者制定法更加广泛。因此，法律不仅包括成文法，还包括共享的社群规范。在这种意义上，一位守法者就是遵守特定社群中的实在法和公共规范的人。如果一位法官是守法者，那么他就会认真对待他所在社群的法律与规范，将社群共享的规范内化，成为守法者。② 识别和运用这些社会规范，并恰当地处理好成文法与社会规范之间的关系，就是立法者和适法者必备的美德。这种美德在亚里士多德那里，就是实践智慧。

亚里士多德的实践智慧在法理学中联系最紧密的概念就是衡平。法律要求普遍性与稳定性，要求司法者以相同的方式无偏地处理不同的个体。所以，亚里士多德坚定地认为，所有合法的行为在某种意义上是公正的行为。但人类生活永远不是静止而是变动的。法律太刻板必定不能令人满意地处理特定的案例。亚里士多德将法律视为公正处理特殊案件的必然失败。对于亚里士多德而言，超越法律的衡平也是公正的，这是一种支持法律精神的方式。在创制法律时，第一，立法者会忽视法律将

---

① Robert P. George. "The Central Tradition-Its Value and Limits", in: C. Farrelly and L. Solum (eds.). *Virtue Jurisprudence*, New York: Palgrave Macmillan, 2008, p. 25.

② Lawrence B. Solum. "Virtue Jurisprudence: A Virtue-Centred Theory of Judging", *Metaphilosophy*, 2003, Vol. 34, No. 1/2, pp. 178–213.

处理的一些可能的例外情况；第二，他/她意识到法律无法处理所有的案例，但是又希望创造一个普遍的法律以公正处理多数案例。这两种立法局限的化解，都需要衡平。它的精髓就是超越具体的法律条文，在对法律精神的总体性把握中，公正地处理法律个案。规则具有指引功能，但敏锐性与精致性不足，不能应用于任何情形。

实践智慧与衡平之间的关系包括两个层面的理解。第一，衡平自身就是实践智慧。多数有经验的从业人员知道，从业规则不能涵盖职业活动，因此，衡平必然是职业的一部分。但是，以医生为例，同样接受过良好医学教育且深谙行医规则的医生，其病因诊断与治疗处方却各不相同。这是因为在行医规则与普遍的医学知识之外，医生需要结合病人的具体实际，做出更复杂且更精细的决定，特别是这些决定有时不是"是"与"非"的选择，而是"是"与"是"的冲突，或者更好与最好、坏与更坏之间的抉择。这个过程就是实践智慧的运用。在这种意义上，合格的司法人员不仅需要懂得成文的法条，还需要懂得不成文的活生生的现实社会。但社会是一本不成文的无字天书，能够正确理解这本书中有关事项的能力，就是司法人员的实践智慧。第二，实现衡平需要实践智慧。衡平对司法人员的美德提出了要求。但在诸美德要求中，最引人注目的无疑是实践智慧。如果没有实践智慧，那么，司法人员的清廉、正直与勇敢等，可能不会使司法人员趋向法律精神，而是背离法律精神。

## 二、当代德性法理学复兴的背景

索伦认为，当代西方法律理论的状态同安斯康姆对当代道德哲学困境的概述表现出神秘的相似性。"当代法律理论的特征表现为两种矛盾：权利与后果的矛盾以及现实主义与形式主义的矛盾。在当代法律理论中，每个矛盾引起了持续的、但拒绝经由缜密的论证寻求解决的争论。"[1] 权利与后果的矛盾是现代哲学中道义论和后果主义之间争论的法律形式。路易斯·卡普洛和斯蒂文·沙维尔（Louis Kaplow and Steven Shavell）发表的重要的法律评论文章及随后的同名作《公平还是幸福》（*Fairness versus Welfare*）是后果主义法律理论的代表。德沃金的作为整体性的法律理论，是道义论的代表，强调当事方在先（preexisting）的权利要求法官

---

[1] Lawrence B. Solum. "Virtue Jurisprudence: An Aretaic Theory of Law" (working paper), draft October 19, 2004.

根据原则而不是政策裁决案件。在索伦看来，"这些争论无助于达成共识性的结论。相反，我们似乎处于一种持久的冲突（最好）或者相互脱离（最坏）。既没有真正的对话，也少有真正的进步。后果主义法律理论漠视道义论对其幸福主义的道德基础的批评，而道义论自身也充满了争论"①。《公平还是幸福》重燃了后果论的支持者与权利的倡导者之间的争论，但是，这并没有推动法理学的进步。后果论的批评者宣布取得了胜利，但后果主义法律理论依然我行我素，似乎一切都没有改变。

现实主义的极端版本就是批判法律研究运动提出的口号"法律就是政治"，将法律机构特别是法院视为使用法律工具而达成一些规范理论（例如社会福利国家主义）的目标或者一种政治意识形态的手段。批判法学鼓吹"不确定性命题"，主张法律规则无法决定判决的结果；在任何案件中法律都能为不同的主张提供基础，法律根本就不具有拘束性，必须以政治倾向代替法律来决定案件的判决结果。② 形式主义代表着相反的趋向，强调审判的责任是遵从法律，判决双方应得的权利和义务。"在一般情况下、在大多数的普通案件中，宪法条款、制定法等法律文本的语言学意义确实拘束着实践者，包括法官、律师和官员，并且法律实践者尊重这些法律材料。"③ 最简单的法治理念是一种朴素的形式主义的图景，法治就是文本的统治，要求法官、官员依循制定法、先例或者宪法中的文字办事。"但是，现实生活中的法治观念却要比这更复杂也更富有弹性，所以法治实践中的一个现象很有趣，就是我们有时会认为严格按照法律文字办事可能与法治的理念相背离。"④

索伦认为，政治化使美国的司法系统整体上面临着巨大的危险。虽然政治化的危险是一种长期的现象，且在某种程度上为所有的法律体系所共有，但目前美国司法系统政治化的危险因诸种原因而尤其严重，其中主要的原因也许在于美国的司法审查制度。它将几乎任何能够想象到的问题的终极裁决权委付于美国最高法院。终极裁决权产生出诱惑：政治部门被诱使利用法官选任的权力，使法官成为政治雇佣文人扎堆之地；

---

① Lawrence B. Solum. "Virtue Jurisprudence: An Aretaic Theory of Law" (working paper), draft October 19, 2004.
② 劳伦斯·索伦、王凌皞：《美德伦理学、新形式主义与法治：劳伦斯·索伦教授访谈》，载《南京大学法律评论》2010年春季卷。
③ 劳伦斯·索伦、王凌皞：《美德伦理学、新形式主义与法治：劳伦斯·索伦教授访谈》，载《南京大学法律评论》2010年春季卷。
④ 劳伦斯·索伦、王凌皞：《美德伦理学、新形式主义与法治：劳伦斯·索伦教授访谈》，载《南京大学法律评论》2010年春季卷。

法官被诱使通过法令，利用他们的权力，获取政治利益。这两种诱惑之间相互强化。政治化孕育了法官的平庸化。如果法官选任的标准是其对一个意识形态代言人的忠诚，那么，他们就不会因忠诚于法治、博学于法律或者明智而被选任。政治化法官只需要花言巧语的技巧、脱离规则推理的能力以及成功地掩饰矛盾的手段。① 因此，政治化不仅使法官流于平庸，还隐藏着将法官引入堕落的风险。

"当代法律理论和实践都处在严重的困扰中。"② 为了回应或者消解这种困扰，受当代西方德性伦理学复兴的启发，索伦尝试在法律理论的探讨中借鉴运用亚里士多德主义。正如他在与费热理（Farrelly）合编的《德性法理学》的导论中提出："在道德理论中，德性伦理学提供了一种第三条道路。直至最近，道义论和后果论在现代道德哲学中一直居主导地位。但是，德性伦理学提供了一种替代。如果我们将德性伦理学移植到规范法律理论中，那么，将会发生什么呢？"③ 德性法理学应运而生。由此可见，索伦的德性法理学是借鉴德性伦理学复兴之后的亚里士多德主义的研究思路与成果，发展出一种德性进路的法律理论，试图对于法律中一些基本问题给予独特的回答，例如法律的目标是什么；应该怎样理解法律和德性之间的关系；法律机构应该怎样履行其职责或者解决争端。索伦认为，当代法律研究常常援引一般的道德理论，包括偏好-满足功利主义和康德的道义论，以讨论法律的本质，使得道义论与功利主义在法律理论中的霸权依然盛行。但是，德性法理学主张，法律的核心功能不是防止伤害他人的行为或者保护权利，而是"实现和维持使每位个体能够达成人类最高功能的社会条件"④；"促进人类繁荣，使人类能够过上卓越的生活"⑤；反对将福利、效率、自决或平等作为法律哲学的基本概念，而是倡导将德性、卓越及人类繁荣作为法律哲学的中心概念。这样，德性法理学挑战了以偏好为基础和以权利为基础的规范法律理论，认为德性伦理学是法律理论最具前景的规范基础。索伦建议，法理学需要一种亚里士多德式的德性伦理转向，"从对意识形态、权利和效用的强

---

① Lawrence B. Solum. "Virtue Jurisprudence: An Aretaic Theory of Law" (working paper), draft October 19, 2004.

② Lawrence B. Solum. "Virtue Jurisprudence: An Aretaic Theory of Law" (working paper), draft October 19, 2004.

③ C. Farrelly and L. Solum. *Virtue Jurisprudence*, New York: Palgrave Macmillan, 2008, p. 1.

④ C. Farrelly and L. Solum. *Virtue Jurisprudence*, New York: Palgrave Macmillan, 2008, p. 2.

⑤ C. Farrelly and L. Solum. *Virtue Jurisprudence*, New York: Palgrave Macmillan, 2008, p. 2.

调，转为对德性的聚焦"①。这使得德性法理学明显不同于自由主义法律传统。

### 三、德性中心论的司法理论

德性法理学通过对法官德性的聚焦，提出了以德性为中心的司法理论，其首要主题是，法官应当是有德性的，且应当做出有德的裁决；法官应当根据他们对司法德性的拥有或者潜在获得而选任。② 出于简单和明晰的考虑，索伦以五种定义的形式表达了这种德性中心论的审判理论：一种司法德性是心智中一种使拥有者可靠地倾向于做出公正的裁决的自然的可能性情，包括但是不限于适度、勇气、好品性、理智、智慧和正义；一位有德的法官是一位拥有司法德性的法官；一个有德的裁决是由一位有德的法官在与裁决有关的情形中出于司法德性做出的裁决；一个合法的裁决是由一位有德的法官在与裁决有关的情形中特别做出的裁决，在这种语境中，"法律上正确"等同于"合法"；一个公正的裁决完全等同于一个有德的裁决。③

可见，在索伦的审判理论中，"德性"始终是一个关键的概念。因而，分析索伦对德性的论证，就成为理解其德性中心论的审判理论的核心。索伦认为，司法德性的本质是普通的、审判之外的德性在特定的审判情境中的具体应用。"总体上，司法德性与人类卓越有很多相同之处。理论的理智德性、实践智慧以及勇敢、节制和好品性的道德德性为卓越的审判所需，正如它们为人和人类生活的繁荣所需。"④ 在这种认识的基础上，索伦又做出了司法德性中的"清"理论（a thin theory）和"浊"理论（a thick theory）的独特区分。

司法德性的"清"理论反映的观念是，这些德性以没有争议的关于好的裁决的假设为基础，以广为接受的关于人类本性和社会现实的信念为基础。它指的是无争议的司法德性。索伦认为，"腐败"可能是具有普遍认同的司法恶习之一，即使那些最激进的法官遴选政治意识形态论

---

① Lawrence B. Solum. "Virtue Jurisprudence: An Aretaic Theory of Law" (working paper), draft October 19, 2004.

② Lawrence B. Solum. "Virtue Jurisprudence: A Virtue-Centred Theory of Judging", *Metaphilosophy*, 2003, Vol. 34, No. 1/2, pp. 178–213.

③ Lawrence B. Solum. "Virtue Jurisprudence: A Virtue-Centred Theory of Judging", *Metaphilosophy*, 2003, Vol. 34, No. 1/2, pp. 178–213.

④ Lawrence B. Solum. "Virtue Jurisprudence: A Virtue-Centred Theory of Judging", *Metaphilosophy*, 2003, Vol. 34, No. 1/2, pp. 178–213.

者也会接受这个结论。导致司法腐败恶习的性格缺陷有很多种，包括贪婪和放纵。因此，如果我们接受司法腐败是一种恶习这个结论，那么，与此相对应的两种德性就是廉洁和节制（或者冷静）。但是，它们只是许多不具有争议性的司法德性中的两个德性。此外，卓越的法官必须是勇敢的，一个懦弱的法官可能因为胆怯而做出错误的判决，仅仅是因为他过于害怕身体上的侵害或者社会地位的下降；卓越的法官必须聪明且拥有扎实的法律知识，愚笨和无知的法官没法很好地运用法律；卓越的法官必须有个好脾气，过度的愤怒可能会令法官失去理智，从而基于私人原因而非法律原因来对当事人课以过度的惩罚；卓越的法官必须是勤劳的，审判是个苦活，懒散的法官常常会抄近路从而导致不公。由此，廉洁、节制、勇敢、扎实的法律知识、好脾气和勤劳，就成为没有争议的司法德性。关于这些德性的阐释，可以称之为一种法官德性的"清"理论。① 这些"清"德性是卓越的法官的必要条件，同时没有争议。从任何合理的裁判理论视角看，廉洁这样的德性都是好判决不可或缺的一部分。这些德性同样可以纳入不是以德性为中心的法律理论中。

索伦指出，一种德性中心论的司法德性理论不能局限于那些被视作达成优秀裁决的手段的无争议的审判品质，还需要探究一种"浊"理论的可能性。既然德性中的"清"理论代表着具有共识的司法德性，那么，"浊"理论对应的就是有着争议的德性。这种争议主要不是来自抽象的概念，而是具体的构象。索伦提出的两种"浊"司法德性是实践智慧和正义。"人们对于这两种德性的概念（concept）虽然有着广泛的赞同，但是，对这些德性的具体构想（conception）会激发分歧。"②

实践智慧或者明智（phronesis）是亚里士多德德性伦理学中最高的德性，在当代德性伦理学中同样有着举足轻重的地位。它使我们将德性伦理学同其他对立理论（结果论和道义论）区分开来。人类生活中的多样性和复杂性，需要我们运用实践智慧，而不是依赖特定规则或者决策程序。索伦认为，法官应当具有实践智慧，成为一个 phronimos（明智者）。好的法官在其正当的法律目的与手段的选择中必须拥有实践智慧。它是一种使个人在特定情形中能做出好的选择的德性。拥有实践智慧的人知道哪种特定的目的值得追求，并且哪种手段最适宜于达成这些目的。

---

① Lawrence B. Solum. "Virtue Jurisprudence: A Virtue-Centred Theory of Judging", *Metaphilosophy*, 2003, Vol. 34, No. 1/2, pp. 178-213.

② Lawrence B. Solum. "Virtue Jurisprudence: An Aretaic Theory of Law" (working paper), draft October 19, 2004.

司法智慧只是实践智慧的具体运用。这种卓越地知道，在特定案件中追求的目标及手段，就是法律理论中的"境遇感"。拥有实践智慧的法官会发现，法律文本常常是用普遍性的语言形式，面向一般对象而不是特定的个体。在某些特定情况下，如果完全遵从法律的形式主义要求，将会导致不公平的甚至荒唐的结果。这就要求法官超越法律的字面意义来追求最好的司法判决，捍卫法律的精神。① 这就是衡平。衡平是对规则的一种背离。它通过案件做出特例，校正法律的普遍性。在一些案例中，衡平要求法官理解立法机关的意图；在其他一些案例中，衡平要求法官纠正立法者没有或者无法预料的法律的缺陷。因此，衡平是一种特殊主义，是在特定案件的事实基础上，一种对规则的背离。但是，在一个关于公平的多元主义理解的社会中，如果每个法官都遵从其自己的公平信念，那么，法律将不能履行协调行为和避免冲突的职分，法官将在法律的内容上产生分歧。因此，衡平只能由一个明智者履行。一位明智的法官拥有道德和法律的洞察。② 实践智慧虽然赋予法官平衡特定个案和普遍规范的能力，但是，这并不表明法官拥有无限的自由裁量权而为所欲为。"因为妥当地进行衡平的法官内化了其所处文化的根本价值，而实在法正是通过这些价值才得以正当化的，所以，我们可以说法官内化了法律的目的。即使法官的判决脱离了文义，他还是受制于他对法律的妥当理解，即编撰法律是为了让它们提供确定性和可预测性，超越文义是为了更好地实现法律指引法律主体（公民和官员）行动的这一功能，让法律主体能够依靠法律，知道怎样行为才是与法律一致的、合法的。"③

  法官也应当拥有正义的德性。"看上去清晰的是，正义是司法德性中最重要的德性。"④ 一位法官拥有适度、勇气和好的品性这些自然的德性，但是，如果他缺乏正义的德性，那么，他也不会是优秀的法官。一位拥有自然德性，而不正义的人，不会是一个好的裁决者。"正义是卓越的审判必不可少的德性。"⑤ 但是，人们对正义德性的认识容易产生分

---

  ① 劳伦斯·索伦、王凌皞：《美德伦理学、新形式主义与法治：劳伦斯·索伦教授访谈》，载《南京大学法律评论》2010年春季卷。
  ② Lawrence B. Solum. "Virtue Jurisprudence: A Virtue-Centred Theory of Judging", *Metaphilosophy*, 2003, Vol. 34, No. 1/2, pp. 178–213.
  ③ 劳伦斯·索伦、王凌皞：《美德伦理学、新形式主义与法治：劳伦斯·索伦教授访谈》，载《南京大学法律评论》2010年春季卷。
  ④ Lawrence B. Solum. "Virtue Jurisprudence: A Virtue-Centred Theory of Judging", *Metaphilosophy*, 2003, Vol. 34, No. 1/2, pp. 178–213.
  ⑤ Lawrence B. Solum. "Virtue Jurisprudence: A Virtue-Centred Theory of Judging", *Metaphilosophy*, 2003, Vol. 34, No. 1/2, pp. 178–213.

歧。这种分歧可以通过正义德性的两种可能理解来进一步说明。这就是作为公平的正义（justice as fairness）和作为合法的正义（justice as lawfulness）。

索伦指出，作为公平的正义隐含的理论基础是，正义德性是合乎道德地行动（甚至可能与法律相冲突）的一种性情倾向，正义的要求是一种道德要求，而合德性与合法性是两个相互独立、泾渭分明的领域，因此，具有正义德性的法官应当依照其对于公平（或者道德）的信念而做出判决。反对者提出，不同法官关于公平的不同信念将会损害法治的最重要的价值。因为，作为公平的正义要求每个法官依据其个人对于公平的判断来做出判决，而法官做出的这些判断常常又不一样，以这种方式做出判决的结果将变得不可预测。法律将无法提供协调人们行为、创造稳定的期待和限制官员恣意或自利行为等功能。①

因此，必须有作为公平的正义转向作为守法的正义。这是亚里士多德在《尼各马可伦理学》中阐发的洞见。亚里士多德将正义理解为合法。亚里士多德以合法定义广义的正义，且推崇守法的个人（lawful person），隐含的前提条件是，每一个社群都需要良好的秩序，这一秩序来自稳定的习俗和规范以及整体融贯的、不会无端轻易变更的实在法。从这种宽泛理解来讲，正义就是一种智识和情感上的技艺，社群成员用这种技艺来维持社群中规则和法律体系的确定性。索伦提出，正义作为德性应当被理解为合法，作为合法的正义以公共判断为基础。这些公共判断的基础就是 nomoi——特定社群中的实在法和公共规范。具有德性的行动者倾向于以 nomoi 作为自己的行动准则。正义的守法观念要求法官是一个 nomimos，体认到守法的重要性并且倾向于以社群中的法律和规范为基础而行动的个体。如果一位法官是 nomimos，那么就会认真对待他所在社群的法律与规范，倾向于做合法的事，将社群共享的规范内化，成为守法者。②

亚里士多德区分了公道和公正，认为"它们既不完全是一回事，又不根本不同"③。公道本身就是公正，两者都是善；但是，公道优越于一

---

① Lawrence B. Solum. "Virtue Jurisprudence: A Virtue-Centred Theory of Judging", Metaphilosophy, 2003, Vol. 34, No. 1/2, pp. 178 – 213.

② Lawrence B. Solum. "Virtue Jurisprudence: A Virtue-Centred Theory of Judging", Metaphilosophy, 2003, Vol. 34, No. 1/2, pp. 178 – 213. 本段参照了王凌皞对劳伦斯·索伦斯演讲稿"亚里士多德主义美德法理学与儒家美德法理学"的翻译文本。

③ [古希腊]亚里士多德：《尼各马可伦理学》，廖申白译，商务印书馆 2003 年版，第 160 页。

种公正，公道更好些。"公道虽然公正，却不属于法律的公正，而是对法律公正的一种纠正。这里的原因在于，法律是一般的陈述，但有些事情不可能只靠一般陈述解决问题。"① "所以，法律制定一条规则，就会有一种例外。当法律的规定过于简单而有缺陷和错误时，由例外来纠正这种缺陷和错误，来说出立法者自己如果身处其境会说出的东西，就是正确的。所以说，尽管公道是公正且优越于公正，它并不优越于总体的公正。它仅仅优越于公正由于其陈述的一般性而带来的错误。公道的性质就是这样，它是对法律由于其一般性而带来的缺陷的纠正。实际上，法律之所以没有对所有的事情都作出规定，就是因为有些事情不可能由法律来规定，还要靠判决来决定。因为，如果要测度的事物是不确定的，测度的尺度也就是不确定的。"② "公道的人是出于选择和品质而做公道的事，虽有法律支持也不会不通情理地坚持权利，而愿意少取一点的人。这样的一种品质也就是公道。它是一种公正，而不是另一种品质。"③

作为实践智慧的衡平与作为守法的正义在最根本的意义上是相通的。衡平之所以必要，源于作为制定法或成文法的法律的瑕疵，这就要求法官超越其文字表面的意义去捍卫法律的精神。法律的精神植根于维系社群的社会规范中。因此，法官根据社会规范去校正普遍法律的缺漏，并没有违反法治的目标，而是更深刻地体现了守法的要求。此外，如果衡平的实践智慧要求对社会习惯、社会规范或者制定法中的某个规则做出改进，可是，作为合法的正义德性要求遵从这些规则在形式上的拘束，那么，这就会产生冲突。索伦认为，一个具有德性的人，不会因为某个规则有问题而拒绝社会规范或者实在法而随心所欲地行动，相反，他内化这些规范，并且以符合法治理念的方式来改变认为应当改进的规则。④

---

① ［古希腊］亚里士多德：《尼各马可伦理学》，廖申白译，商务印书馆2003年版，第160-161页。
② ［古希腊］亚里士多德：《尼各马可伦理学》，廖申白译，商务印书馆2003年版，第161页。
③ ［古希腊］亚里士多德：《尼各马可伦理学》，廖申白译，商务印书馆2003年版，第161页。
④ 劳伦斯·索伦、王凌皞：《美德伦理学、新形式主义与法治：劳伦斯·索伦教授访谈》，载《南京大学法律评论》2010年春季卷。

## 第二节　德性法理学的挑战与发展

作为发展中的法律理论，德性法理学面临着理论和实践上的挑战。它的一些主张令自由主义正统观念倍感新奇而不安，特别是它主张法律的目标是通过提升德性促进人类的繁荣和使人类过上卓越的生活。索伦对法官德性及一种德性中心论的审判的关注，即使是传统自由主义也不会对此提出异议，因为不管立足在哪种思想立场上，我们都渴望法官拥有恰当的司法德性。但是，这不表明索伦的论证没有问题。例如达夫认为，索伦的德性中心论的审判理论并没有成功地辩护德性在审判中的中心地位，而只是论证出德性概念在审判的一种规范理论的重大而依旧从属的地位。①

尽管德性法理学存在理论基础上的薄弱性，索伦的德性中心论的审判理论难免逻辑论证上的松懈性，但是，从西方德性法理学的学术反思中可以发现，良法与善治固然是决定依法治国品质的重要两维，但是，良法与善治不但是指法律条文逻辑形式严密，权利受到合理的保护，义务得到应有的遵守，而且是指德性成为法律的重要目标，法律为化育德性提供了恰当的支持。良法与善治的实现不但需要法律专业人员精深的知识和娴熟的技巧，而且需要其稳定的德性品质，特别是实践智慧，以实现立法意图或者弥补法治缺憾。

### 一、当代西方德性法理学的发展与批评

德性伦理拒绝道义论和结果论所提供的可能性，即道德的一种决策程序形式，坚持需要处理个别案件的相关情况。一个人必须具备德性，才能很好地感知相关的环境并对其作出良好的反应。道德决策不能被一般的规则和抽象的原则完全控制。与结果论和道义法学理论中类似的著作相比，检验德性或以德性为框架的法律著作的数量较少，但近年来，以德性为中心的法学学术著作数量不断增长。德性法理学可以追求不同的目的，采取多种形式和途径。它不需要对法律采取（严格的）德性伦理方法。正如哲学家可以在不做德性伦理学家的情况下叙述德性，律师

---

① R. A. Duff. "The Limits of Virtue Jurisprudence", *Metaphilo-sophy*, January 2003, Vol. 34, No. 1/2, pp. 214–224.

可以在法律背景下对德性进行研究，而不以德性伦理为基础。当律师以德性伦理为研究背景时，他们通常会引用亚里士多德或新亚里士多德主义。其他重要的德性伦理渊源或传统没有得到同等重视。① 道德伦理特别是亚里士多德的幸福主义德性伦理以人的兴旺繁荣为终结。在法律方面，这转化为一种信念，即法律的适当目的是促进德性和防止罪恶。正如克拉克告诉我们的那样，法律和政治"有意或无意地"塑造我们的性格有很多种方式。就刑法而言，没有人能合理地建议我们，即使我们可以，也应将每一种罪恶定为犯罪，或迫使公民在任何方面都表现良好。因此，扬卡（Yankah）认为，即使某些罪恶妨碍了从事这一行业的人的德性，也不一定意味着应当将其定为刑事犯罪；我们还需要考虑这种刑事化是否对整个社会的繁荣有所贡献，我们有理由认为这并不是犯罪。②

## 二、德性法理学的发展

以索伦为代表的当代西方德性法理学重视德性在法律中的地位，但是，并不是任何强调德性的法律价值的理论都可以被恰当地归结为德性法理学，只有将德性视为首要地位的法理学理论才能被恰当地称为德性法理学。在推崇德性的法理学著作中，至少可以细分为两类：一类将德性视为核心的或者基本的伦理概念，另一类通过修正我们熟知的后果论或义务论，以植入德性的道德意义。只有前者可以被视为德性法理学的阵营，典型学者除了索伦，还包括阿玛娅（Amaya）。阿玛娅提出，一项法律决定是正当的，当且仅当它是一位有德的法律决定者在同样的情形中会做出决定。这种表达同"新亚里士多德主义"的代表赫斯特豪斯关于行动正当性的判断标准是一致的。

当代西方德性法理学自索伦之后从两个层面得到了深化和拓展：

### 1. 德性法理学的德性伦理基础不断拓宽

德性伦理学不是一种单独的伦理学方法类型，而是一种"方法家族"。它的理论结构可以是一元论的或者多元论的、幸福主义的或者非幸福主义的、基础主义的或者非基础主义的；其理论源泉可以是古希腊的柏拉图和亚里士多德或者古代中国儒家的孔子、孟子和荀子的学说，也可以是斯多亚、阿奎那、哈奇森、休谟甚至尼采的学说。因此，尽管同

---

① 参阅 Amalia Amaya, Ho Hock Lai. *Law, Virtue and Justice*, Oxford: Hart Publishing Ltd., 2013.

② 参阅 Amalia Amaya, Ho Hock Lai. *Law, Virtue and Justice*, Oxford: Hart Publishing Ltd., 2013.

属当代西方德性法理学的研究阵营,但是,不同的学者之间存在差异。索伦的理论来源早期主要是亚里士多德的学说,但后来也尝试着转向从儒家思想中寻找灵感;伯格斯(S. Berges)主要是借助柏拉图①;斯洛特则从休谟那里挖掘思想源泉。

**2. 德性法理学讨论的问题不断细致化和具体化**

当代西方德性法理学已经不再满足于抽象地讨论法律的目标、合法裁决的标准与法律的本质,而是以德性法理学为分析工具,延伸到对具体的实体法的讨论中。这其中就包括宪法、反垄断法、民权法、公司法、刑法、雇佣法、环境法、恐怖主义法、合同法、财产法、知识产权法、医疗法、教育法、公共利益法、侵权行为法、军事法等部门法②。

克劳迪奥·米其林(Claudio Michelon)探讨了德性在法律制定和法律适用中的作用问题,提出公职人员的法律决策只有在这些官员具有某种德性的情况下才能正确地进行。在米其林看来,在法律决策中赋予德性一个主要角色的最大障碍是对公职人员决策中主观性的恐惧。然而,米其林认为,一旦我们用一个更复杂的、"关系"的概念来取代过于简化的、"拓扑"的主观性观点,我们可能会发现这种恐惧是错误的,因此,主体性在法律决策中可能发挥着显著的作用。为了对决策者的主体性如何在法律决策中发挥作用提出一个可接受的解释,米其林提供了实践智慧的分析,特别是对其感知方面的分析。其次,他认为,适当地使用那种构成实践智慧的知觉,需要拥有某些道德德性。因此,在米其林看来,拥有某些道德德性是实践智慧所必需的,也是正确的法律决策所必需的。③

阿玛娅探讨了发展法律正当性的德性理论的可能性。在区分了在法律正当性理论中赋予德性作用的不同方式之后,阿玛娅主张对法律正当性采取一种强有力的古典主义方法,根据这种方法,一个法律决定是正当的,前提是它是一个有德的法律决策者在同样的情况下会做出的决定。阿玛娅主张,这种对法律正当性的反事实分析避免了影响法律正当性因果方法的一些问题,这些问题使法律正当性取决于实际导致法律决定的

---

① S. Berges. *Plato on Virtue and the Law*, London: Continuum, 2009.
② Amalia Amaya, Hock Lai Ho. *Law, Virtue and Justice*, Oxford: Hart Publishing Ltd., 2012, p. 8 - 9.
③ 转引自 Amalia Amaya, Ho Hock Lai. *Law, Virtue and Justice*, Oxford: Hart Publishing Ltd., 2013.

因果过程的德性。① 其《德性，法律推理和法律伦理》（*Virtue, Legal Reasoning, and Legal Ethics*）一书发展了法律推理的德性方法。阿玛娅认为，德性理论提供了处理法律推理传统理论的核心问题的有用工具，特别是通过提出一套新的问题和探究方向，将法律推理的领域扩展至其传统范围之外。阿玛娅认为，德性对成功的法律决策是必要且充分的，这使得法律伦理的整个主题与一种法律推理理论相关。一种法律推理的德性理论可以对法律推理所涉及的问题做出更为细致的解释。其一，正确的法律推理要求使个人的判断适应案例的细节；其二，感知对法律推理极为重要；其三，情感在法律审议中起关键作用；其四，对案件的描述（或再描述）是法律推理的一个最重要和最困难的部分；其五，法律推理包含对目的的推理，更具体而言，包含对含混和相冲突的价值的详述。在这样构思的法律推理理论中，有德的法官占据中心地位。

伯格斯探讨了发展一种基于德性的法律目的论的前景。根据这种理论，法律应该促进和保护不受家长式反对的德性。伯格斯认为，柏拉图的观点可能被认为是对德性法理学中家长式作风问题的回答。如果德性伦理学家可以把他们的主张局限于法律应该促进智慧的观点，就像柏拉图似乎所做的那样，那么，家长式主义的威胁就消失了，因为智慧可以在不危及自治的情况下得到推广。然而，一种柏拉图式的德性法理学没能避免家长制的隐患。第一，尽管柏拉图似乎相信关乎教育的法律应该致力于帮助公民发展智慧，但在他的提议中只有一小部分人应该接受必要的教育。第二，柏拉图所提倡的教育不但要求提高智慧，而且关乎提高节制和勇气。尽管如此，伯格斯认为，以智慧相佐的对节制和勇气的教育不像没有智慧辅助的对这些德性的教育那样易遭反对，因为可以认为勇气和智慧是自治的一部分。因此，勇气和智慧的教育最终会服务于一种德性法理学，这种德性法理学仅在其是促进智慧的最低限度的意义上是家长制的。②

谢尔曼·克拉克（Sherman Clark）探讨了法律、性格和人类兴旺繁荣之间的联系。更具体地说，他提出了两个主要问题：第一，法律如何影响或影响我们成为什么样的人？第二，如果我们希望蓬勃发展，我们应该努力成为什么样的人，即过上一种充实和令人满意的人的生活？为

---

① 参见 Amalia Amaya, Ho Hock Lai. *Law, Virtue and Justice*, Oxford: Hart Publishing Ltd., 2013.

② 转引自 Amalia Amaya, Ho Hock Lai. *Law, Virtue and Justice*, Oxford: Hart Publishing Ltd., 2013.

了回答前一个问题，克拉克讨论了法律和政治对人的性格产生影响的六种方式，即要求或禁止被认为具有性格特征的行为；要求或禁止可能产生这种特征的行为；促进或阻碍促进性格特征建设的机构；通过提供或排除范例蓬勃发展的机会；为我们是或希望成为什么样的人提供辩论的背景；促进或阻碍关于性格和繁荣的公众讨论。在回答后一个问题时，克拉克指出了四个性格特征是现代民主社会中人类繁荣昌盛的关键：勇气、节制、智慧，最重要的是，性格特征与"虔诚"这一经典术语相对应，但克拉克使用了"抱负"一词，即愿意和有能力为更高、更好的目标而奋斗，比我们能精确定义的东西。克拉克认为，抱负是人类兴旺繁荣的重要工具，作为律师和学者，我们可以通过公共政策倡导、学术和教学来帮助发展这一基本能力。①

王凌皞和劳伦斯·索伦的论文《儒家美德法理学论纲》提供了儒家美德法理学的梗概。该论文认为，儒家的道德思想可解读为一种温和的美德伦理学，既强调行为准则礼，又将个人品质作为道德评价的根本标准。儒家美德法理学是受儒家道德思想启发而发展出来的当代法律理论，以礼、仁、义和正名四个儒家根本理念为基础。礼，即行为准则；仁是一切个人美德的总体，在狭义上即仁慈；义，一种与遵循礼的动机相关的品质特征；正名就是重建名与实的对应关系，即在语言运用与实际的伦理/政治实践之间建立适当的关联，通过名的正确使用来指导人们的举手投足。从儒家的观点来看，法律理论的基本问题是法律的目的。法律的适当功能是在协调性和谐和自治性和谐的基础上创造一种社会秩序。前一种和谐与礼的社会协调功能相关：每个人都在礼所调节的共同体中拥有一个适当的位置。后一种和谐与礼的描述性功能相关：个人可以在礼的帮助下表达他们的情绪或践行其美德，并在不破坏礼的前提下追求其志向。因此，法律的目的是通过确立一种基于规则的社会秩序来创造社会和个人的和谐，这种规则可以由具备特定美德的自治的行为者内化。②

总之，随着德性法理学的兴起，其研究领域不断扩大和加深。学者探讨了德性在法律推理中的作用；研究了德性提供特定法律领域（如过失）的法律标准或规范的内容；从正义作为一种自然德性与作为合法性

---

① 转引自 Amalia Amaya, Ho Hock Lai. *Law, Virtue and Justice*, Oxford: Hart Publishing Ltd., 2013.
② 参见王凌皞、[美]劳伦斯·索伦：《儒家美德法理学论纲》，载《浙江大学学报（人文社会科学版）》2011 年第 1 期，第 41 页。

的概念出发，阐明了自然法关于法律与正义的本质联系的论点；从德性伦理的视角，论证了守法作为一种德性的主张；讨论了法律体系正常运转的公民德性和官员德性要求；分析了德性对司法审查以及法官的任命和选举等法律惯例的影响；强调了从其促进公民德性或恶习的倾向评价法律规则、程序和制度的主张。①

### 三、达夫对德性法理学的批评

德性法理学面临的批评主要可以归结为两类。一类是针对作为其理论基础的德性伦理的批评。因为德性法理学以德性伦理作为思想方法和理论资源，所以，一个合乎逻辑的推论就是，德性伦理遭受的批评潜在地就是德性法理学面临的挑战。心理学批评者借助心理学的研究，削弱了德性的传统概念。因为根据这种传统概念，德性被看作一种强烈的和稳定的性情或者品质特征，但是，心理学的研究证明，这种稳定和可靠的品质特征并不存在。② 批评中最激烈的是认为德性法理学不恰当地强调道德主体的善和品质，不能对正义的要求提供充足的说明，无法为行动提供具体的指导。以索伦为例，他以幸福或者兴旺繁荣作为法律的重要目标，虽然使其法律理论具有了鲜明的德性伦理特色，但也由此沾染了浓厚的德性伦理模糊性的缺陷。赫斯特豪斯在以"兴旺繁荣"解释德性的内涵时，毫不掩饰地承认，"兴旺繁荣"是一个十分模糊的概念③。另一类批评主要是针对德性法理学的理论追求与论证过程。典型的批评者是达夫。达夫（R. A. Duff）认为，德性法理学对法官德性及一种德性中心论的审判的关注，即使是传统自由主义也不会对此提出异议，因为不管立足哪种思想立场，我们都渴望法官拥有恰当的司法德性。但是，德性法理学并不满足于此，而是主张以公民养成德性和人类兴旺繁荣作为法律的目标，以人类过上卓越的生活作为法律的追求。

达夫认为，德性法理学的这种理论追求同西方自由主义传统存在严重的张力。自由主义在20世纪60年代几乎成为一种正统观念。它认为，亚里士多德传统中的完美主义同对人类自由应有的关注不相容。完美主义的法律和政治侵犯了正义及人权的基本原则。人类的道德完善，尽管

---

① 参见 Amalia Amaya, Ho Hock Lai. *Law, Virtue and Justice*, Oxford: Hart Publishing Ltd., 2013.

② P. J. Ivanhoe and R. L. Walker (ed.), *Working Virtue: Virtue Ethics and Contemporary Moral Problems*, Oxford: Oxford University Press, 2006.

③ 参见 Rosalind Hursthouse. "Virtue Theory and Abortion", *Philosophy and Public Affairs*, 1991, Vol. 20, No. 3.

本质上是可欲的，但是，它对于政治行动而言，并不是一个有效的理由。法律对于德性与邪恶，特别是公民的德性与邪恶，并无真正的兴趣；它所关注的是公民的行为。如果公民的行为影响到他人的利益，那么，法律就对之课以责任。但是，这些公民行为背后深层的品质特征并非法律关注的内容。这种法律观念隐含的德性立场是，国家及其法律不应该偏好或者强制任何单一的善的构想；只要公民相互尊重彼此的权利，他们就应该被允许自由地决定和追求他们自己关于善的构想。这种正统观念反映了一种强烈的"私人"观念：法律调整的是侵犯社会及他人利益的行为的"公共"事件，而不是属于"私人"事件的道德信念和道德品质。法律的任务在于维持和平与保持人们对社会结构的期待。在这种社会结构中，个人可以追求他们自己的善的构想。① 但是，德性法理学声称法律的目标不是最大化满足偏好，也不是保护一套权利，而是使公民富有德性，促进人类的繁荣兴旺，使人类享受卓越的生活。

达夫提出，索伦错误地否认了行动的正当性与行动理由之间的分离。一个人可以出于错误的理由而做了正当的行动。例如，在一个具体的案例中，一位贪污腐败的法官依然会巧合地做出一个公正且正当的裁决。但索伦错误地认为，如果一位法官在一个具体的特定的案例中贪污腐败了，那么，他在那次的裁决是贪污腐败的和错误的，即使事实上它给予了当事方应有的法律权利义务。这样，由于基于错误的贪污腐败理由，看似正确的裁决也因此错误，但这显然不符合社会常识或者道德直觉。我们可以批评法官的贪污腐败，但不能因此否认法律上正确的裁决。这种行动理由与行动正当性之间的分离表明，"司法裁决公正和正确的标准……独立于法官的德性或者邪恶"②。达夫的批评是认为索伦没有注意到出于德性的行动与合乎德性的行动之间的区分。这种区分在亚里士多德的伦理学中有着非常清晰的表述。法官因贪污腐败而做出的正确裁决，虽不是出于德性，但是合乎德性。如果因法官的德性瑕疵而否认裁决的正确性，这同道德直觉相冲突。

达夫认为，索伦的德性中心论的司法理论并没有成功地为德性在司法中的中心地位辩护，而只是论证出德性概念在司法中重大而依旧从属的地位。重大的原因在于，德性不只是被界定为一种做出正确裁决的性

---

① 参见 R. A. Duff. "The Limits of Virtue Jurisprudence", *Metaphilo-sophy*, 2003, Vol. 34, No. 1/2, pp. 214 - 224.

② 参见 R. A. Duff. "The Limits of Virtue Jurisprudence", *Metaphilo-sophy*, 2003, Vol. 34, No. 1 /2.

情或者倾向；从属的原因在于，它依赖于一种关于正确或者错误、好的或者坏的裁决的逻辑的独立性或者优先说明。只有当我们知道什么被视作一个好的或者坏的司法裁决时，我们才可以开始成功地识别哪种品质将使一位法官易于达成好的裁决，以及哪些恶习可能阻碍或者败坏司法裁决，也就是哪些品质应当被视为审判德性或者审判邪恶[①]。既然德性只是处于一种从属性地位，那么，索伦的论证就不但偏离了德性伦理的立场，而且其理论特色将变得黯然。但达夫这种批评路径并没有特色，因为在以功利主义和康德式道义论为代表的规范伦理学者反对现代德性伦理学的理由中，其中一条策略就是消解德性的独立性，认为德性伦理只是规范伦理的补充，德性只是遵从功利主义或者道义论的倾向。

达夫提醒，任何具有道德合理性的法律系统都可以找到衡平的空间。我们不希望产生出一部法典，其规则胜任于每个案件。如果公正的结果决定于司法德性定义，那么，一位有德的法官将可以通过诉诸其司法德性而使裁决合法化。达夫认为，这是荒谬的审判逻辑。达夫提出，衡平的决定性依据不是法官的德性，而是客观的案件和法律事实。对于一个法官而言，在寻求解释并使其裁决合法化时，并不是诉诸其司法德性。"相反，他会确认和解释案件中相关的重要的特征，以及其与已被法律系统认可的法律信条和原则的关系。"[②] 这表明，裁决的公正决定于案件的特征，而不是司法德性。司法德性并不具有中心的地位，它没有表明我们应当或者能够合理地根据司法德性定义结果的正义，一项法律结果的正义依旧优先于和独立于司法德性。

### 四、德性法理学的意义

作为一种独特的法律理论研究路径，德性法理学首要的学理贡献是重启了对立法目标的反思。它认为，法律的基本目的在于创造必要的条件来促进并且保持人的卓越或德性，并最终实现个体与社群的蓬勃焕发。其次，它试图解决合法的纠纷解决或者法律上正确的纠纷解决的标准难题。它主张合法的标准应当和具有司法德性（或司法卓越品质）的裁判者将会做出的判决相一致。最后，它尝试对法律（作为一种社会实践）的本质与守法（作为一种美德）的本质之间的关系做出更具说服力的阐

---

[①] 参见 R. A. Duff. "The Limits of Virtue Jurisprudence", *Metaphilo-sophy*, 2003, Vol. 34, No. 1/2.

[②] 参见 R. A. Duff. "The Limits of Virtue Jurisprudence", *Metaphilo-sophy*, 2003, Vol. 34, No. 1/2.

述，认为守法的德性与社会规范内在化有关，也就是遵守社会规范的行为倾向。这些基本的社会规范为整个社会广泛地共享，并且使得特定的人类社群得以蓬勃发展。① 德性法理学对法律功能的理解及司法德性的期待，为我们反思依法治国的实践提出了有价值的视角。

第一，法律必须对人类的德性和卓越或者繁荣保持合理的关注。以亚里士多德为代表的德性伦理学家认为，德性是人类繁荣或者福祉的内在要素；"繁荣"或者"福祉"就是活得好和做得好，是人类实践所能追求的最高和最终善，是人的灵魂合乎德性的实现活动。德性法理学主张法律的目的不仅仅指向正确的行为，还指向德性的培养。"法律的实际意义却应该是促成全邦人民都能进于正义和善德的（永久制度）。"② 这并不意味着法律粗暴地命令公民培养德性和禁止不良的品性，而是通过对恶习的禁止帮助我们创造人类繁荣和维系德性的条件。例如，暴力和贫穷会损毁德性和做出符合美德要求行动之机会的存在基础，因此，刑法通过对谋杀、暴力、盗窃、诈骗等的禁止以实现社会的和平与繁荣。在这种社会中，人们能够习得德性。不仅如此，禁止恶习也可能直接促进德性的发展，使人们内化对恶习的消极态度。这些消极态度可以促进人们习得德性。因此，法律要实现人类繁荣或者福祉的目的，就必须努力促成"活得好"的各种前提性的物质和社会条件，其中包括充裕的物质，个人和财产的安全，获得有意义的工作的机会，健康的环境，等等；法律也必须努力促成"做得好"的各种前提性条件，即法律必须创设人们用以发展、实践和保持他们美德（或者人的卓越品质）的条件。为达此目标，从经验层面上来说，立法就必须关注何种形式的经济组织能够促进物质繁荣和良好品质的习得，哪些立法机制的宪政设计能够促成人的繁荣，哪些可能导致腐败倒退，如何让人民更有效地遵守法律。③ 正如《中共中央关于全面推进依法治国若干重大问题的决定》深刻地指出：依法治国必须以法治体现道德理念、强化法律对道德建设的促进作用。④ 习近平总书记深刻地指出："发挥好法律的规范作用，必须以法治体现道德理念、强化法律对道德建设的促进作用。一方面，道德是法律

---

① Lawrence B. Solum. "Virtue Jurisprudence: A Virtue-Centred Theory of Judging", *Metaphilosophy*, 2003, Vol. 34, No. 1/2, pp. 178 – 213.
② ［古希腊］亚里士多德：《政治学》，吴寿彭译，商务印书馆1965年版，第138页。
③ 劳伦斯·索伦教授于2009年9月11日在复旦大学所做的"亚里士多德主义美德法理学与儒家美德法理学"的演讲中，对这些问题做出了富有启发性的阐发。
④ 《中共中央关于全面推进依法治国若干重大问题的决定》，载《人民日报》2014年10月29日。

的基础，只有那些合乎道德、具有深厚道德基础的法律才能为更多人所自觉遵行。另一方面，法律是道德的保障，可以通过强制性规范人们行为、惩罚违法行为来引领道德风尚。要注意把一些基本道德规范转化为法律规范，使法律法规更多体现道德理念和人文关怀，通过法律的强制力来强化道德作用、确保道德底线，推动全社会道德素质提升。"

任何法律都与道德有关，因为它需要一种道德正当性。首先，在仅靠传统道德无法确保公正与和平的社会秩序的社会条件下，建立适当的法律制度本身就是一项道德义务，以确保公正和普遍有利的社会生活。只要法律要求严格遵守其规范，并以国家强制力为后盾，它实际上就主张道德上的合法性。其次，任何法律都必须考虑到其对象的道德信念，以便获得它们的接受，否则它就无法取得足够的效力。一个偏离其对象的道德态度的法律制度使他们（对象）永久陷入道德冲突，这将促使许多人不仅拒绝接受法律规范，而且在可能的情况下也拒绝服从。① 虽然每一个法律体系都主张道德的约束力，因而需要道德的正当性，但法律的合法性与道德标准的正当性有所不同。法律规范的合法化不仅基于道德论点，还必须考虑到效率和实用性的观点，因此这种考虑的后果往往与道德理由不同。② 因此，并不是所有的道德要求都应该且可以上升为法律规范，执行这些要求的法律成本将大大超过其效用。一个法律体系必须在一定程度上执行最基本和最有根据的道德规则，这样它才能宣称道德合法性。在这种意义上，法律是"道德的最低限度"。③

那么，法律应该强制执行的道德的最低限度在哪里？康德区分了"权利的义务"（Rechtspflichten）和"道德的义务"（Tugendpflichten）。权利的义务是法律可以而且必须执行的完美的道德义务，其他人有权要求履行这些义务；道德义务是与相关权利无关的不完善的道德义务，法律执行这些义务似乎既无必要，也不允许。科勒（Peter Koller）认为，康德的区分并不令人信服，因为并不是所有完美的道德义务都应由法律执行，即使这些义务与相关的道德权利有关，例如不向他人说谎的义务；同时，并不是所有不完善的道德义务都在法律上不受管制，因为法律提供了一种有效的手段来处理诸如向有需要的人提供帮助的义务等不足的

---

① 参见 Peter Koller. "Law, Morality, and Virtue", in: Rebecca L. Walker and Philip J. Ivanhoe. *Working Virtue*, Oxford: Oxford University Press, 2007, p. 197.
② 参见 Peter Koller. "Law, Morality, and Virtue", in: Rebecca L. Walker and Philip J. Ivanhoe. *Working Virtue*, Oxford: Oxford University Press, 2007, p. 197.
③ 参见 Peter Koller. "Law, Morality, and Virtue", in: Rebecca L. Walker and Philip J. Ivanhoe. *Working Virtue*, Oxford: Oxford University Press, 2007, p. 197.

问题；认为只有权利义务或完美义务才能在法律上得到执行的观点，也将使人们无法利用法律来追求符合公民共同利益的集体目标，而不需要道义上的要求。①

科勒提出，法律必须确定和执行个人的基本权利和义务，这些权利和义务产生于有充分根据和得到广泛承认的严格道德要求，不仅包括人们所熟悉的不干涉的消极义务及其相关权利，还包括一些适度的积极义务；法律秩序应旨在建立和执行一种个人权利和义务安排，以便能够合作满足这些受到限制的道德要求。② 但是，科勒强调，法律绝不能执行不以保护所有相关人共同的基本利益为宗旨的古怪的道德理想③；也不能作为执行内在道德信念的合法手段④；即使某些值得赞扬的道德目标似乎普遍可取，但如果法律的执行超出了一般人可以合理期望履行的道德义务，例如将肾脏捐赠给需要肾脏来生存的人，或冒着生命危险拯救一个人，那就不是法律的职责。⑤

科勒指出，这并不意味着法律根本不能促进道德上的激烈竞争。恰恰相反，没有鼓励德性的法律秩序，德性就很难繁荣昌盛。然而，它的贡献在于间接支持而不是直接执行德性。法律制度可以通过建立一个社会互动条件框架来促进德性的繁荣，在这种条件下，德性有利于个人，而不是对个人不利。当这样一个条件框架不存在时，这变得尤为明显。一个合法和有效的法律秩序是德性出现和继续存在的必要先决条件，尽管执行这些德性不是它的工作。⑥ 法律秩序也可以通过提供适当的积极激励措施来支持德性，包括适当的教育方法、鼓励令人满意的社会活动以及为那些值得称赞的行为提供特别奖励。⑦

第二，按照德性法理学的理解，法律必须转向关注德性，而不同的

---

① 参见 Peter Koller. "Law, Morality, and Virtue", in: Rebecca L. Walker and Philip J. Ivanhoe. *Working Virtue*, Oxford: Oxford University Press, 2007, p. 198.
② 参见 Peter Koller. "Law, Morality, and Virtue", in: Rebecca L. Walker and Philip J. Ivanhoe. *Working Virtue*, Oxford: Oxford University Press, 2007, p. 198.
③ 参见 Peter Koller. "Law, Morality, and Virtue", in: Rebecca L. Walker and Philip J. Ivanhoe. *Working Virtue*, Oxford: Oxford University Press, 2007, p. 198.
④ 参见 Peter Koller. "Law, Morality, and Virtue", in: Rebecca L. Walker and Philip J. Ivanhoe. *Working Virtue*, Oxford: Oxford University Press, 2007, p. 199.
⑤ 参见 Peter Koller. "Law, Morality, and Virtue", in: Rebecca L. Walker and Philip J. Ivanhoe. *Working Virtue*, Oxford: Oxford University Press, 2007, p. 199.
⑥ 参见 Peter Koller. "Law, Morality, and Virtue", in: Rebecca L. Walker and Philip J. Ivanhoe. *Working Virtue*, Oxford: Oxford University Press, 2007, p. 199.
⑦ 参见 Peter Koller. "Law, Morality, and Virtue", in: Rebecca L. Walker and Philip J. Ivanhoe. *Working Virtue*, Oxford: Oxford University Press, 2007, p. 200.

时代和社会拥有不同的德性，因此，法律必定表现出浓厚的特殊主义色彩和体现出深刻的地方性知识。文明之初，法律尚未出现，原始习惯在调节人们的社会交往中发挥着至关重要的作用。但是，考究习惯，它本质上乃是人们长期生产、生活实践中积淀的产物，是一种在狭小范围内适用的特殊主义规范。中国传统法制以宗法为本位，熔法律与道德于一炉，具有鲜明的伦理色彩，其特征表现为：在理论上，以"天人合一"为依托，以儒家思想为主导，以"内圣外王"为原则；在立法上，援"礼"入"法"，强调"礼"是"法"的"枢要"，"非礼无法"；在司法上，强调"中庸""慎刑"；在"德"与"法"的关系上，主张"德主刑辅"，强调道教优先。它在本源上与传统中国的德性相关联。鸦片战争后，以沈家本、伍廷芳为主导的"修律"运动揭开了学习"西法"的序幕。但是，中国人的生活方式并没有按照设想被改造。以"西法"为中心的现代法制是一套与中国传统、与中国当时生活相异的机制。中国在将其移植入境的时候，因其缺乏与本土资源、与本土道德的"贴切"与"吻合"，从而难以获得民众的认同与信仰，也就难以在中国特定的文化土壤中生长。法律的作用在于维护既存的秩序，在于给人以稳定感以及由此而来的安全感。而"西法"的一套规则因其远离中国民众的尘世生活而难以奏效。"乡土社会"自有它一套与之适应、行之有效的规则体系，它更贴切民众的实际生活，吻合民众的心理需要。西学的法律体系比"乡土规则"更为精致，但是民众无法接受，其结果只能是"乡土规则"对抗法律。新的法制秩序尚未形成，而原有的道德秩序就已经被破坏殆尽。在经济全球化日趋明显的背景下，各国面临着发展中所遇到的共同的问题，从而需要共同一致的行动。由此，人类将共享部分技术性法律资源——它们具有道德价值的中立性。但人类更多地面对的是另类蕴涵伦理道德表达的法律文化，即价值性法律。价值性法律除表达方式、体系安排等技术细节外，差异性远甚共享性——它只是一种"地方性知识"而没有普适性，即它始终只是一定空间、一定时间、一定人群和一定文化背景下的规则安排。

第三，以法官为代表的司法人员的德性决定着依法治国的品质。美国联邦第二巡回上诉法院法官罗杰·J.迈纳（Roger Jeffrey Miner）提出："联邦司法职位需要什么样的品德和才能？我认为，杰出的最高法院学者亨利·亚伯拉罕教授道出了真谛。他认为应当从六个方面进行评价：展现出的司法气质，专业知识及业务水平，为人处世的诚实正直，清醒、机敏和明晰的思维，适当的背景及培训经历，清晰流畅的口头和文字表达能力。"① 法律审判是法官适用法律和寻求公正的艺术，而不只是一种法律技能。这正如我们所说的，写字是一种技能，而书法是一门艺术。技能追求真，而艺术要在真的基础上追求美。如果我们能够无误地写出字来，那么，我们就掌握了写字的技能。但是，我们只有对每个文字的结构之真及文字间的布局之真有着深入的理解，才能达到书法艺术的美。因此，既然审判是适用法律的艺术，那么，它的标准就不仅仅是"以事实为依据，以法律为准绳"，而是要理智地在司法的法律效果和社会效果特别是道德效果之间取得平衡。法律是静态的文字表达。美好的法律文本只有借助法官优秀的司法审判活动，才能实现其规范流动社会的功能。因此，我们需要相应的优秀的司法审判活动阐发立法本意。任何法律问题，都是与人有关的事体问题。卓越的法官不仅要明晰法理，更要透彻事理，体察情理，觉悟伦理。正义并不总是写在纸上，表现为制定的成文法。因此，在一些特别的法律个案中，公正的裁决不仅是那些合法的裁决，还包括那些看似逸于法律规范而仍囿于法律精神的裁决。在中国古代的案件裁决中，给人最深刻的印象有两种：一种是严格按照法律的公正裁决，例如包公判案；一种是"参酌情理而非仅仅依据法律条文的司法判决"②。因为无论古今中外，法官审案不是"对号入座"。"在整个宇宙中，甚至没有两个原子的物质是属于同样形式的，这是物理学的伟大法则；法律向这个法则挑战，企图把由无数变化无常的因素构成的人类行为归纳为一个标准。"③ 这就不可避免地导致法律公正的悖论：严格公正的审判往往被证明是极端非正义的。因此，在这些具体的法律案例中，法官就需要衡平。但是，如何保证衡平不是恣意胡为呢？这就需要实践智慧，"一种同善恶相关的、合乎逻各斯的、求真的实践品质"④。

---

① ［美］戴维·奥布莱恩：《法官能为法治做什么：美国著名法官讲演录》，何帆等译，北京大学出版社2015年版，第66页。
② 贺卫方：《中国古代司法判决的风格与精神》，载《中国社会科学》1990年第6期。
③ ［英］威廉·葛德文：《政治正义论》，何慕李译，商务印书馆1980年版，第576页。
④ ［古希腊］亚里士多德：《尼各马可伦理学》，廖申白译，商务印书馆2003年版，第173页。

## 第三节 德性法理学与道德治理

"道德治理"包含两种基本的含义。第一种是利用道德去治理,是发挥道德在社会实践中扬善抑恶的功能,道德是治理的手段。我们称之为"德治"。"德治,或曰道德治理,即道德成为治理的动力机制和调控方式,往往与法治相对立,而容易与人治相混同。"① 这种意义上的道德治理是先秦儒家治国理政中基本的首要观念。孔子提出,"道之以政,齐之以刑,民免而无耻;道之以德,齐之以礼,有耻且格"。(《论语·为政》)我们姑且不论这种论述在事实和逻辑的层面是否行得通,但是,它所传达的儒家在治国理政中以德为先的理念无疑是确定的。"道德治理"的第二种含义是针对道德的治理,是对社会实践中不道德现象的纠偏和矫治,道德是治理的对象。我们称之为"治德"。中共十八大在提出的"深入开展道德领域突出问题专项教育和治理,加强政务诚信、商务诚信、社会诚信和司法公信建设"的历史任务中,正是在这种意义上使用"道德治理",是对当代中国社会经济生活中道德失范或道德贫困现象的回应。

道德不仅可以成为治理的对象,也可以作为治理的手段,因此,"德治"和"治德"之间就存在强弱不同的两种联系。先秦儒家的德治思想代表的是"德治"和"治德"之间的强联系,认为只有通过道德的手段(德治),经由化育臣民德性的途径(治德),才能实现讲信修睦的理想的道德社会(德治与治德的统一)。正如有学者提出,"可以把先秦儒家德治思想的内在逻辑概述如下:道德社会是先秦儒家德治思想追求的理想目标,德治是实现理想的道德社会的根本途径,具体的德治手段是教化和统治者的表率作用"②。非但如此,先秦儒家更是从理论上推定,治德的根本途径只能是礼义教化的德治。因此,在孔子看来,"政"和"刑"的规范与威慑只能使民达到"免而无耻"的非道德状态,而"德"与"礼"的引导和教化却足以使民实现"有耻且格"的道德目标。法家的主张代表着对"德治"和"治德"之间弱联系的理解,例如韩非子提出,"圣王之立法也,其赏足以劝善,其威足以胜暴"。(《韩非子·守

---

① 梁晓杰:《德治及其中国路径的比较与反思》,载《孔子研究》2002年第3期。
② 冯国超:《论先秦儒家德治思想德内在逻辑与历史价值》,载《哲学研究》2002年第7期。

道》）这就表明，在法家的思想表书中，"德治"不是"治德"的"不二法门"，法律也可以成为培养人们道德品质的手段或者途径。

我们在此探讨的不是作为"德治"的道德治理，而是作为"治德"的道德治理。它希望回答当代中国社会实践中具体的道德难题——在社会转型的背景下，提高人们的道德品质如何成为可能？先秦儒家和法家提供了极富启发但又相互对立的思想资源。无论是先秦儒家的德性本位，还是法家的规范（律法）优先，都代表着对道德治理中的德性与规范之间关系的一种理解上的偏执。我们认为，无论是出于对历史传统的尊重情感，还是源自对道德本真的审慎思虑，当代中国道德治理中德性与规范之间的合理关系是，从逻辑顺序而言，德性始于规范，规范止于德性；从价值序列而言，规范是德性的手段，德性是规范的目的。这就是德性与规范之间的一种圆融。"圆融"是从佛教中借用的一个词语，指的是"破除偏执，圆满融通"。不管执意于德性本位，还是固守着规范优先，都是"偏执"的表现。只有突破这种非此即彼的对立，才能够在对德性与规范之间的理解中达到"圆满融通"的理想。

## 一、道德治理的德性目标

任何成熟的道德理论都必须包括对德性和规范的说明，即使是行为导向的规范伦理也关注德性的发展，因为这些德性与正当（right）一致或者支持对正当的尊重。因此，德性与规范的矛盾不是指它们之间存在非此即彼的取舍，而是指它们之间地位的优先性衡量。德性伦理使德性优先于规范，而规范伦理使德性从属于规范。因此，后果主义和道义论会包括德性的理论说明或者德性理论，而不是德性伦理。德性理论是对德性的说明或者解释。德性伦理将德性评价作为伦理学的基础和伦理分析的核心概念，认为这种对人类品质的评价同行为正当性或行为后果价值的评价相比，更具根本性意义。正如规范伦理不排除德性的价值，德性伦理也认同规范的意义。亚里士多德在区分理智德性和道德德性的基础上提出，理智德性主要通过教导而发生和发展，道德德性则通过习惯养成。人们通过实践公正或者勇敢等规范，并在长期往复的行动中形成公正或勇敢的习惯，培植出公正或勇敢的内在品质，成为公正或者勇敢的人。

崇德是中国道德文化和思想传统的重要特征。晁福林认为，"德"在中国古代思想文化中经历了一个不断发展变化的过程。具体来说就是，原始时代的早期和中期，人们没有"德"的观念；构成德的诸因素开始萌生于原始时代的后期；殷商时代的"德"即得到之"得"，是其天命观和神意观的一种表达，人们赞美"德"就是在赞美天命和先祖的赐予；西周初期的"德"是"制度之德"，人们所理解的"德"源自礼德规范；从春秋中期开始，"德"逐渐用来说明人的品德和操守，至此，"德"才发展成为精神品行之德。① 这种从德性的角度理解"德"的模式一直延续到现在。因此，作为伦理术语，"德"在中国文化中的基本含义主要是指德性及有德性之人。在中国人的日常道德生活中，"道德"是被连起来使用的。但是，如果严格区分，"道"和"德"是有差异的。"道"在伦理学层面的含义主要是指处世做人的根本原则和基本准则，它是外在的规范。"德"的伦理含义主要是指行道或修道后形成的内心品质，它是内在的德性。因此，中国文化中的"道"和"德"分别对应着西方伦理中的"规范"（norm）和"德性"（virtue）。在道德生活中，"道"和"德"会表现出分离。人的言行符合道，但是，未必内心有德。孔子之所以认为"乡原，德之贼也"（《论语·阳货》），是因为"乡原""非之无举也，刺之无刺也，同乎流俗，合乎污世。居之似忠信，行之似廉洁。众皆悦之，自以为是。而不可与入尧、舜之道，故曰'德之贼'也"。（《孟子·尽心下》）这种内心无德，表面行道之人乃孔子所言之"乡愿"，更准确说即"小人"。因此，孔子曰："恶似而非者：恶莠，恐其乱苗也；恶佞，恐其乱义也；恶利口，恐其乱信也；恶郑声，恐其乱乐也；恶紫，恐其乱朱也；恶乡原，恐其乱德也。"（《孟子·尽心下》）

在重视德的中国伦理传统中，人们的道德评价主要不是基于对方行为是否合道，而是源自对方内心是否有德。在日常生活中，"好人"所指涉的不仅仅是行为主体的行动合乎道的要求，更在于其行动之理由是否有德。事实上，"道"所呈现的规则、规范并非都属道德评价范畴，就"道德行为"而言，有"道德的行为"或"不道德的行为"之区分。而道是显性的，德是隐性的；前者基于利益而立规，后者基于良心而立德。因此，我们普遍赞同以下观点——做好事容易，而做好人难。与之相关的是，做好事的人未必是好人，这些事情可能是做给他人看的，以谋取有利于自己的名利等，这在中国传统道德评价上应属无德或缺德。当然，好人做的未必都是好事，也可能好心办坏事，对此种评价与前者有质的区别。我们往往基于道德生活中的直觉或者常识，更倾向于赞同

---

① 参见晁福林《先秦时期"德"观念的起源及其发展》，载《中国社会科学》2005年第4期。

好人而不是好事。这种集体心理同中国德性文化传统有关。在中国德性文化中，如若评论一个人，"你还算是一个人"不是崇高的评价，而"你真不是一个人"则算得上极严厉的谴责。"非人"不是就物理形态而言，而是就伦理状态而论；虽拥有人的物理形式，但失却了人的德性内容。

思想文化中崇德的历史延续性构成当代中国道德治理的事实前提。它预制着，德性是道德治理的当然目标。从道德的本意而言，德性是道德的目的，规范是德性的手段。道德经过他律进至自律并不是行程的结束，而是提升至自由的开始。道德的终极目的是达至自由。这是道德区别于法律和宗教等的基本特质。在自由的道德阶段，行动者依凭实践智慧，就可以在恰当的时间、恰当的地点，针对恰当的对象而油然生发出恰当的行为，对道德行为的选择表现出更少的被动性及更少的他律性，展现出更大的道德自由。对于行动者而言，外在规范的作用已经消弭于无形，他/她把握了道德判断和选择的主动权，摆脱了外在功利的计算或者对绝对命令的被动遵从，纯粹是心灵状态在特殊境遇合乎情理的自然流露。守诺是儒家看重的重要的道德规范，可是，如果所守之诺已经失去了价值，特别是丧失了合理性，那么，为守诺而守诺就成为一种道德上的迂腐。孔子提出："言必信，行必果，硁硁然小人哉！抑亦可以为次矣。"（《论语·子路》）这种不问是非黑白固执己见地执着于诺言的人，并没有很高的道德境界，是相对于"大人"而言的"小人"。但是，这种"小人"也体现出了对诺言的一种虽迂腐却认真的态度，因此，他们也在某种程度上分享了"士"的投射，所以，是"抑亦可以为次矣"。"大人"对守诺有着不同的道德态度。"大人者，言不必信，行不必果，惟义所在。"（《孟子·离娄章句下》）这表明，"大人"行动的依据和理由是由"义"所限定，而不是由外在的守诺的道德规范所约束的。守诺或者不守诺，来自"大人"对"义"的恰当理解与妥当判断。这种自由的状态正是德性的表征。一个正义的人，就会有正义的品质，表现出正义的行为；一位勇敢的人，就会有勇敢的品质，表现出勇敢的行为。这些道德上正确的行为之所以显现出来，不是对外在规范的考量，而是来自行动者自由的习惯性的心灵状态。人具备了德性，可以更好地把握道德判断和选择的主动权，减少道德失控。

既然道德治理的目标是培养人们的德性，那么，它最终取得成效的标准就不是仅仅依据规范订立的多少或者规范是否得到遵守，而是要深入理解人们遵守这些规范的主观情感、动机和愿望等品格要素。一个非常普遍的例子是交通管理部门对醉酒驾驶的处罚。从规范的意义上来说，它已经取得了初步的成功，因为不仅订立了酒醉驾驶的处罚条例，而且酒醉驾驶的人的数量也呈现下降的趋势。但是，从德性的角度来看，我们目前至少不能简单地断定它已经取得了成功，因为人们对规范的遵守存在着不同的主观情感、动机和愿望。亚里士多德指出，合乎德性的行为"除了具有某种性质，一个人还必须是出于某种状态的。首先，他必须知道那种行为。其次，他必须是经过选择而那样做，并且是因那行为自身故而选择它的。第三，他必须是出于一种确定了的、稳定的品质而那样选择的"①。从主体的情感状态而言，亚里士多德提出，德性同快乐和痛苦相关。"仅当一个人节制快乐并且以这样做为快乐，他才是节制的。相反，如果他以这样做为痛苦，他就是放纵的。同样，仅当一个人快乐地，至少是没有痛苦地面对可怕的事物，他才是勇敢的。相反，如果他这样做带着痛苦，他就是怯懦的。"② 我们会发现，究竟是以规范还是以德性作为道德治理的目标，会产生出差异性的治理效果的评价标准。人们德性的形成不能依靠政治行为的催迫一蹴而就，其成效的考察也难以通过短期客观化行为的分析而完成，因此，在以德性为导向的道德治理工程中，我们需要的是系统观，充分认识到德性养成的长期性、复杂性和渐进性，而最忌讳以"短""平""快"的思维，通过一时的轰轰烈烈的造势，取得表面上的结果。这不但无助于德性的养成，反而是对德性的戕害。

但是，行动者的德性是实践规范的结果，规范是德性的手段。每一类德性都对应着一条规范，诚信的德性对应着诚信的规范，慷慨的德性对应着慷慨的规范。通过实践诚信的规范而成为诚信的人，通过实践慷慨的规范而成为慷慨的人。"我们通过做公正的事成为公正的人，通过节制成为节制的人，通过做事勇敢成为勇敢的人。"③ 前者的"公正"和"节制"表达的是规范的内涵；后者的"公正"和"节制"表达的是德性的内容。通过规范的手段，达成德性的目的。规范指引下的一次性行动无法培养行动者的德性，一次公正的行动并不能成就一个公正的人。人的公正等德性来自公正地规范行动的习惯性倾向。"我们通过培养自己

---

① [古希腊]亚里士多德：《尼各马可伦理学》，廖申白译，商务印书馆2003年版，第42页。
② [古希腊]亚里士多德：《尼各马可伦理学》，廖申白译，商务印书馆2003年版，第39页。
③ [古希腊]亚里士多德：《尼各马可伦理学》，廖申白译，商务印书馆2003年版，第36页。

藐视并面对可怕的事物的习惯而变得勇敢,而变得勇敢了就最能面对可怕的事物。"① 换言之,人通过实践公正或者勇敢等规范,并在长期往复的行动中形成公正或勇敢的习惯,培植出公正或勇敢的内在品质,从而指引往后生活中的行动。人的德性总是要经历相应的过程才能完成,而只要过程存在,规范就须臾不能离。孔子曾经说过:"吾十有五而志于学,三十而立,四十而不惑,五十而知天命,六十而耳顺,七十而从心所欲不逾矩。"(《论语·为政》)如果将"从心所欲不逾矩"视为孔子德性和成人的最终完成阶段,那么,这就意味着,即使是现实世界的圣贤,人生仍然需要规范,但指向德性的目的。通过研究中国古代乡村道德治理的文献后,笔者发现尽管传统中国乡村社会结构简单,但是,人们德性的养成依然无法脱离以家庭道德教化、学校道德教化和社会道德教化三位一体的伦理教化模式的模塑作用。从对流传至今的古代乡规民约的分析可以看到,其中所列的都是关于行为的禁止性规定,通过对这些规定的明示,人们在长期遵循规范后,养成行善的习惯,渐成德性。

## 二、法律规范与德性剥离的历史反思

中华法制文明源远流长,法制思想可追溯到春秋战国时期以韩非子和商鞅为代表的法家。韩非子是中华法制思想的集大成者。他因应战国末期诸侯力争政权和相拼为国的混战局面,立足于人趋利避害的自然属性,以儒家为政以德的治国理念作为批判的对象,激烈地重申了法家抱法而治的强国主张,受到秦国的重视。秦王政读到《孤愤》《五蠹》之后感慨:"嗟乎!寡人得见此人与之游,死不恨矣。"(《史记·老子韩非列传》)其后韩非子虽客死秦国,但其治国之术深刻地影响着秦国的政制实践。法家思想与秦国兴衰之间的关联也引发了后世文人墨客无尽的思索与异说纷纭。如果站在当代全球文明发展的高地,那么,以一个历史旁观者的冷眼就可以发现,韩非子深切地剖析了儒家救世之道的偏弊,但因此而错误地滑入非道德的泥淖,失去了对德性的合理关注与恰当警醒,使其治世之策冷酷有余而温情不足,虽行之不远,但民恨之且深。

**1. 人性假设是韩非子批评儒家德治的基本前提**

韩非子认为,人有趋利避害的自然本性,"凡人之情,见利莫能勿

---

① [古希腊]亚里士多德:《尼各马可伦理学》,廖申白译,商务印书馆2003年版,第39页。

就，见害莫能勿避"(《韩非子·奸劫弑臣》)。因此，明君治理天下就必须顺应人的本性，以爵禄引导人向善，以刑罚威慑人避恶。"明君之道，设民所欲，以求其功，故为爵禄以劝之；设民所恶，以禁其恶，故为刑罚以威之。"(《韩非子·难一》)儒家德治脱离社会实情，夸夸其谈古人已治之功，却"不审官法之事，不察奸邪之情"(《韩非子·显学》)，使其救世的主张必然归于无效。为政以德于国无利，于君有害，于民无益。

### 2. 德治不能强国

秦国的强盛源于不慕仁义而慕法度。"慕仁义而弱乱者，三晋也；不慕而治强者，秦也。"(《韩非子·外储说左上》)鲁国重视礼，不但没有富国强兵，反而国势日渐衰弱。天下能够成为德之圣人者很少，而能追随圣人仁义者亦少。"仲尼，天下圣人也，修行明道以游海内，海内说其仁、美其义而为服役者七十人。盖贵仁者寡，能义者难也。故以天下之大，而为服役者七十人，而仁义者一人。"(《韩非子·五蠹》)治国的希望若寄托于人数很少的有德者，就很难实现王天下的政治抱负。"夫圣人之治国，不恃人之为吾善也，而用其不得为非也。恃人之为吾善也，境内不什数；用人不得为非，一国可使齐。"(《韩非子·显学》)

### 3. 德治不能利君

君王有德易受制于人。"人主之患在于信人，信人，则制于人。人臣之于其君，非有骨肉之亲也，缚于势而不得不事也。""为人主而大信其子，则奸臣得乘于子以成其私"，"为人主而大信其妻，则奸臣得乘于妻以成其私"，"夫以妻之近与子之亲而犹不可信，则其余无可信者矣"。(《韩非子·备内》)君王有德，就容易为臣子利用，反而受人制约。君王信妻或者子，那么，奸臣就会通过其妻或者子达成自己的私欲。

### 4. 德治不能化民

被治之民鲜有感化于德者，而多威慑于法度者。"仁者能仁于人，而不能使人仁；义者能爱于人，而不能使人爱。"(《商君书·画策》)"民者固服于势，寡能怀于义。"(《韩非子·五蠹》)"母之爱子也倍父，父令之行于子者十母；吏之于民无爱，令之行也万父。母积爱而令穷，吏威严而民听，严爱之策亦可决矣。"(《韩非子·六反》)"今有不才之子，父母怒之弗为改，乡人谯之弗为动，师长教之弗为变。夫以父母之爱，乡人之行、师长之智，三美加焉，而终不动，其胫毛不改。州部之吏，操官兵，推公法，而求索奸人，然后恐惧，变其节，易行矣。"(《韩非子·五蠹》)正如亚里士多德提出："如当人完成为人的时候，人才是最好的动物一样，当脱离法律和裁决的时候，人就是最坏的动物。"①

**5. 明君抱法而治**

"故明主之道，一法而不求智，固术而不慕信，故法不败，而群官无奸诈矣。"（《韩非子·五蠹》）韩非子分析明君当抱法而治的理由如下：①任法可废私。"夫立法令者，以废私也。法令行而私道废矣。""所以治者法也，所以乱者私也，法立则莫得为私矣。故曰：道私者乱，道法者治。"（《韩非子·诡使》）②任法可明理。"人主释法而以臣备臣，则相爱者比周而相誉，相憎者朋党而相非。非誉交争，则主惑矣。"（《韩非子·说疑》）③任法可强国。"治强生于法，弱乱生于阿。"（《韩非子·外储说右下》）"明法者强，慢法者弱。"（《韩非子·饰邪》）"国无常强，无常弱。奉法者强则国强，奉法者弱则国弱。"（《韩非子·有度》）④任法可尊君。"凡国博君尊者，未尝不法重而至于可以令行禁止于天下者也。"（《韩非子·制分》）⑤任法可利民。"正明法，陈严刑，将以救群生之乱，去天下之祸，使强不凌弱，众不暴寡，耆老得遂，幼孤得长，边境不侵，群臣相关，父子相保，而无死亡系虏之患，此亦功之至厚者也。"（《韩非子·奸劫弑臣》）

**6. 以法治世需要技巧**

①立法权在君。君生法，臣守法，民治于法。"法自君出""言无二贵"。（《韩非子·问辩》）②适法公平。"法不阿贵，绳不挠曲。"（《韩非子·有度》）"刑过不避大夫，赏善不遗匹夫。"（《韩非子·饰邪》）"诚有功，则虽疏贱必赏；诚有过，则虽近爱必诛。"（《韩非子·主道》）③法、术和势结合。徒法不足以为政。法是君主自由意志的外化，既可能武断又可能专横，可是，法一旦公布就必须执行，于是，君主意志的自由就会受到限制。法虽自君主，但执行法的是臣，是鲜活的人而不是宣读法律条文的复读机。他们与君主同样有着自由意志。因此，法在实施中既可能加强王权，也可能削弱甚至瓦解王权，而加强执法之臣的权力。由此，韩非子主张，君主必须善用术和势驾驭臣下，以弥补徒法的缺憾。

韩非子对儒家德治局限的认识无疑非常深刻。在动荡的时代，德性直接作用于社会所产生的约束力微小而有限。孔子的学生颜回只能做到"三月不违仁"。无论是孔子"道之不行"的感慨，还是孟子"何必曰利"的无奈，抑或朱子"吾道未曾一日行于世"的悲怆，反映的恰是德

---

① ［古希腊］亚里士多德：《政治学》，吴寿彭译，商务印书馆1965年版，第9页。

性脆弱的命运。仅凭以德治国无法达成国家强盛的目标。"鲁缪公之时，公仪子为政，子柳、子思为臣，鲁之削也滋甚。若是乎贤者之无益于国也！"（《孟子·告子下》）"文学祖述仲尼，称诵其德，以为自古及今未之有也。然孔子修道鲁卫之间，教化洙泗之上，弟子不为变，当世不为治，鲁国之削滋甚。……若此，儒者之安国尊君，未始有效也。"（《盐铁论·论儒》）因此，历代君主鲜有只以德治作为治国之术者。据《汉书·元帝纪》记载：宣帝的太子刘奭（汉元帝）"柔仁好儒，见宣帝所用多文法吏，以刑名绳下，大臣杨恽、盖宽饶等坐刺讥辞语为罪而诛，尝侍燕从容言：'陛下持刑太深，宜用儒生。'宣帝作色曰：'汉家自有制度，本以霸王道杂之，奈何纯任德教，用周政乎！且俗儒不达时宜，好是古非今，使人眩于名实，不知所守，何足委任！'乃叹曰：'乱我家者，太子也！'"。

韩非子治理乱世开出的法制"处方"诚然十分高明。既然人性具有趋利避害的本性，那么，法律就是必要的。法律的消极功能是防止人变恶，其积极功能是引导人向善。因此，君主治国不能以民众的德性为基础，而是以法制培育民众的德性。这正如亚里士多德在《尼各马可伦理学》中发人深省地提出，道德争论不足以使人们远离邪恶而趋向德性。因为争论只是告诉人们应为正当之事，但不会激发他们行动。只有少数人才会自觉地因争论而趋向德性。"逻各斯虽然似乎能够影响和鼓励心胸开阔的青年，使那些生性道德优越、热爱正确行为的青年获得一种对于德性的意识，它却无力使多数人去追求高尚（高贵）和善。因为，多数人都只知道恐惧而不顾及荣誉，他们不去做坏事不是出于羞耻，而是因为惧怕惩罚。"① 法律通过赏功罚过，可以实现引导民众扬善避恶的目标。

韩非子之失不在推崇法制，而在彻底剥离了法制与德性的关联。立法权在君，"造法的权在什么人，变法废法的权自然也在那人。君主承认的便算法律，他感觉不便时，不承认它，当然失去了法律的资格。他们主张法律万能，结果成了君主万能"。② 君主个人的禀赋、性格、能力和德性会投射到法律的制定和执行中。如果暴戾的君主制定暴虐的法律，并暴虐地执行这些法律，那么，酷法之害将远甚无法之苦。君主立法，固然是要维系其统治，便捷其管制。但是，除了政治秩序稳定和君主个

---

① ［古希腊］亚里士多德：《尼各马可伦理学》，廖申白译，商务印书馆2003年版，第312页。

② 梁启超：《先秦政治思想史》，天津古籍出版社2004年版，第256页。

人专制权力稳固的向度外，法制还必须致力于化育民众的德性。法不仅是治民的工具，更应是化民的利器；法不仅是责民之刑，更应是育民之德。但是，这些都被韩非子忽视了。秦朝统一六国后，奉行韩非子的法家路线，秦始皇称帝后首次巡视全国时，就首先到泰山封禅。泰山石铭的第一句话就是"皇帝临位，作制明法，臣下修饬"（《史记·秦始皇本纪》）。但是，由于皇帝德性的缺失及立法对德性的关注，秦帝国的法律实践成为民众的灾难。"法令诛罚日益刻深，群臣人人自危，欲畔者众。"（《史记·李斯列传》）秦二世以"税民深者为明吏"，"杀人众者忠臣"，导致"刑者相半于道，而死人日成积于市"（《史记·李斯列传》）；"蒙罪者众，刑戮相望于道，而天下苦之。自君卿以下至于众庶，人怀自危之心，亲处穷苦之实，咸不安其位，故易动也"（《史记·秦始皇本纪》）。陈涉起兵后，范阳人蒯通游说范阳令时说，秦法"杀人之父，孤人之子，断人之足，黥人之首，不可胜数"。（《史记·张耳列传》）暴政与酷法相结合，酷法成为暴政的手段，暴政成为酷法的保障。

韩非子不仅赋予君主立法的权力，还否定了民众反抗无德之君的权利。即使君主无德，其立法亦为恶法，民众也必须遵守。"臣事君，子事父，妻事夫，三者顺则天下治，三者逆则天下乱。此天下之常道也，明王贤臣而弗易也。则人主虽不肖，臣不敢侵也。"（《韩非子·忠孝》）"贤者之为人臣，北面委质，无有二心。"（《韩非子·有度》）儒家认为，君权的合法性除了"天与之"，还必须"民受之"。"使之主祭而百神享之，是天受之。使之主事而事治，百姓安之，是民受之。"（《孟子·万章上》）儒家认为，君主必须有德，否则，"以道事君，不可则止"（《论语·先进》）；"天下有道则见，无道则隐"（《论语·泰伯》）；"君有大过则谏，反复之而不听，则易位"（《孟子·万章下》）；"贼人者谓之贼，贼义者谓之残，残贼之人谓之一夫。闻诛一夫纣矣，未闻弑君也"（《孟子·梁惠王下》）。但是，韩非子认为，即使是暴君，臣民也必须绝对服从。于是，儒家经典中"暴君放逐"的革命正当性，被韩非子理解为违背君臣之义的反面教训。"尧、舜、汤、武或反君臣之义，乱后世之教者也。尧为人君而君其臣，舜为人臣而臣其君，汤、武为人臣而弑其主、刑其尸。"（《韩非子·忠孝》）

法律的实质是以普遍的标准适用于所有人，因而其基本的伦理精神是普遍主义的而非特殊主义的。它有助于最大程度地实现社会公平。可是，法律一旦制定出来之后，就是停滞固守的，而社会是流动不居的，严格地遵守法律有时候会产生不公平，从而导致法制的悖论。于是，普遍主义的法制往往强调对特殊境遇的关注。于是，执法者就必须在立法者意图与真实的法律境遇之间保持平衡。他们既不能曲解立法者意图，也不能枉判当事人。这就对执法者的德性提出了很高的要求。但是，韩非子只将臣视为被动执法的机器。他提醒君主防止"六微"和"八奸"，也就是奸臣活动的六种惯用手法和施展阴谋诡计的八条途径。"六微"之一就是"权借在下"（参见《韩非子·内储说下》），"八奸"之一便是"民萌"（参见《韩非子·内储说下》）。"权借在下"就是君主的权势被臣下借去；"民萌"就是臣下散公财或行私惠收买人心而成其私欲。因此，在王权专制的政治生态中，臣子变通适法的行为很容易被君主理解为犯上作乱的奸诈行为。既然如此，那么对于臣下而言，最安全的做法就是严格地适法。陈胜造反的直接动因是，"会天大雨，道不通，度已失期。失期，法皆斩"（《史记·陈涉世家》）。超过规定的日期而当斩，这是法律的一般规定，可是，对于有德的适法者而言，还应区分失期的缘由。因客观的不能控制的情势如因大雨而失期，本应该法外施恩。司马迁批评法家适法"不别亲疏，不殊贵贱，一断于法，则亲亲尊尊之恩绝矣，可以行一时之际，而不可长用也"（《史记·太史公自序》）。这种儒家立场式的批评违背了基本的适法公平的精神，因而是错的。可是，超越司马迁对亲亲尊尊的强调，而将之广义地理解为普遍的法律对特殊境遇的关注，那么，他的批评无疑是对的。

秦朝是法家思想的坚定实践者。但是，由于秦朝统一天下后，仅历经二世即亡，其短暂的王朝命运，不能归咎于法制的失败，而是法制无德后的恶果。治国不能无法。陆贾认为："仁义恩厚者，此人主之芒刃也；权势法制，此人主之刀斧也。"（《新书·制不定》）朱熹主张"以严为本，而以宽济之"，劝诫皇帝"深于用法"，"果于杀人"，"惩其一以戒百"，达到"使之无犯"。（《朱子语类·论治道》）"世人薄申韩之实事，嘉老庄之诞谈，然而为政莫能错刑。""俗儒徒闻周以仁兴，秦以严亡，而未觉周所以得之不纯仁，而秦所以失之不独严也。"（《抱朴子·用刑》）但是，不仅徒法不能治世，而且无德的酷法还会乱世。因此，重要的不是追问是否需要法，而是反思需要什么样的法，希望达到什么样的治？显然，治国需要的是善法，期待的是善治。立法者和适法者的德，决定着法律的善恶，决定着以法治世的效果。治世不能纯以德政，但德的脆弱性并不意味着德性无助于社会治理。相反，只有德性成为立法者和适法者的品质，成为法律文本的重要目标，法律才可能是良法，治理才可能是善治。在这点上，荀子的洞见远甚韩非子。"有乱君，无乱国,有治人,无治法。羿之法非亡也,而羿不世守;禹之法犹存,而夏不世王。故法不能独立,类不能自行,得其人则存,失其人则亡。"(《荀子·君道》)

### 三、道德治理的实践智慧

规范是人们行为准则的总称,其中有道德规范、宗教规范和法律规范。在确立了道德治理中德性与规范的辩证关系之后,随之而来的挑战是:我们应该将德性的目标融入何种类型的规范手段中,才更具有合理性?我们应该将德性的目标以何种方式融入规范中,才更具有正当性?"谁之规范?何种方式?"这正是道德治理中两个重要的理论和实践难题。当然,人们德性养成的复杂性、长期性和系统性,决定着任何单一的规范都无法承受化育德性的重任,因此,化德性于道德、宗教和法律诸规范中,是我们推进道德治理时无可逃避的"路径依赖"。但是,在这种诸"法"(规范)并举中,有没有一种规范居于更优先的地位呢?在法治化和世俗化的现代社会中,这种更具优先性的规范既不是道德规范,也不是宗教规范,而是法律规范。我们如果优先以道德规范达成道德德性的目标,那么,这无疑是在重复先秦儒家开辟出的旧途,已经被证明缺乏实效性;而宗教规范需要强劲且有争议性的前提,并且只能在有限的受众中传播。法律规范是多元的法治社会中共同的知识,具有作为达成德性目标的天然优势。但是,德性的目标应该以何种方式化作法律规范呢?当代西方德性法理学通过对法律理论的亚里士多德式转向的强调和德性中心论的审判理论的聚焦,做了积极的理论探索。

20世纪80年代以来,随着以市场为导向的经济改革,中国社会的结构日益由封闭走向开放。社会主义市场经济实行按劳分配,在共同富裕的目标下鼓励一部分人先富裕起来,这是对以往社会主义计划经济模式的革新。在这样的历史条件下,社会主义市场经济所要反对的,是一切损人利己、损公肥私、金钱至上、以权谋私、欺诈勒索的思想和行为,个人利益在全民范围的道德建设中就得到了合理的辩护。但是,人追求利益的欲望一旦被从过度压抑的状态中释放出来,而又预先缺乏相应的调整和规范手段,必定会成为席卷道德的反道德潮流。它在20世纪80年代曾经以"良心值多少钱"的社会之问被淋漓尽致地表达出来。因此,改革的社会需要开放的道德,而开放的道德需要道德治理;否则,就容易由开放滑向无序。但是,在道德治理的思路上,在德性与规范之间,我们容易陷入两种极端对立的思维:一种是彻底否定德性的价值,

"经济学家不需要良心",不求合德性而只求合法性;另一种是过度高扬德性的自足性,特别是对传统社会的德性理想怀有浓烈的"文化乡愁"。根据第一种思路,道德治理的实质就是规范治理,或者更狭义的就是法律治理;根据第二种思路,道德治理就被拉回到了传统德治的轨道。第一种思路往往有着似乎全球化的经验,而第二种思路相应地夹杂着更本土化的地方性知识。但是,我们会发现,在现代开放社会的背景中,传统德治主义已经难以完全适应;而全球化的经验却逐渐被发现是不断被批判、怀疑和否定的权宜之计。那么,当代中国的道德治理之路在何方呢?我们认为,当代西方德性法理学提供了一种有价值的启示。它没有放弃理想的德性追求,但又立足于坚实的规范基础;它回应了德治主义的传统,但又坚持着法治主义的现实,从而使德性与规范在道德治理中实现圆融。从德性法理学的角度看,我们在推进道德治理的进程中,有两个重要的支点需要格外引起关注。

第一,我们的立法必须为德性的实践预留适当的空间。为什么"助人被讹"的事件在中国社会屡次发生?非常重要的法律原因是,我们的法律并没有为助人者提供适当的法律支持,也没有为讹人者规定相应的法律惩罚,从而使得我们的法律对于助人者而言是一部冷冰冰的规范的堆积。美国洛杉矶加州大学人类学系教授阎云翔在其论文《善良的撒玛利亚人的新麻烦:当代中国变迁中的道德图景的一项研究》中,对当前中国社会"做好事被讹"的道德现象做了富有启发的分析。他的研究以26则个案为基础,其中20例来自媒体报道,6例来自对当事人的访谈。在26则个案中,有12起牵涉警察或者法院。阎云翔发现,在他研究的26则案例中,即使最后澄清了施助者是无辜的事实,执法警察或法官也没有采取任何措施惩罚讹诈者;更有甚者,即使一位老年妇女讹诈施助者的伎俩被识破后,警察还是要求好心的施助者把老年妇女带到当地一家医院治疗并分摊医疗费。① 因此,在当前中国的法律环境中,在这些"助人被讹"的事件中,讹人者基本是不需要花费成本的。即使讹诈失败,他/她也无需承担法律上的责任。他/她的讹诈行为既构不上一般的治安处罚管理的调整对象,又不符合敲诈勒索罪的构成要件。相反,如果他/她能够顺利讹上一个人,他/她就可轻而易举地获得"收益"。

本来根据一般的举证原则,谁主张谁举证。但是,在这些特定的

---

① Yunxiang Yan. "The Good Samaritan's New Trouble: A Study of the Changing Moral Landscape in Contemporary China", *Social Anthropology*, 2009, Vol. 17, No. 1.

"助人被讹"事件中，举证责任发生倒置。在阎云翔研究的26例个案中，没有一个讹诈者被要求提供证人。但是，助人者必须为自己不是肇事方的主张举证。如果事发当时无见证人在场或者见证人未能作证，那么，助人者就不可避免地为自己的好心承担赔偿的法律责任。讹人者受伤的事实成为免于举证的护身符，或者"如果不是你撞到了我，你为什么帮我"成为最有效的证据。这种零风险的法律环境无形中会感染或者强化讹人者的不道德的讹人动机，与讹人者优越的法律地位相比，助人者的法律地位明显尴尬和薄弱得多。这种司法审判传递了一种有限的、精明的和算计的好人好事观念。根据这种观念，我们不能对于别人的危难表现出无限的同情和提供救助，而是必须克制自己善行义举的热忱，坚守陌生的路人的道德立场，使之保持在不被人曲解为肇事者的有限时空；如果我们无法抑制做好人好事的冲动，那么，要精明地认识到人性的丑恶，预先为自己的无错辩护收集好证据后，做一个会算计的人，否则，就要承担不利的法律后果。显然，在这种强烈的反差中，人们的行善被异化。我们曾经广泛讨论过见死不救立法的可能性。即使这部法律是可能的，它的立法技术和原则也应该同其他法律不同。第一，它不能惩罚见死不救者，不能回复到以法律规范强制德性的前现代观念；它应该奖励见死相救者，通过法律的效力激发人们行善的情感；第二，它不能纵容受救的讹人者，而必须课以相应的法律责任，遏制社会中效仿讹人的冲动或者隐患。一般的法律功能是抑恶而不扬善，善与恶的主体都是同一个人，抑制这个人的恶行而不赞同他的善行。但是，见死不救的立法既要抑恶又要扬善，善与恶的主体指向不同的人，抑制讹人者的恶，赞扬救人者的善。我们甚至可以由此推而广之，法律的功能不能仅仅停留在传统上对其抑恶方面的认识，而是要开掘法律扬善的功能。这种功能不但是可能的，而且是必要的。

第二，我们的司法，从消极的层面来说，不能成为无德者的怂恿者；从积极的方面来说，应该成为有德者的支持者。我们明白，法律是静态的文字表达，美好的法律文本只有借助法官优秀的司法审判活动，才能实现其规范流动社会的功能。美国著名法学家德沃金（Ronald M. Dworkin）指出，"一位法官的点头对人们带来的得失往往比国会或议会的任何一般性法案带来的得失更大"①。英国哲学家培根有一句名言："一次不公正的裁判比多次不公平的举动为祸尤烈。因为这些不平的举动

---

① ［美］德沃金：《法律帝国》，李常青译，中国大百科全书出版社1996年版，第1页。

不过弄脏了水流，而不公的裁判则把水源败坏了。"① 因此，我们需要在立法中为人们的德性预留空间，使法律不但抑恶，而且扬善；更需要相应的优秀的司法审判活动阐发立法本意，支持和鼓励德性实践。正如当代西方德性法理学所主张的，法官不仅需要拥有勇敢、温和与节制的德性，也需要拥有作为守法的正义。但具体到"助人被讹"的事件中，法官更需要实践智慧。

从以上案例中我们看到，法官在"助人被讹"的司法审判中表现出了常人的德性，展现了对讹人者的怜悯、同情和关爱，因为这些讹人者往往都是社会中相对的"弱者"。在阎云翔研究的26例个案中，讹人者多数是老年妇女，有20位女性，其中17名老年妇女，3名中年妇女。助人者的社会地位和经济能力相对优越得多。当问及在大多数做好事被讹的案例中，为什么讹诈者没有受到法律惩罚时，有位警察反问："当一位可怜的老年妇女想从一位年轻男性的腰包里捞取二三百元钱的时候，你能做什么呢？"然后，他很快地回答："什么也不做！"② 作为共同体的成员，扶助弱者是德性的彰显。但是，对于一位法官来说，他的首要职分是如其所是地公平分配当事方的权利和义务。这就决定着他必须平等地理解当事方的利益和情感，做出正义的判决。人们去找法官，也就是去找公正。因为人们认为，法官就是公正的化身。一位法官当然可以在讹人的弱者身上展现出德性的光辉，但是，它必须以守法的正义为前提。因此，在司法德性的层面上，法官应该判决讹人者承担不利的法律责任；但是，在常人德性的层面上，法官可以自愿或者说服助人者帮助这些相对的弱者，而不是以常人德性混淆了甚至超越司法德性。

但是，社会生活的复杂性和丰富性决定了法律裁决具有艰难性。按照法律常识来理解，法律裁决就是在认清法律事实的基础上正确适用相应的法律条文。那么，这里就隐含着两个基本的前提——不仅法律事实的认定清晰明白，而且法律条文穷尽了可能的法律事实。如果法律裁决果真如此，那么，它就成了一道道简单的小学数学应用题。不过，这不是所有的法律裁决的真实情况。它只是一种理想的情况。事实上，在许多案例中，真正的法律裁决不仅在法律事实认定上可能模糊不清或者歧见纷呈，而且固定的、静态的法律条文永远无法穷尽流动的社会生活。它需要法官衡平。但是，衡平不是"各打五十大板"式的"和稀泥"，

---

① ［英］培根：《培根论文集》，水天同译，商务印书馆1983年版，第193页。
② Yunxiang Yan. "The Good Samaritan's New Trouble：A Study of the Changing Moral Landscape in Contemporary China", *Social Anthropology*, 2009, Vol. 17, No. 1.

而是要在运用实践智慧的基础上,使法律裁决尽可能符合立法本意或者法律精神,体现出法律裁决的法律效果和社会效果之间的统一。优秀的法官固然要严格遵守法律的规定,这是最基本的法官守法德性,但更需要实践智慧。甚至按照亚里士多德的理解,如果离开了实践智慧,法官的守法德性也可能是有害的,因为最严格的守法也可能带来最糟糕的不公正。实践智慧是一种理智德性,需要经验和时间。实践智慧在更为内在的层面上表现为对"度"的把握,而"度"的观念与"中道"相联系。①

任何法律问题,都是与人有关的事体问题。卓越的法官不仅要明晰法理,更要透彻事理和情理;不仅要恪守作为守法的正义,也要追求作为衡平的正义;要运用实践智慧以达成法理、事理和情理的圆融。正如台湾大学法学院教授张伟仁在描写清代法学教育的典范汪辉祖时曾言:"他是一个博洽的人,既懂得法理,又熟悉实务,对于传统文化也有深切的体会,因此他对清代社会的价值和导向都有清晰的认识。他并且决心以其才能去提升并匡正这些价值和导向,所以他以追寻公平正义为职志,以为民谋福为目标。而且他将这一工作几乎看作是一种神圣的使命,所以他怀虔敬谨慎的心情去做,一点也不敢怠忽。因为他有这种奉献的精神,所以他对自己的酬劳看得很轻。他比较重名,但是绝不炫才争功;他安于清贫,因为怕非分之财会迫使他做非分之事,改变他寻求正义的初衷;他持正不阿,但是也富有同情心,只要不违背公正的原则,他处处为人着想,事事兼顾情理。所以整体而言,作为一个'法律人',他给我们的印象,绝不是一个只会搬弄条文的法匠,而是一个博洽通达、忠恕公正而又和蔼热忱、与人为善的谦谦君子。"②

---

① 杨国荣:《论实践智慧》,载《中国社会科学》2012年第4期。
② 张伟仁:《清代的法学教育》,见贺卫方主编《中国法律教育之路》,中国政法大学出版社1997年版,第1246页。

# 结　　语

西方德性伦理自20世纪50年代末期复兴以来,就一直遭受着实践上的质疑和理论上的挑战。其中比较常见的有如下观点:德性伦理比较适合传统社会,而不是现代社会;它强于关注人生的目的及其所需要的相应的内在品质,而弱于为具体的行动提供规范上的指引;德性伦理过分突出了其与规范伦理的区分,实际上它与后果论都是一种目的论,且规范伦理也必然包括对德性的说明,从而包含了一种德性理论;无论是古代社会还是现代社会,都需要德性,但并不必然需要德性伦理。尽管无论是对作为整体的社会还是作为个体的人而言,德性无疑具有伟大的心理和精神凝聚力。但是,德性的必要性并不意味着德性的可能性。相反,后者正遭遇着生成模式和途径的"合法性"危机。

## 一、德性价值外在化的困境

在中外伦理思想史上,从外在功利性(此处的功利性并非在功利主义意义上使用,而是更加狭隘的经济利益)的角度论证德性的必要性是常见的思维路径。这种论证方式试图告诉人们:德性之所以值得期待,乃是因为它可以带来以经济利益为代表的外在功利性价值的获得,"利"包含在"义"之中。为此,在古典经济学家的理论表述中,包括德性在内的非正式制度基本都能够获得肯定与认同。例如,在对市场运行的认识上,他们认为市场的成功运行不仅仅依靠"看不见的手",还依靠德性和其他理念的支持。斯密在《道德情操论》中提出市场需要某种道德情感。大卫·休谟认为合适的道德行为,或者"道德情操""同情心"会支持新的经济活动形式。伯克提出,除非它们获得了"先在的态度文明以及扎根于绅士精神和宗教精神的自然的保护原则"的支持,市场根本不会运转起来。[①] 阿罗(Kenneth J. Arrow)呼吁人们注意伦理规则,它们是补偿市场失灵的社会应策,可以被解释为提供经由价格体制所不

---

[①] 参见李惠斌、杨雪冬《社会资本与社会发展》,社会科学文献出版社2000年版,第258页。

能提供的某些商品而增进经济体制效率的合约。

强调德性的功利性因其切合了人的自然性生存需要而显得似乎富有生机和活力。无论是形而上学的思辨还是心理学的实验，都向世界揭示了人性深处隐蔽的向己性成分和自利性的"幽暗意识"。因此，人性之善的呈现形态不是现实的性善之人，而是人性向善的可能性与人性可善的潜在性。"途之人可为禹"或"人皆可为尧舜"是儒家学说基于人性本善的美好预设而引申的合理结论，它表达的是中国式儒生们对于善良世界的乐观心态。"可"所要向人们传递的观念是：不能排除理论上的现实性，但也不能自醉于实践中的必然性。因为人的向己性和自利性的存在，在由"可"向"是"的跃迁中，必然遍布着荆棘、挑战和诱惑。马克思主义经典作家都表达了对人性"幽暗意识"的尊重。"人们奋斗所争取的一切，都同他们的利益有关。"①"一切空话都是无用的，必须给人民以看得见的物质福利。"② 由此，德性就不纯粹是空洞的说教，而是能够有机地与人的本性欲求相切合。

德性与功利性价值的关联，在某种程度上满足了现代市场化社会对外在功利性价值的渴求心态。"现代文明以金钱为最通用的价值符号，以不同等级、不同档次的商品符号来标识人生意义。它要人们相信，你的人生没有意义，成不成功，你的个人价值是否得到实现，就看你能赚多少钱，你的消费档次、消费品位是怎样的。现代社会就以这样一种方式来引导人们的价值追求。"③ 在市场化了的现代中国社会中，作为一般等价物的货币演化为齐美尔所批判的文明的灵魂、形式和思想的象征，成为一切价值的公分母；那些经济上无法表达的特别意义正越来越迅速地从人们的视线中倏忽而逝。阿伦特指出，在古希腊，一定的物质条件只是保证公民不再为满足消费所累、获得参与公共活动的自由。④ 但是，在这里，财产的占有不再是好的生活的手段，而是生活本身。

重视德性的外在功利性价值也为德性制度化开辟了广阔的空间。既然无论是从人性的结构还是从现实的生活而言，人对外在的经济利益等功利性价值保持着孜孜的热情，那么，社会的管理者就有可能通过某种制度安排，使德性与经济等功利性价值的函数政治化和制度化，促使人

---

① 《马克思恩格斯全集》（第1卷），人民出版社1956年版，第82页。
② 《毛泽东选集》，人民出版社1991年版，第118页。
③ 杜维明、卢风：《现代性与物欲的释放：杜维明先生访谈录》，中国人民大学出版社2009年版，第7页。
④ 参见[美]汉娜·阿伦特：《人的条件》，竺乾威译，上海人民出版社1999年版，第49页。

们向善和行善。如此，通过某种制度安排，改变人们的费用结构，迫使他们在追求自利的同时不损及他人，使个体理性和群体理性统一起来。这样，我们就把解决问题的方法推进到了规则——法律——制度的领域。损人行为被放弃是因为它将迫使损人者付出代价，而最终损害自己的利益。对他来说，遵守规则是明智的，是有利于自己的。[①] 所以，在现代社会中，人们普遍形成了"制度化依赖"情结，期待通过细致的制度建设以改变影响人们考量的因素，达到催迫人心向善的良好结局。

但是，将德性必要性的基础建立于其外在功利性价值论证之上，隐藏着德性工具化的重大隐忧。德性成为经济的工具，成为人们不断满足新的欲望的手段。人皆有追求物欲满足的权利，但不能违背德性的要求。这不是源于价值上的等级排列和优先次序，而是因为遵循德性可以使人获得物欲的更大满足。德性不应被理解为对经济的限制，而必须被解读为对经济的满足；德性不应被看作是对物欲的抑制，而应该被视为满足物欲之必需。于是，人们就从德国社会学家马克斯·韦伯的《新教伦理与资本主义精神》中找到了践行德性的动机，从当代少数经济学家的论述中发现了行善的理由。德性的重要性地位来自其对资本主义经济的引擎，来自对市场经济失灵的有效应策，来自对交易双方合约费用的降低和收益的提高。总之，德性的地位必须通过对经济成就的承诺才能获得。在这种逻辑之后隐藏的可怕结论是：如果德性无助于经济的获得，那么，它就是徒劳无益的。因此，良心并不必然就是珍贵的，它必须遭受经济算计上的拷问："良心到底值几个钱？"当德性在现代化场景中被冠以资本的美誉时，它就不可避免地承受着被工具化的命运。

德性功利化的思维方式将导致德性的消解或沉沦。如果德性与经济之间的关联确实坚实不移，或者即使这种关联只是一种主观性联想，如果人类仍然对此坚信不疑，那么，德性的接受性不会成为问题。但是，在残酷的社会现实之前，这两种可能性脆弱而不堪一击。对于人类而言，德性能促进经济的繁荣与发展并不是显见的结论。梁漱溟先生指出，中国人的思想是安分、知足、寡欲、摄生，而绝没有提倡要求物质享乐的；因此，"我可以断言，假使西方化不同我们接触，中国是完全闭关与外间不通风的，就是再走三百年、五百年、一千年也断不会有这些轮船、火车、飞行艇、科学方法、'德谟克拉西'精神产生出来"[②]。这种理解固

---

[①] 参见张静《经济：道德？不道德？》，载《读书》1997年第11期。
[②] 梁漱溟：《东西文化及其哲学》，商务印书馆1999年版，第72页。

然带有个人强烈的主观色彩,但它折射了一个深刻的道理:并不是所有的德性都与社会经济之间存在必然的正相关。对于个体而言,德性高度与经济成就之间的断裂虽然是一个不愿从心理上接受的现实,但它确实正以非特例的形式客观存在。在中国古代儒生们"正谊谋利"的高歌中,民间社会流传的却是"慈不举兵,义不聚财"的谚语。如果德性的价值只有通过其经济成就的必然结果才能得到确认,那么,德性的沦丧和抛弃就是可以预期的社会现实,"恶为什么这么吸引人"就不再是严重而难以理解的困惑。

以外在功利性价值确证德性更容易引发全社会范围内的经济主义思维方式。这诱致的深层结果是,只要能够带来最大的经济效益,就是好的行为或政策。而为了获得最大的经济效益,人们可以采取反伦理、逆德性的手段。由于其对经济效益的承诺,反伦理、逆德性却成为合理的选择。所以,人们就可以由此发现经济与德性之间关系的表达:不是以德性的合理性为经济辩护,而是以经济的成就论证德性。

**二、德性价值内在化的困境**

德性价值的功利化论证可以产生物质文明的繁荣,但损失的可能是精神文明的丰盛;它既解放了人的主体性意识,又使人的主体性出现新的迷失,这就是过度的物质化倾向以及文化世俗化的流行等,具体表现在正义感、责任感的淡化,荣辱观、是非观的混淆,公德心的普遍缺乏,个人行为的失范以及利己主义、拜金主义的抬头。[①] 它更会使德性流于利益的博弈和制度的霸权。[②] 因此,除了以外在功利性价值论证德性的地位之外,人们还有另外一条相反且精致得多的内在化的论证思路。这就是将德性与作为整体性存在的人相联系。

亚里士多德提出,人类的最高善是幸福,它是灵魂合乎德性的实现活动。德性不是有助于幸福的因素,而是幸福的内在要素。人类欲求幸福,联结着德性,外化为德行。为此,麦金太尔认为,在古希腊伦理学中,道德词汇同欲望的词汇保持着勾连。例如,只有依据后者,才可能理解职责的概念。职责意味着履行一定的角色,而角色的履行服务于某个目的:"这个目的完全可以理解为正常的人类欲望(例如一个父亲、

---

① 参见李萍《现代通识教育必须重视道德教育》,载《上海高教研究》1997 年第 2 期。
② 参见樊浩《现代性社会的德性之难与德性之忧》,见《21 世纪中国与世界:伦理学的社会使命与理论创新学术研讨会论文集》,上海师范大学 2009 年版,第 145 页。

一个海员，或者一个医生的欲望）的表达"。① 中国儒家式的"为仁由己"或者"由仁义行"反映的也是德性伦理的这一特色。人类的善行不是源自外在功利或法则；德性不应只被视为工具，而应看作人性的内在规定；行善不是为了密谋更大的外在利益，而是实现做人的过程。因此，德性不是有助于人性的完善，也不是有益于成人的实现；德性就是人性，践行德性就是完成做人。于是，德性与人性、人生和人的存在获得内在的一致性。由此，我们就不难理解陆九渊的豪言：不识一字，亦须还某堂堂做一个人。人禽之别不应从识字与否去辨认，而应从德性的有无去理解。

既然德性足以上升为人禽之分，那么，"人如果要立志'成人'或'为人'，不甘与禽兽处于同一境界，就必须用修养功夫来激发这一价值自觉能力"②。为此，孔子提出"修德""克己""正身""修己""求诸己"；孟子提出"尽心""养性""求放心""养浩然之气"；朱熹提出"居敬"；王阳明提出"致良知"；《大学》以"明明德，亲民，止于至善"为"三纲"，以"格物""致知""诚意""正心""修身""齐家""治国""平天下"为"八条目"，主旨只有一个，即培养人的德性操守。人必知其所贵，而一旦意识到背离了人之所贵者，内心就会产生耻感，遭受心灵的自我折磨和痛苦。

这种内在化的论证方式无疑是极其高贵的构思。它将德性"嵌入"人生意义之中，使之具有了更强大的魅力。正如日本学者西田几多郎所言，"所谓道德的义务或法则，其价值并非存在于义务或法则本身，相反是基于大的要求而产生的"，"正因为有着非追求不可的更大要求，才产生抑制较小的要求的必要；只是一味地抑制要求，却反而违反了善的本性"。③ 对于德性的发生而言，这种理解是极为深刻的。正是因为有了"君子儒"的人生定位与追求，才会在日常生活实践中展现出求道、崇仁、重义、隆礼和执中。

但是，德性价值内在化的处置方式无法回应现代经济社会的强烈冲击，它为当代德性价值的确证指明了方向，却没有提供答案。现代社会的思想发展显然无法接受对人独断式的规定，将人的存在与德性划齐，以德性的完善作为人生的终极意义。20世纪80年代中期，一位年轻的学者在《伦理生活的大趋势》中，讲述了这样一个故事：一位老人每天

---

① ［美］A. 麦金太尔：《伦理学简史》，龚群译，商务印书馆2004年版，第128页。
② 余英时：《中国思想传统的现代诠释》，江苏人民出版社1998年版，第35页。
③ ［日］西田几多郎：《善的研究》，何倩译，商务印书馆2007年版，第108页。

都到海边垂钓，无论光景如何，两小时必收场回家。一位年轻人好奇地追问。下面是两人的对话：

年轻人：老人家，光景好的时候，你为什么不多钓一会儿？

老人：光景好时，为什么要多钓一会儿呢？

年轻人：那你就能钓到更多的鱼啊！

老人：钓到更多的鱼又有何用呢？

年轻人：那你可以卖更多的钱！

老人：有更多的钱又有何用呢？

年轻人：你可以买船出海打捞更多的鱼！

老人：打捞更多的鱼又有何用呢？

年轻人：你可以赚更多的钱，开远洋公司，打更多的鱼！

老人：打更多的鱼，赚更多的钱于我何用呢？

这时，小伙子逼急了，反问老人家说："那你不为赚钱，又为什么呢？"老人家看着小伙子，笑着说："我每天钓两小时的鱼，生活的问题就解决了，剩下的时间，我看看朝霞，种种蔬菜，优哉游哉，更多的钱于我何用呢？"

这是传统生活方式与现代价值理念之间的对话。现代人并不认为他们的人生没有意义和失去意义，而是人生意义的内容发生转向。换言之，现代社会中存在着的是人生追求的意义体系，它们可能是为信仰的，可能是为德性的，可能是为俗世的，可能是为狭隘的小我甚至物我的；它们可能是超越性的，也可能是现实性的；可能是超验的，也可能是经验的。现代社会是产生差异和例外的社会。人们享有着各自不同的关于生命存在的价值与意义的理解，而这些相异的理解又同时都具备了现代条件下的合法性。即使带着道德主义的镜片透视现代经济主义的人生，后者也不能被完全归结为人生的无意义，只能说对人生意义理解和参悟的境界仍然需要提高。但德性缘何拥有了审视其他人生路径的权力呢？

在现代社会中，与意义或终极价值相关的命题具有了越来越多的个体化倾向。如果你觉得那是人生的意义，那么，那就是人生的意义。依循这种思维方式，就不难理解"想唱就唱"的口号所引发的草根阶层的狂欢；当人们听闻有人高呼"我是流氓我怕谁"或者"千万别把我当人"时，竟然会感到无比亲切。人生意义的标准不能从普遍的和整体的人性中去寻找，也不存在于相对主义的社会文化之中，而是"我就是意义本身"。这种文化氛围已经构成当代社会中德性无可回避的前提和基础，它消解了德性的合法性，削弱了德性的有效性。

将德性与人的存在等同的论调极易让人产生"德性暴力"的担心，甚至足以使德性最终异化为控制人的手段。"德行即幸福，强调在幸福中精神升华的意义，弘扬了人的理性、灵魂、精神在人生价值中的作用，这一点是合理的。但将幸福与德行等同，轻视人的现实物质生活，它的逻辑归宿必然是轻视人的肉体存在，否认人的现实物质生活权利的正当性、善性，在现实生活中难免成为少数统治者奴役人民的精神工具。"①现代社会显然无法接受将德性与人生的意义和人的存在同一化，因为后者有着更丰富的内容。

### 三、德性生成中的社群隐忧

无论是阅读亚里士多德的《尼各马科伦理学》，抑或品味孔子的《论语》，人们可以发现，两位思想家主张的德性要求正是基于社群的表达。亚里士多德主张，伦理德性的生成源自习惯或社会习俗；孔子提出，"克己复礼"是为了达致"仁"的境界。"ethos"和"礼"都隐含着对社群的理论预设。社群为生活于其间的人们提供了共同的善、共同的价值或者共同的历史传统，使德性的生成具有了优质的客观条件。人们更能理解和分享彼此的道德观念和道德意识，更能有效地监督彼此的道德行为，更能有效地判断行动者是否是好人。正如亚里士多德所言，"城邦之外无德性"。城邦是社群的一种存在形式，生活于其间的人们有着共同的善、共同的利益、共同的价值或者共同的历史传统。正是在历史的脉络中，社群主义者和自由主义者都承诺了现代德性生成的社群预设。

但是，无论是法国社会学家涂尔干关于传统社会与现代社会的区分，还是德国社会学家斐迪南·滕尼斯关于共同体社会与利益社会的辨析，主旨都是要向人们阐述人类组织形态由传统到现代的转型。其后果是人们不断从人身依附中脱离出来，成为原子式的个体存在；共享的文化观念、道德规范和信仰体系被异质化的个人意见所取代，传统社会中的熟人关系变成陌生人关系；人们交往的基础由情爱、友谊和共同的传统转变为契约和法律。随之而来的疑问在于，如果社群不复存在，那么，德性如何可能？

社群有着不同的存在样式。它可以是血缘社群，如家庭；可以是地缘社群，如村落、邻里和城镇；可以是精神社群，如教会。桑德尔提出了工具性社群、情感性社群和构成性社群三种不同性质的社群。丹尼

---

① 高兆明：《道德生活论》，河海大学出版社1993年版，第262页。

尔·贝尔概括了构成性社群的三种类型，包括地域性社群、记忆性社群和心理性社群。

从理论上来说，社会奉行普遍主义的原则，它独立于行为者与对象身份上的特殊关系；社群奉行特殊主义的原则，它凭借与行为者之属性的特殊关系。无论现代化的动力机制发挥了多么伟大的推动作用，一个源自人性的基本事实却难以改变。这就是"抛开功利上的得失不谈，人还有强烈的情感需求。他渴望与伙伴有密切的交往，渴望一种参与的苦乐"①。因此，无论社会如何延展和渗透，社群作为库利式的"首属群体"，总是无法被完全吞没。

退而言之，个体尽管可以脱离地理社群，但是，由于文化传统的预制性，他/她始终无法超越精神社群、文化社群和心理社群。传统文化土壤的悠久与曾经的辉煌、独立与系统性，使其产生极大的惯性和文化的拉力。它对现实的人类生存和社会发展显现着潜在、先在和先天的制约，成为一个民族、地区或国家生存的"基因密码"，潜在而深刻地影响着人们的思维模式和行为方式等。无论出于何种想法，无论以何种方式"反传统"，传统社群中发挥引领作用的价值共识始终反不掉。②

但是，即便社群没有随着现代化进程而被彻底瓦解，它就为德性的生成提供了"肥田沃土"吗？事实上，由于社群内的特殊主义价值准则，它在"孵化"德性的同时，在更大范围内消解了德性。

基于社群的德性弱化了人们对普遍道德责任的承担，它所关联的道德特殊主义为行动者的道德责任划定了边界。排异性是社群内生的重要缺陷，"非我族类，其心必异"。它使得社群内部的成员之间抱团扎堆和遍布温情，而对社群之外的人漠然置之和充满敌意；社群内部呈现着凝聚和团结，而社群之间防范着攻击和进犯。行动者首要的道德责任体现在对所处社群生存地位的维护、发展和提升。在这里，我们看到了种族中心主义。任何人都不可能终其一生都只属于某一单独的社群，总是生活在以自己为中心逐级外推、由各种远近亲疏不同的社群所构成的社群网络体系中。从理论上而言，行动者的具体行动策略至少包括公而忘私、因私废公、由私及公、由公及私和公私对等五种。如果行动者选择了因私废公，譬如选择了对家庭和家族道德责任的承担，就意味着放弃了对更大社群的道德责任。于是，人们又可以读出家族中心主义。

---

① 郑也夫：《代价论》，生活·读书·新知三联书店1995年版，第45页。
② 参见李萍、童建军：《文化传统的预制性与公民教育》，载《中国德育》2009年第2期。

同理，基于社群的德性也无法鼓舞人们对人之外其他生命存在的道德担当。其他生命或者非生命存在不可能共享社群内属人的价值体系、文化观念和历史传统，在心理和精神的纬度中，永远与人类相隔绝。如果人类会生发出对周遭存在物的关切与怜爱，也只是因为如此行动会更有利于人类的生存。因此，它始终没有脱离人类中心主义的魔咒。如果这是一个简单的结论，那么，人们就不难理解，一些女性主义者不但否定对在自身关系范围外其他人群的救助，而且一般性地拒斥对其他生命的关怀。由此，道德冷漠就跨越了社群和人际而延展到物种之间。但是，文明进展的表现之一，就是对其他生命存在不断悦纳的历程。因此，人类才会最终意识到，奴隶也是人，女人也是一个完整的人。当代一些环境伦理学者呼吁，既然人类可以不断地超越种族中心主义，那么，同样可以合理地期待超越人类中心主义，将一切有生命的存在都纳入与人同等的生命关怀之中。

  中华民族是拥有深厚的美德传统的民族。这既是我们前行的助力，也可能会成为前行的阻力。但是，无论如何，在批判性继承德性伦理文化传统的基础上，凝聚中华民族振兴的磅礴力量，是必经的法门。这是基本的文化自觉。费孝通先生认为："文化自觉只是指生活在一定文化中的人对其文化有'自知之明'，明白它的来历，形成过程，所具的特色和它发展的趋向，不带任何'文化回归'的意思，不是要'复旧'，同时也不主张'全盘西化'或'全盘他化'。自知之明是为了加强对文化转型的自主能力，取得决定适应新环境、新时代文化选择的自主地位。文化自觉是一个艰巨的过程，首先要认识自己的文化，理解所接触到的多种文化，才有条件在这个已经在形成中的多元文化的世界里确立自己的位置，经过自主的适应，和其他文化一起，取长补短，共同建立一个有共同认可的基本秩序和一套各种文化能和平共处，各舒所长，联手发展的共处守则。"① 可见，合理的文化自觉至少应该包括如下几层含义：第一，对当下生活其间的文化传统及其特质有恰当的理性认识，这是认识和观照自我文化的过程，旨在明晰所处文化的来源和特质；第二，为了更好地"自知"，必须以广阔的胸怀理解所接触的其他文化传统或文化类型，这是经由认识他者而反观自我的过程，意在辨清自身文化在世界文化中的优势和不足，为其精进提供资源；第三，无论是认识自我还

---

① 费孝通：《反思·对话·文化自觉》，载《北京大学学报（哲学社会科学版）》1997年第3期。

是他者,都不是为了"复旧"或者"他化",而是要满足现实的文化建设需要,追求文化的理想。因此,处于转型期的中国社会,其文化自觉就有三个基本的向度:对文化传统的自觉、对全球化的文化影响力的自觉和对中国现代化进程的特殊矛盾的自觉。①

  无疑,我们似乎是处在一个破坏道德而又希求道德的最坏也最好的时代。"伦理学本身被诽谤或嘲弄为一种典型的、现在已被打碎的、注定要成为历史垃圾的现代束缚,这种束缚曾经被认为是必需的,而现在被明确地认为是多余的。另外一个错误的观念,即:后现代的人们没有它也能生活得很好。"②我们必须清醒地意识到,德性伦理总是同特定的社会结构和社会生活相关。例如,在一个紧致的共同体中,德性伦理生活化似乎更具有可行性。"一个有效的共同体会监督其成员的行为,使得成员对他们自己的行为负责。与政府和市场相比,共同体能更有效地鼓励和利用激励措施,使得人们按传统规制他们的共同行为,这些激励包括信任、团结、互惠、名誉、自豪、尊重、报复和报答等。"③可是,当社会结构和社会生活发生移易之后,我们还需要德性伦理吗?对于这个问题的初步回答是,只要人类依旧存活于地球,只要人类依旧保留着超越动物的精神性追求,德性伦理就依然会是我们渴慕的道德哲学。区别只在于,我们是在什么意义上需要什么样的德性伦理。

---

  ① 参见李萍、童建军:《文化自觉的三个维度》,载《道德与文明》2012年第3期。
  ② [德]齐格蒙·鲍曼:《后现代伦理学》,张成岗译,江苏人民出版社2003年版,第2页。
  ③ [美]赫伯特·金迪斯、萨缪·鲍尔斯等:《人类的趋社会性及其研究》,浙江大学跨学科社会科学研究中心译,上海人民出版社2006年版,第75页。

# 参考文献

## （一）中文著作

[1] 詹世友. 美德政治学的历史类型及其现实型构［M］. 北京：中国社会科学出版社，2015.

[2] 龚群，胡业平. 德性伦理与现代社会［M］. 北京：中国人民大学出版社，2014.

[3] 李义天. 美德伦理学与道德多样性［M］. 北京：中央编译出版社，2012.

[4] 江畅. 德性论［M］. 北京：人民出版社，2011.

[5] 王海明，孙英. 美德伦理学［M］. 北京：北京大学出版社，2011.

[6] 赵永刚. 美德伦理学：作为一种道德类型的独立性［M］. 长沙：湖南师范大学出版社，2011.

[7] 秦越存. 追寻美德之路［M］. 北京：中央编译出版社，2008.

[8] 徐向东. 美德伦理与道德要求［M］. 南京：江苏人民出版社，2008.

[9] 陈真. 当代西方规范伦理学［M］. 南京：南京师范大学出版社，2006.

[10] 戴兆国. 心性与德性：孟子伦理思想的现代阐释［M］. 合肥：安徽人民出版社，2005.

[11] 赵汀阳. 论可能生活（修订版）［M］. 北京：中国人民大学出版社，2004.

[12] 高国希. 走出伦理困境：麦金太尔道德哲学与马克思主义伦理学研究［M］. 上海：上海社会科学院出版社，1996.

## （二）中文期刊

[1] 陈根法. 论德性的意义和价值［J］. 复旦学报，2002（3）.

[2] 陈来. 古代德行伦理与早期儒家伦理学的特点：兼论孔子与亚里士多德伦理学的异同［J］. 河北学刊，2002（6）.

［3］陈来.孟子的德性论［J］.哲学研究，2010（5）.

［4］陈真.亚里士多德美德伦理学思想述评［J］.江海学刊，2005（6）.

［5］陈真.美德伦理学和道德建设［J］.江苏社会科学，2006（6）.

［6］陈真.苏格拉底真的认为"美德即知识"吗？［J］.伦理学研究，2006（4）.

［7］陈真.当代西方美德伦理学研究近况［J］.国外社会科学，2006（4）.

［8］崔宜明.德性论与规范论［J］.华东师范大学学报，2002（5）.

［9］戴木才.道德教育的整体性与道德教育哲学［J］.江西师范大学学报，2004（2）.

［10］邓安庆.西方伦理学概念溯源：亚里士多德伦理学概念的实存论阐释［J］.中国社会科学，2005（4）.

［11］甘绍平.当代德性论的命运［J］.中国人民大学学报，2009（3）.

［12］高国希.麦金太尔对当代西方道德哲学的批判［J］.社会科学战线，1994（4）.

［13］高国希.当代西方的德性伦理学运动［J］.哲学动态，2004（5）.

［14］高国希.德性的结构［J］.道德与文明，2008（3）.

［15］高国希.康德的德性理论［J］.道德与文明，2009（3）.

［16］高国希.道德理论形态：视角与会通［J］.哲学动态，2007（8）.

［17］龚群.回归共同体主义与拯救德性［J］.哲学动态，1998（6）.

［18］龚群.德性思想的新维度：评麦金太尔的《依赖性的理性动物》［J］.哲学动态，2003（7）.

［19］龚群.当代西方伦理学的发展趋势［J］.教学与研究，2003（9）.

［20］龚群.德性伦理与现代社会：回应德性伦理的现代困境论［J］.哲学动态，2009（5）.

［21］何元国.亚里士多德的"德性"与孔子的"德"之比较［J］.中国哲学史，2005（3）.

［22］黄显中.当代西方德性伦理学研究的迷失［J］.哲学动态，2010（1）.

［23］江畅.德性论与伦理学［J］.道德与文明，2010（4）.

［24］江畅.论德性的项目及其类型［J］.哲学研究，2011（5）.

［25］江畅.论德性修养及其与德性教育的关系［J］.道德与文明，2012（5）.

［26］寇东亮."德性伦理"研究述评［J］.哲学动态，2003（6）.

［27］廖申白.我们的"做人"观念：涵义、性质与问题［J］.北京师范大学学报，2004（2）.

［28］廖申白.德性伦理学：内在的观点与外在的观点［J］.道德与文明，

2010（6）.

［29］李兰芬，等.论德性的文化视阈［J］.哲学动态，2007（11）.

［30］李建华，胡讳赞.美德伦理的现代困境［J］.哲学动态，2009（5）.

［31］李义天.当代美德伦理学的国内研究综述［J］.南京政治学院学报，2006（2）.

［32］李义天.当代国外美德伦理学研究综述［J］.南京政治学院学报，2007（6）.

［33］李义天.麦金太尔何以断言启蒙道德筹划是失败的？：兼论道德哲学中的"一"与"多"［J］.伦理学研究，2007（9）.

［34］李义天.斯洛特的美德伦理学及其心理预设［J］.伦理学研究，2009（3）.

［35］李义天.基于行动者的美德伦理学可靠吗：对迈克尔·斯洛特的分析与批评［J］.哲学研究，2009（10）.

［36］刘莉.麦金太尔的德性论及其道德启示［J］.广西社会科学，2002（6）.

［37］刘玮.亚里士多德与当代美德伦理学［J］.哲学研究，2008（12）.

［38］龙静云.德性伦理应回答的几个根本问题［J］.江汉论坛，2012（9）.

［39］卢风.现代人为什么不重视美德［J］.道德与文明，2010（2）.

［40］吕耀怀.道德建设：从制度伦理，伦理制度到美德伦理［J］.学习与探索，2002（2）

［41］吕耀怀.规范伦理、美德伦理及其关联［J］.哲学动态，2009（5）.

［42］马永翔.美德，德性，抑或良品？：Virtue概念的中文译法及品质论伦理学的基本结构［J］.道德与文明，2010（6）.

［43］任丑.应用德性论及其价值基准［J］.哲学研究，2011（4）.

［44］沈顺福.儒家德性伦理学批判［J］.东岳论丛，2001（1）.

［45］唐热风.亚里士多德伦理学中的德性与实践智慧［J］.哲学研究，2005（5）.

［46］田海平.论柏拉图的美德伦理学［J］.东南大学学报：社会科学版，1999（3）.

［47］万俊人."德性伦理"与"规范伦理"之间和之外［J］.神州学人，1995（12）.

［48］万俊人.儒家美德伦理及其与麦金太尔之亚里士多德主义的视差［J］.中国学术，2001（2）.

［49］万俊人.美德伦理如何复兴［J］.求是学刊，2011（1）.

［50］王云萍.道德心理学：儒家与基督教之比较分析［J］.道德与文

明，2002（3）．

[51] 肖群忠．规范与美德的结合：现代伦理的合理选择［J］．西北师范大学学报．1999（5）．

[52] 肖士英．现代德性准则立足点与结构的反思：麦金太尔现代德性准则观批判与重构［J］．陕西师范大学学报，2001（4）．

[53] 杨国荣．道德系统中的德性［J］．中国社会科学，2003（3）．

[54] 杨豹．当代西方美德伦理思想探讨［J］．重庆社会科学，2007（7）．

[55] 杨豹．当代西方美德伦理的思想特色［J］．道德与文明，2008（3）．

[56] 赵永刚，吕耀怀．美德伦理学与情境主义［J］．道德与文明，2009（4）．

[57] 赵永刚，吕耀怀．美德伦理学与"自我 – 他人不对称"观点［J］．河北大学学报，2010（3）．

[58] 张传有．亚里士多德伦理学与现代美德伦理学的建构［J］．社会科学，2009（7）．

[59] 詹世友．论美德的特征及其意义［J］．道德与文明，2006（2）．

### （三）翻译文献

[1] 亚里士多德．尼各马克伦理学［M］．廖申白，译．北京：商务印书馆，2003．

[2] A．麦金泰尔．德性之后［M］．龚群，等，译．北京：中国社会科学出版社，1995．

[3] A．麦金泰尔．谁之正义？何种合理性？［M］．万俊人，等，译．北京：当代中国出版社，1996．

[4] A．麦金泰尔．三种对立的道德探究观［M］．万俊人，等，译．北京：中国社会科学出版社，1999．

[5] A．麦金泰尔．伦理学简史［M］．龚群，译．北京：商务印书馆，2003．

[6] A．麦金泰尔．追寻美德［M］．宋继杰，译．南京：译林出版社，2011．

[7] A．麦金泰尔．依赖性的理性动物：人类为什么需要德性［M］．刘玮，译．南京：译林出版社，2013．

[8] 赫斯特豪斯．美德伦理学［M］．李义天，译．南京：译林出版社，2016．

[9] 余纪元．德性之镜［M］．林航，译．北京：中国人民大学出版社，2009．

[10] 达斯. 美德伦理学和正确的行动［J］. 陈真, 译. 求是学刊, 2004（2）.

[11] 赫斯特豪斯. 规范美德伦理学［J］. 邵显侠, 译. 求是学刊, 2004（2）.

[12] 斯坎伦. 何为道德：道德的动机和道德的多样性［J］. 陈真, 译. 江海学刊, 2005.

[13] 斯洛特. 以行为者为基础的德性伦理［J］. 王旭凤, 孙少伟, 译. 世界哲学, 2010（1）.

[14] 斯洛特. 情感主义德性伦理学：一种当代的进路［J］. 王楷, 译. 道德与文明, 2011（2）.

### （四）外文文献

[1] ADAMS R M. A Theory of Virtue［M］. New York：Oxford University Press, 2006.

[2] AUDI R. Moral Knowledge and Ethical Character［M］. New York：Oxford University Press, 1997.

[3] ANSCOMBE G E M. Modern Moral Philosophy［J］. Philosophy, 1958, 33(124)：1-19.

[4] ANNAS J. Being Virtuous and doing the Right Thing［J］. Proceedings and Addresses of the American Philosophical Association, 2004, 78(2)：61-75.

[5] AUDI R. Responsible Action and Virtuous Character［J］. Ethics, 1991, 101(2)：304-321.

[6] AUDI R. Acting from Virtue［J］. Mind, 1995, 104(415)：449-471.

[7] AUDI R. Moral Virtue and Reasons for Action［J］. Philosophical Issues, 2009, 19(1)：1-20.

[8] BADHWAR N K. The Milgram Experiments, Learned Helplessness, and Character Traits［J］. Journal of Ethics, 2009, 13(2-3)：257-289.

[9] SHAW B. A Virtue Ethics Approach to Aldo Leopold's Land Ethic［J］. Environmental Ethics, 1997, 19(1)：53-67.

[10] BRADY M S. Against Agent-Based Virtue Ethics［J］. Philosophical Papers, 2004, 33(1)：1-10.

[11] BRADY M S. Virtue, Emotion, and Attention［J］. Metaphilosophy, 2010, 41：115-31.

[12] MARIA C. Law, Virtue, and Happiness in Aquinas's Moral Theory［J］. The Thomist, 1997, 61(3)：425-448.

[13] CHRISTIAN M. Character Traits, Social Psychology, and Impediments to Helping Behavior[J]. Journal of Ethics and Social Philosophy, 2010, 5 (1): 1-36.

[14] CHRISTIAN M. The Challenge to Virtue, Character, and Forgiveness from Psychology and Philosophy[J]. Philosophia Christi, 2012, 14 (1): 125-143.

[15] CHRISTIAN M (ed.). Character: New Directions from Philosophy, Psychology, and Theology [M]. New York: Oxford University Press, 2015.

[16] CHRISTOPHER T. The Self-Centredness Objection to Virtue Ethics[J]. Philosophy, 2006, 81 (4): 595-618.

[17] CHRISTOPHER T. Virtue Ethics and the Nature and forms of Egoism [J]. Journal of Philosophical Research, 2010, 35: 275-303.

[18] CRISP R. Utilitarianismand the Life of Virtue[J]. Philosophical Quarterly, 1992, 42(167): 139-160.

[19] CRISP R (eds.). Virtue Ethics [M]. New York: Oxford University Press, 1997.

[20] CRISP R. How Should One Live?: Essays on the Virtues [M]. New York: Oxford University Press, 1998.

[21] CULLITY G. Virtue Ethics, Theory, and Warrant[J]. Ethical Theory and Moral Practice, 1999, 2 (3):277-294.

[22] DAMIAN C. Agent-Based Theories of Right Action[J]. Ethical Theory and Moral Practice, 2006, 9 (5): 505-515.

[23] DANIEL C. Russell. Agent-Based Virtue Ethics and the Fundamentality of Virtue[J]. American Philosophical Quarterly, 2008, 45 (4): 329-347.

[24] DANIEL C. Russell. That "Ought" Does Not Imply "Right": Why It Matters for Virtue Ethics[J]. Southern Journal of Philosophy, 2008, 46 (2): 299-315.

[25] RUSELL D C. (eds.). The Cambridge Companion to Virtue Ethics [M]. New York: Cambridge University Press, 2013.

[26] DANIEL D. A New form of Agent-Based Virtue Ethics[J]. Ethical Theory and Moral Practice, 2011, 14 (3): 259-272.

[27] DANIEL J. An Unsolved Problem for Slote's Agent-Based NVirtue Ethics [J]. Philosophical Studies, 2002, 111 (1): 53-67.

[28] DAS R. Virtue Ethics and Right Action[J]. Australasian Journal of Phi-

losophy, 2003, 81(3): 324-339.

[29] COPP D& SOBEL D. Morality and Virtue: An Assessment of Some Recent Work in Virtue Ethics[J]. Ethics, 2004,114 (3): 514-554.

[30] DIANA F. The Character of Virtue: Answering the Situationist Challenge to Virtue Ethics[J]. Ratio, 2006, 19 (1): 24-42.

[31] DRIVER J. Monkeying with Motives: Agent-Basing Virtue Ethics[J]. Utilitas, 1995, 7(2): 281-285.

[32] DRIVER J. Uneasy Virtue[M]. New York: Cambridge University Press, 2001.

[33] DORIS J M. People Like Us: Morality, Psychology, and the Fragmentation of Character [J]. Dissertation Abstracts International. Section A: Humanities and Social Sciences,1997,57(7): 3509.

[34] DORIS J M. Persons, Situations and Virtue Ethics[J]. Nous, 1998, 32 (4): 504-530.

[35] DORIS J M. Lack of Character: Personality and Moral Behavior[M]. Cambridge: Cambridge University Press, 2002.

[36] DANIEL D. A New form of Agent-Based Virtue Ethics[J]. Ethical Theory and Moral Practice, 2011, 14 (3): 259-272.

[37] FARRELLY C, SOLUM L. Virtue Jurisprudence[M]. New York: Palgrave Macmillan, 2008.

[38] OWEN F, AMELIE O R (eds.). Identity, Character and Morality[M]. Cambridge, Mass: The MIT Press, 1990.

[39] FRANKENA W K. Prichard and the Ethics of Virtue: Notes on a Footnote[J]. Monist, 1970, 54(1): 1-17.

[40] FOOT P. Virtues and Vices[M]. Oxford: Blackwell, 1978.

[41] FOOT P. Does Moral Subjectivism Rest on a Mistake? [J]. Royal Institute of Philosophy Supplement, 2000, 46(1): 107-123.

[42] FOOT P. Natural Goodness[M]. Oxford: Clarendon Press, 2001.

[43] CULLITY G. Virtue Ethics, Theory, and Warrant[J]. Ethical Theory and Moral Practice, 1999, 2 (3):277-294.

[44] FRASZ G B. Environmental Virtue Ethics: A New Direction for Environmental Ethics[J]. Environmental Ethics, 1993,15 (3):259-274.

[45] JOHN H W. Virtue Ethics without Right Action: Anscombe, Foot, and Contemporary Virtue Ethics[J]. Journal of Value Inquiry, 2010,44: 209-224.

[46] JEAN H. Selflessness and the Loss of Self[J]. Social Philosophy and Policy, 1993, 10(1): 135 – 165.

[47] HARMAN G. Moral Philosophy Meets Social Psychology: Virtue Ethics and the Fundamental Attribution Error[J]. Proceedings of the Aristotelian Society, 1999, 99: 315 – 331.

[48] HARMAN G. The Nonexistence of Character Traits[J]. Proceedings of the Aristotelian Society, 2000, 100(1): 223 – 226.

[49] HARMAN G. No Character or Personality[J]. Business Ethics Quarterly, 2003, 13(1): 87 – 94.

[50] Gilbert Harman. Skepticism about Character Traits[J]. Journal of Ethics, 2009, 13: 235 – 242.

[51] HURKA T. Virtue, Vice, and Value[M]. New York: Oxford University Press, 2001.

[52] HURKA T. Virtuous Act, Virtuous Dispositions[J]. Analysis, 2006, 66 (289): 69 – 76.

[53] HURKA T. Right act, Virtuous Motives[J]. Metaphilosophy, 2010, 41 (1 – 2): 58 – 72.

[54] HURSTHOUSE R. After Hume's Justice[J]. Proceedings of the Aristotelian Society, 1991, 91: 229 – 45.

[55] HURSTHOUSE R. Virtue Theory and Abortion[J]. Philosophy and Public Affairs, 1991, 20(3): 223 – 246.

[56] HURSTHOUSE R. On Virtue Ethics[M]. Oxford: Oxford University Press, 1999.

[57] JACOBSON D. An Unsolved Problem for Slote's Agent-Based Virtue Ethics[J]. Philosophical Studies, 2002, 111 (1): 53 – 67.

[58] JASON K. Virtue Theory and Ideal Observers[J]. Philosophical Studies, 2002, 109 (3): 197 – 222.

[59] JOHNSON R N. Virtue and Right[J]. Ethics, 2003, 113(4): 810 – 834.

[60] JUSTIN O, DEAN C. Virtue Ethics and Professional Roles[M]. Cambriage: Cambridge University Press, 2001.

[61] RACHANA K. Situationism and Virtue Ethics on the Content of Our Character[J]. Ethics, 2004, 114 (3): 458 – 491.

[62] KUPPERMAN J J. Virtue in Virtue Ethics[J]. Journal of Ethics, 2009, 13 (2 – 3): 243 – 255.

[63] MERRITT M. Virtue Ethics and Situationist Personality Psychology[J]. Ethical Theory and Moral Practice, 2000, 3 (4): 365 – 383.

[64] MATT S. Virtues, Skills, and Right Action[J]. Ethical Theory and Moral Practice, 2011, 14 (1): 73 – 86.

[65] McDowell John. Virtue and Reason[J]. Monist, 1979, 62(3): 331 – 350.

[66] McDowell John. The Role of Eudaimonia in Aristotle's Ethics[M]// Amelie Oksenberg Rorty(ed.). Essays on Aristotle's Ethics, Berkeley: University of California Press, 1980.

[67] McDOWELL J. Two Sorts of Naturalism[M]// Hursthouse R, Lawrence G and Quinn W (eds.). Virtues and Reasons, Oxford: Oxford University Press, 1995.

[68] METTITT M. Virtue Ethics and Situationist Personality Psychology[J]. Ethical Theory and Moral Practice, 2000, 3 (4): 365 – 383.

[69] Christian B M. Empathy, Social Psychology, and Global Helping Traits [J]. Philosophical Studies, 2009, 142 (2): 247 – 275.

[70] IRIS M. The Sovereignty of Good[M]. London: Routledge and Kegan Paul, 1970.

[71] NAGEL T. The Possibility of Altruism[M]. Princeton: Princeton University press, 1979.

[72] MARTHA C. Nussbaum. Virtue Ethics: A Misleading Category? [J]. Journal of Ethics, 1999, 3(3): 163 – 201.

[73] PINCOFFS E L. Quandary Ethics[J]. Mind, 1971, 80(320): 552 – 71.

[74] PRICHARD H A. Does Moral Philosophy Rest on a Mistake? [J]. Mind, 1912, 21: 21 – 37.

[75] KORNEGAY R J. Hursthouse's Virtue Ethics and Abortion: Abortion Ethics Without Metaphysics? [J]. Ethical Theory and Moral Practice, 2011, 14 (1): 51 – 71.

[76] RANSOME W. Is Agent-Based Virtue Ethics Self-Undermining? [J]. Ethical Perspectives, 2010, 17(1): 41 – 57.

[77] REBECCA L. Walker & Philip J. Ivanhoe (eds.). Working Virtue: Virtue Ethics and Contemporary Moral Problems[M]. New York: Oxford University Press, 2007.

[78] HULL R. All about EVE: A Report on Environmental Virtue Ethics Today[J]. Ethics and the Environment, 2005, 10 (1): 89 – 110.

[79] SANDLER R. Culture and the Specification of Environmental Virtue[J]. Philosophy in the Contemporary World, 2003, 10 (2): 63 – 68.

[80] SANDLER R. The External Goods Approach to Environmental Virtue Ethics[J]. Environmental Ethics, 2003, 25 (3): 279 – 293.

[81] ROSS W D. The Right and the Good[M]. Oxford: Oxford University Press, 1930.

[82] RUSSELL D C. Practical Intelligence and the Virtues[M]. New York: Oxford University Press, 2009.

[83] SETIYA K. Reasons without Rationalism[M]. Princeton: Princeton University Press, 2007.

[84] SLOTE M. Is Virtue Possible? [J]. Analysis, 1982, 42(2): 70 – 76.

[85] SLOTE M. From Morality to Virtue[M]. New York: Oxford University Press, 1992.

[86] SLOTE M. Virtue ethics and Democratic Values[J]. Journal of Social Philosophy, 1993, 24(2): 5 – 37.

[87] SLOTE M l. Agent-Based Virtue Ethics[J]. Midwest Studies in Philosophy, 1995, 20 (1):83 – 101.

[88] SLOTE M. Law in Virtue Ethics[J]. Law and Philosophy, 1995, 14: 91 – 114.

[89] SLOTE M. Virtue Ethics, (eds.)[M]. Oxford: Oxford University Press, 1997.

[90] SLOTE M. Morals from Motives [M]. Oxford: Oxford University Press, 2001.

[91] SLOTE M. Moral Sentimentalism [M]. Oxford: Oxford University Press, 2010.

[92] SNOW N E, TRIVIGNO F V (eds.). The Philosophy and Psychology of Virtue: An Empirical Approach to Character and Happiness [M]. London: Routledge, 2014.

[93] SNOW N E(Hrsg.). Cultivating Virtue. Perspectives from Philosophy, Theology, and Psychology[M]. Oxford: Oxford University Press, 2015.

[94] SREENIVASAN G. Errors about Errors: Virtue Theory and Trait Attribution[J]. Mind, 2002, 111 (441): 4768.

[95] SVENSSON F. Virtue Ethics and the Search for an Account of Right Action[J]. Ethical Theory and Moral Practice, 2010, 13 (3): 255 – 271.

[96] SVENSSON F. Eudaimonist Virtue Ethics and Right Action: A Reassessment[J]. Journal of Ethics, 2011, 15 (4):321-339.

[97] SWANTON C. Profiles of the Virtues[J]. Pacific Philosophical Quarterly, 1995, 76(1): 47-72.

[98] SWANTON C. Virtue Ethics and the Problem of Indirection: A Pluralistic Value-Centred Approach[J]. Utilitas, 1997, 9 (2): 167.

[99] SWANTON C. Outline of a Nietzschean Virtue Ethics[J]. International Studies in Philosophy, 1998, 30(3): 29-38.

[100] SWANTON C. A Virtue Ethical Account of Right Action[J]. Ethics, 2001, 112(1): 32-52.

[101] SWANTON C. Virtue Ethics: A Pluralistic View[M]. Oxford: Oxford University Press, 2003.

[102] SWANTON C. Virtue Ethics and the Problem of Moral Disagreement [J]. Philosophical Topics, 2010,38 (2):157-180.

[103] TIBERIUS V. How to Think About Virtue and Right[J]. Philosophical Papers, 2006, 35 (2): 247-265.

[104] VAN Z L. Virtue Theory and Applied Ethics[J]. South African Journal of Philosophy, 2002, 21(2): 133-144.

[105] VAN Z L. Virtuous Motives, Moral Luck, and Assisted Death[J]. South African Journal of Philosophy, 2004, 23(1): 20-33.

[106] VAN Z L. In Defence of Agent-Based Virtue Ethics[J]. Philosophical Papers, 2005, 34 (2): 273-288.

[107] VAN Z L. Can Virtuous People Emerge From Tragic Dilemmas Having Acted Well? [J]. Journal of Applied Philosophy, 2007, 24 (1): 50-61.

[108] VAN Z L. Agent-based Virtue Ethics and the Problem of Action Guidance[J]. Journal of Moral Philosophy, 2009, 6: 50-69.

[109] VAN Z L. Accidental Rightness[J]. Philosophia, 2009, 37 (1): 91-104.

[110] VAN Z L. Right Action and the Non-Virtuous Agent[J]. Journal of Applied Philosophy, 2011, 28, (1): 80-92.

[111] VAN Z L. Qualified-agent Virtue Ethics[J]. South African Journal of Philosophy, 2011, 30(2): 219-228.

[112] VAN Z L. Rightness and Goodness in Agent-Based Virtue Ethics[J].

Journal of Philosophical Research, 2011, 36: 103 – 114.

[113] WILLIAMS B. Ethics and the Limits of Philosophy[M]. Cambridge, Mass: Harvard University Press, 1985.

[114] WOLF S. Moral Psychology and the Unity of the Virtues[J]. Ratio, 2007, 20:145 – 67.

[115] YONG H. The Self-Centeredness Objection to Virtue Ethics[J]. American Catholic Philosophical Quarterly, 2010, 84 (4): 651 – 692.

[116] YU J Y. Virtue: Confucius and Aristotle[J]. Philosophy East and West, 1998, 48: 323 – 347.

[117] LAIRD J. Act-Ethics and Agent-Ethics[J]. Mind, 1946, 55(219): 113 – 132.

# 后　　记

我的博士学位论文是尝试借鉴人类学田野调查的"深描"方法研究乡村社会的道德变迁，只能说与本书主题具有相关性。道德变迁主要是指德性变迁，或者更具体地说是个人品德变迁。

我于 2009 年参加中国人民大学在东北林业大学举办的"德性伦理与个人品德建设"学术研讨会时，萌生了探索本书主题的想法。中华文化有崇德的文化基因。其后受国家留学基金委青年骨干教师海外研修项目的资助，赴哥伦比亚大学哲学系访学，收集了国外有关德性伦理研究的论著。此后，又陆续利用其他短期出国学术交流的机会，丰富和完善我对当代德性伦理学研究的理解，积累了丰硕的学术资料。

本书在写作的时候，主要是以问题为中心，每一个问题构成一篇独立的论文，但是，这些独立的问题又是相互关联的。这些论文完成后，承蒙学术界不弃，先后发表在《哲学研究》《哲学动态》《道德与文明》和《现代哲学》等刊物中。

感谢国家社会科学基金后期资助项目评审专家对本书初稿提出的宝贵而中肯的修改意见。本书认真汲取了这些经验，并按照这些意见重写了书稿近乎一半的内容。因学术能力所限，我对这些意见可能存在着理解不到位、曲解或者误解之处，因此，本书在遵照评审专家们的意见修改时，可能存在着不尽人意之处，但是，评审专家们对学术后进的关爱和宽容，会成为我在这个领域不断探索的动力。

感谢中山大学出版社陈霞编辑为本书出版付出的艰辛劳动。没有她认真、细致、严谨的工作，本书的错漏之处会更多。

2018 年 12 月 30 日